筑龙网图库系列

装饰装修构造快速设计 CAD 图集

筑 龙 网 组编

中国建材工业出版社

图书在版编目（CIP）数据

装饰装修构造快速设计CAD图集/筑龙网组编．—北京：中国建材工业出版社，2008.7
ISBN 978-7-80227-407-5

Ⅰ．装… Ⅱ．筑… Ⅲ．建筑装饰—建筑构造—计算机辅助设计—图集 Ⅳ．TU767-39

中国版本图书馆CIP数据核字（2008）第100645号

内 容 提 要

本书依托筑龙网丰富的资源，收录了包括门、窗、楼梯、柱、顶棚以及特殊的建筑构件，既可供室内施工设计者参考使用，亦可作为初学者临摹研习的范本。本书另配光盘，包含了大量的CAD施工设计原图，供使用者直接调用或进行适当修改，可大大减少工作量，从而加快设计速度。

装饰装修构造快速设计CAD图集
筑龙网　组编

出版发行：	中国建材工业出版社
地　　址：	北京市西城区车公庄大街6号
邮　　编：	100044
经　　销：	全国各地新华书店
印　　刷：	北京鑫正大印刷有限公司
开　　本：	880×1230　横1/16
印　　张：	16.5
字　　数：	491千字
版　　次：	2008年7月第1版
印　　次：	2008年7月第1次
书　　号：	ISBN 978-7-80227-407-5
	ISBN 978-7-89992-242-2（光盘）
定　　价：	**43.00元**（含光盘）

本社网址：www.jccbs.com.cn
本书如出现印装质量问题，由我社发行部负责调换。联系电话：（010）88386906

本书编委会

主　　编：段如意

参编人员：贾晓军　　郭成华　　丁艳青　　康美霞

　　　　　黄椿雁　　王　健　　吴晓伶　　张志建

　　　　　刘新圆　　王来地　　李　静　　丁起浩

　　　　　苗文颖　　姜　楠　　张兴诺　　陈　瑞

　　　　　徐　晖　　李　辰　　迟　悦　　浦　实

前　言

随着社会的发展，人们对居住、工作等生活环境的要求越来越高，由此对装饰装修质量的要求也越来越高。目前，装饰装修的内容和装饰装修服务的对象越来越广泛，涉及的行业越来越多，这为室内设计师和建筑装饰设计师提供了发挥才能的机会和条件。同时，也给设计师带来了更大的挑战和更高的要求。因此，我们的设计要现代化，不断地创新，满足消费者的需求，这样才能使我们的设计在竞争中处于有利地位。

设计的现代化是室内装饰装修发展的前提。但是现代化的室内装饰装修除了注重艺术性外，还应注重工程技术质量的提高。一个优秀的室内作品是各种因素综合作用的结果。室内的层次、材质的运用、光环境、声环境、色彩和绿化等，特别是较为新颖的工艺与切合现实技术的室内装修设计施工技术的完美结合，每个元素都至关重要。而且，设计师还要为作品能够具有更多的新元素而不断地努力。

本书顺应市场需要，依托筑龙网丰富的资源，收录了包括门、窗、楼梯、柱、顶棚以及特殊的建筑构件等设计内容，既可供室内施工设计者参考使用，亦可作为初学者临摹研习的范本。本书另配光盘，包含了大量的CAD施工设计原图，供使用者直接调用或进行适当修改，可大大减少工作量，从而加快设计速度。

本书的出版离不开广大筑龙网网友的支持与帮助，广大网友对网站的踊跃投稿，是我们优秀方案的来源保障。同时编辑部诸位编辑认真、严谨的工作态度，保证了书籍内容的高质量。在此向所有对书籍顺利出版做出贡献的人们表示真挚的感谢。

书中所选录的设计方案均来自筑龙网网友投稿作品。在选图过程中，筑龙网工作人员已尽量与选中稿件的投稿人取得联系，并获得投稿人同意授予版权。但因出书仓促，与部分投稿作者未能及时沟通，在此敬请未得到联系的投稿人见到本书出版时，主动与作者联系。

由于室内建筑涉及面较广，同时由于编写时间较为仓促以及编者水平的局限，本书难免有遗漏和不足之处，敬请广大读者批评、指正。我们将在日后的工作中虚心采纳建议，不断完善业务水平，丰富图书内容，提高专业水准，力争为广大读者编制出内容准确、针对性强、切合实用的专业图书。

本书编委会
2008.5

目 录

第一篇 门 窗 篇

第一章 门 3
  第一节 单扇门 3
  第二节 单扇门图块 51
  第三节 双扇门 68
  第四节 双扇门图块 76
  第五节 推拉门 80

第二章 窗 85
  第一节 中式窗 85
  第二节 中式窗图块 89
  第三节 西式窗 100
  第四节 西式窗图块 102
  第五节 现代窗 104

第二篇 楼梯及装饰柱篇

第三章 楼 梯 107
  第一节 木楼梯 107
  第二节 金属楼梯 108
  第三节 大理石楼梯 114
  第四节 栏 杆 120

第四章 装 饰 柱 131

| 第一节 常用柱 | 131 |
| 第二节 西式柱 | 166 |

第三篇 顶棚及特殊构件篇

第五章 顶 棚 171
  第一节 中式顶棚 171
  第二节 现代顶棚 180
  第三节 金属顶棚 204
  第四节 其他顶棚 222

第六章 特殊构件 235
  第一节 卫生间节点 235
  第二节 服 务 台 245

第一篇 门窗篇

第一章 緒論

第一章 门

第一节 单扇门

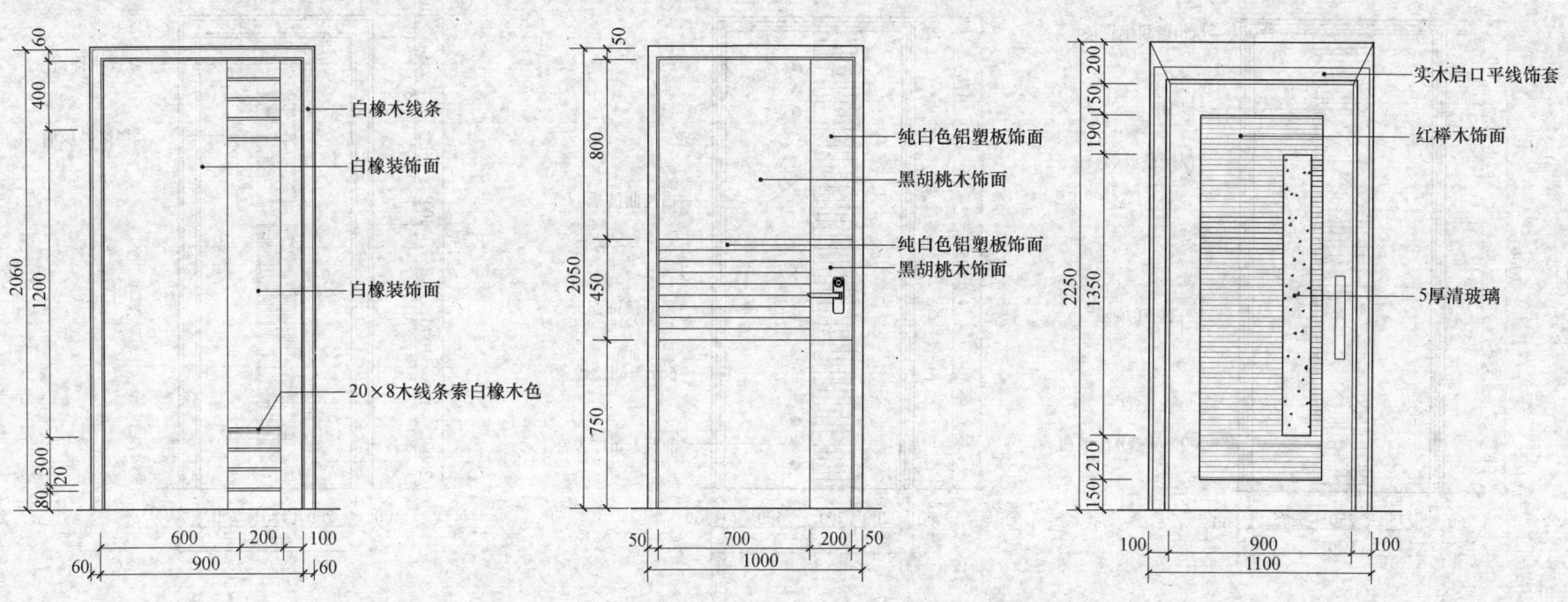

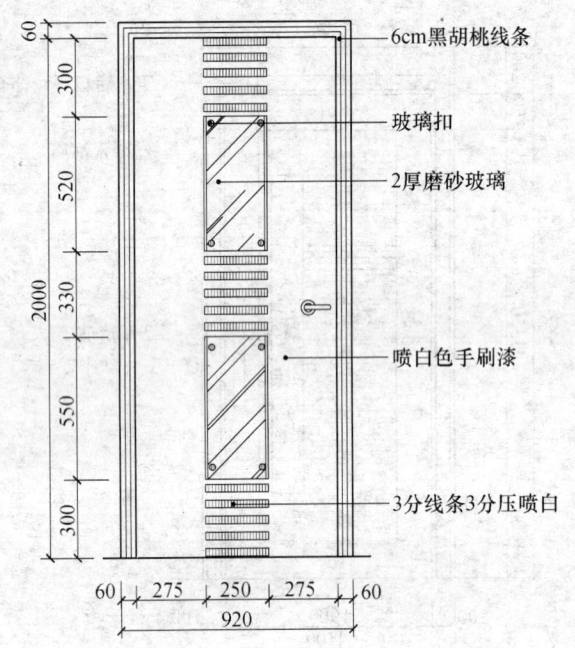
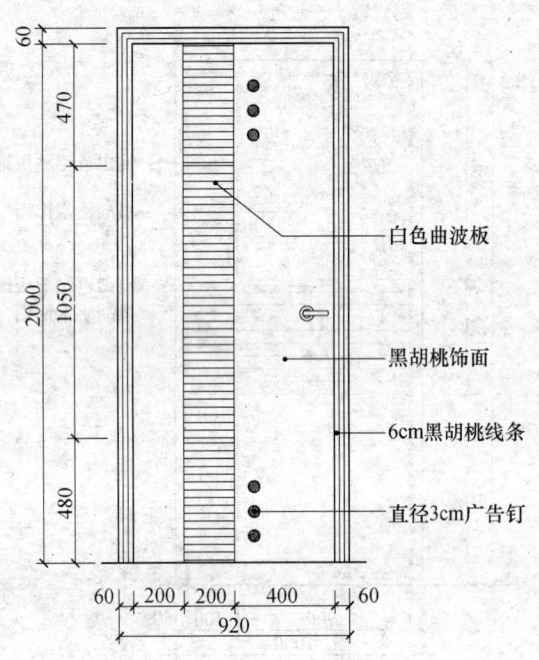
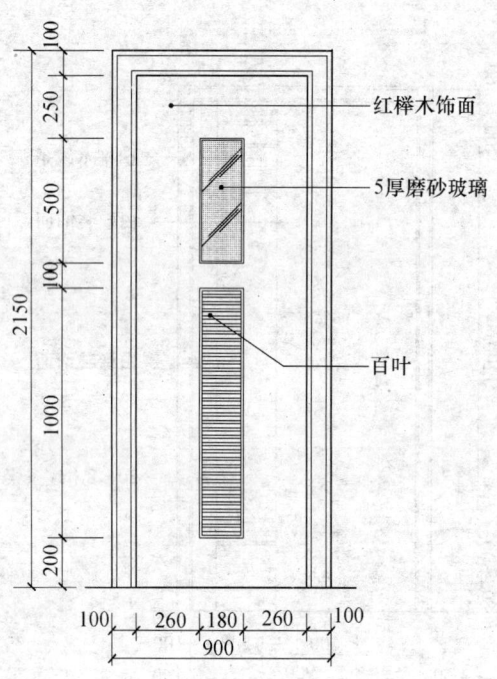

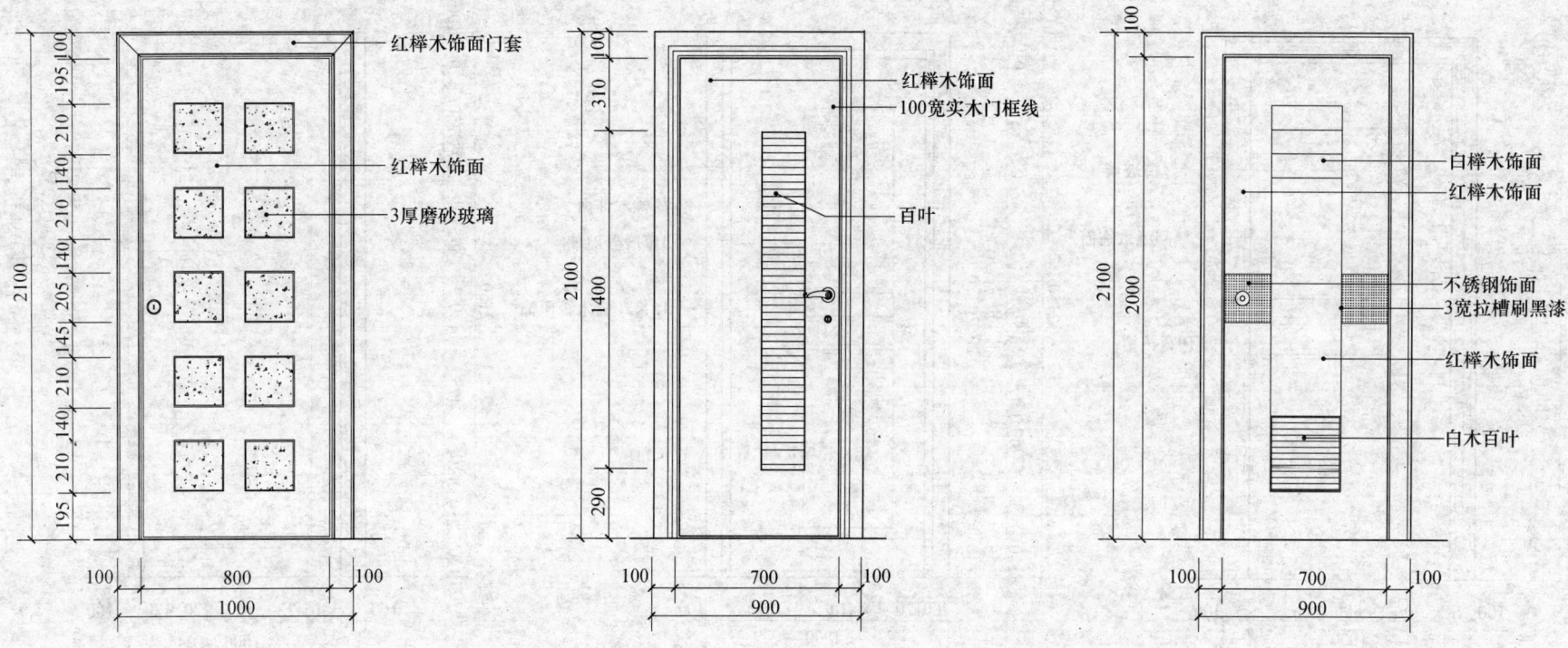

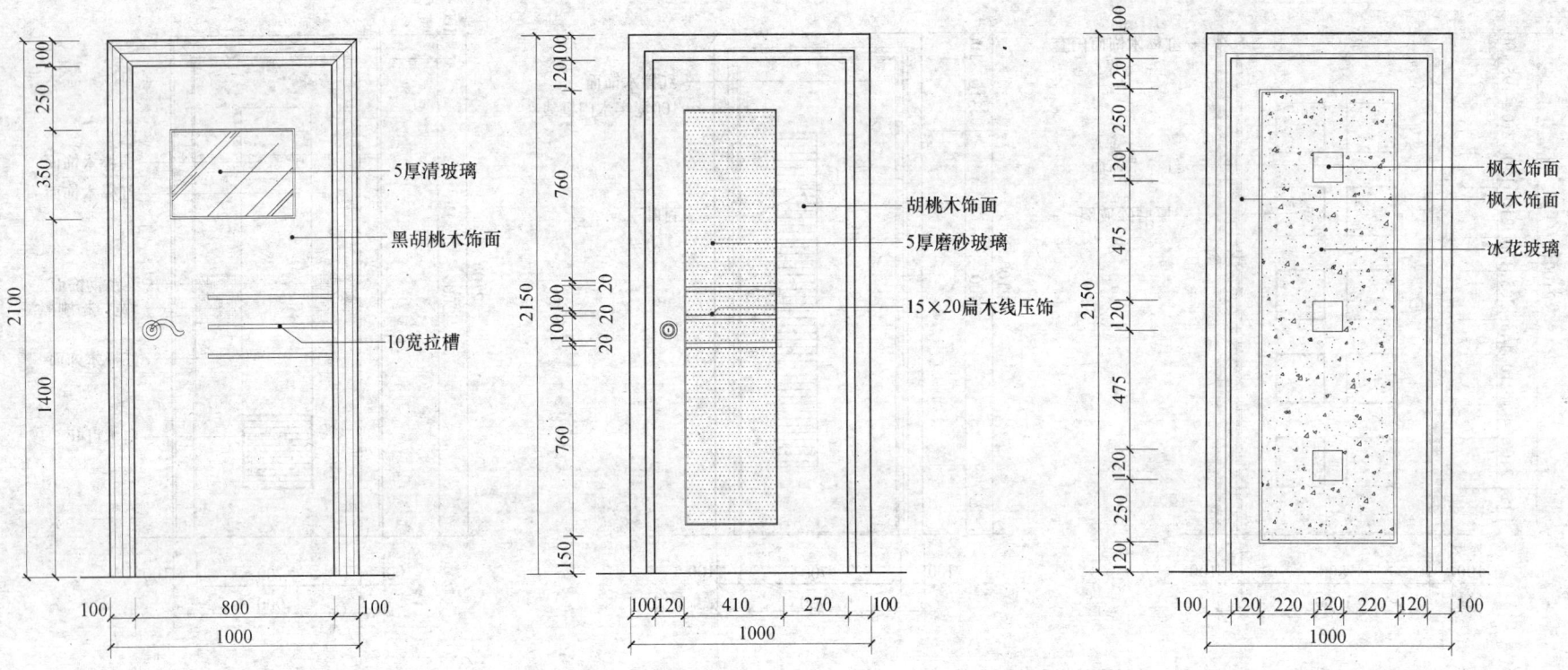

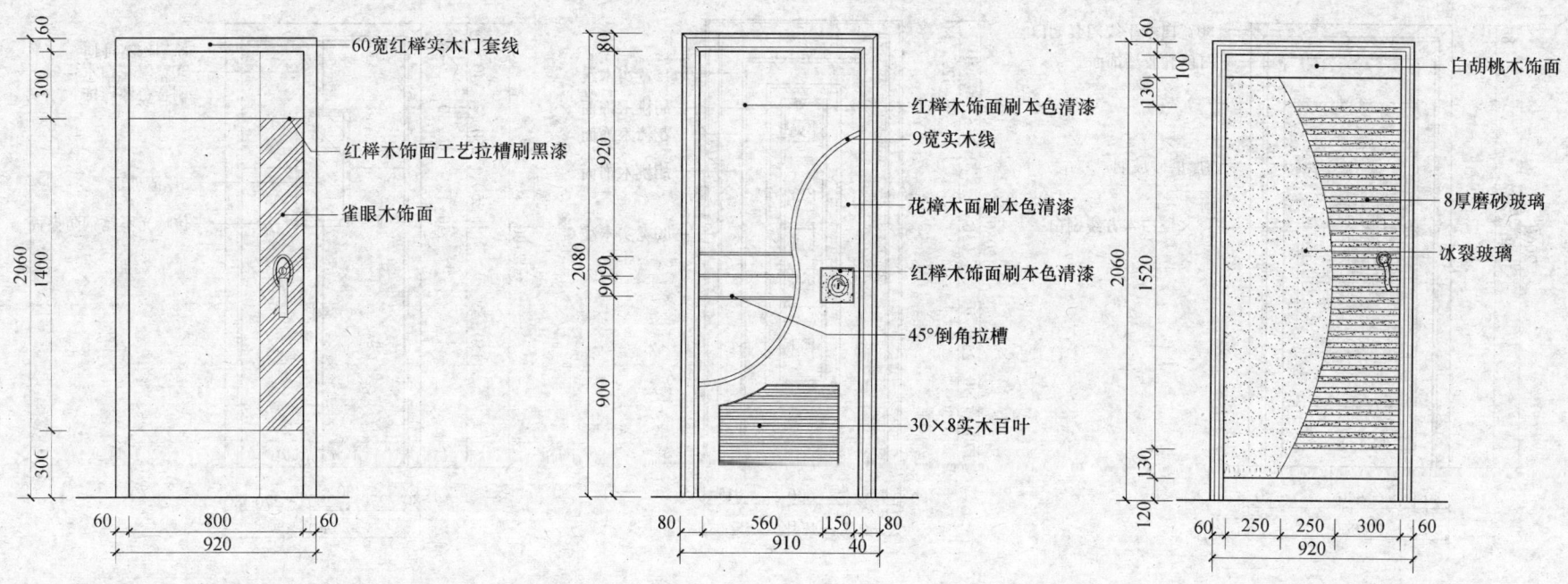

装饰装修构造快速设计 CAD 图集

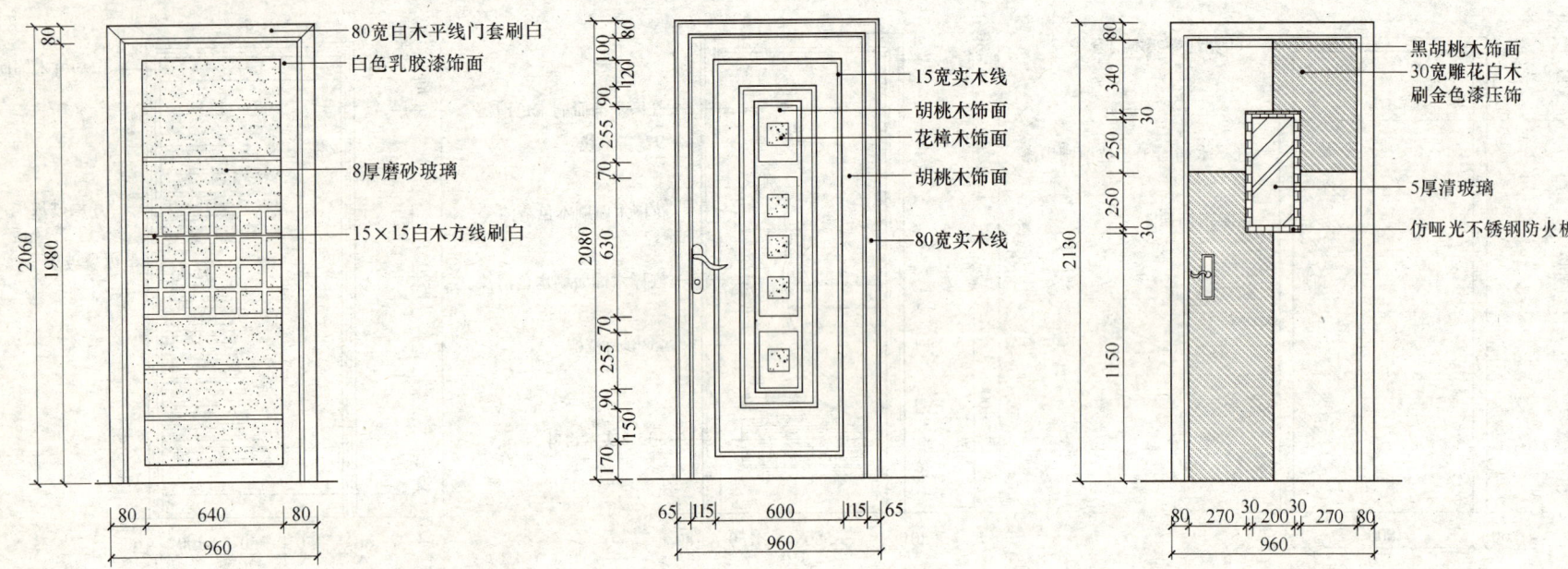

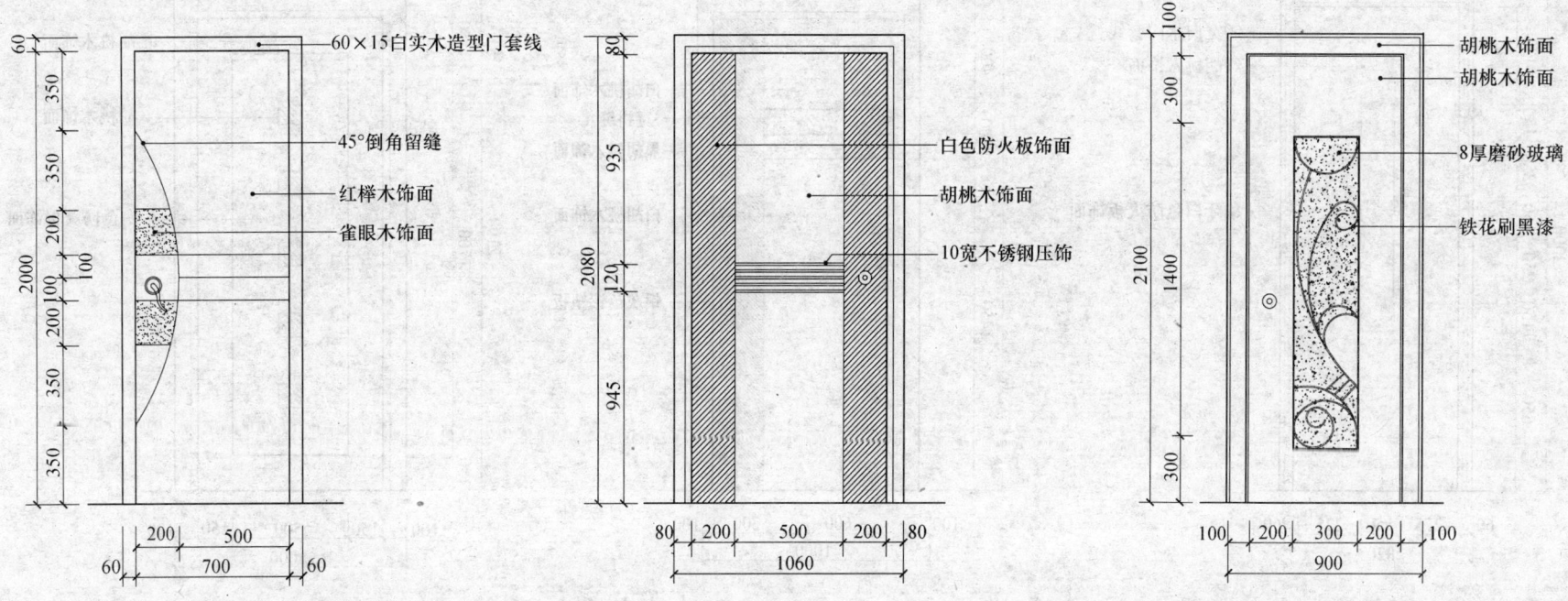

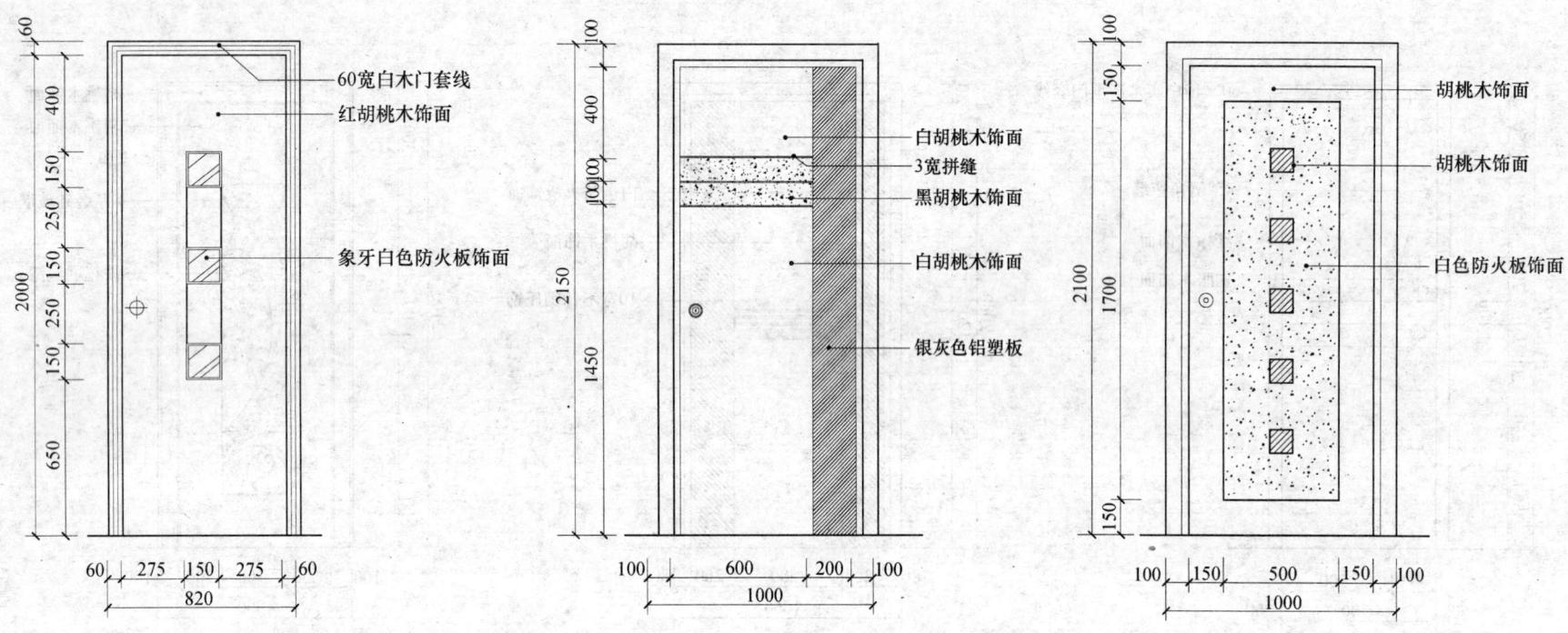

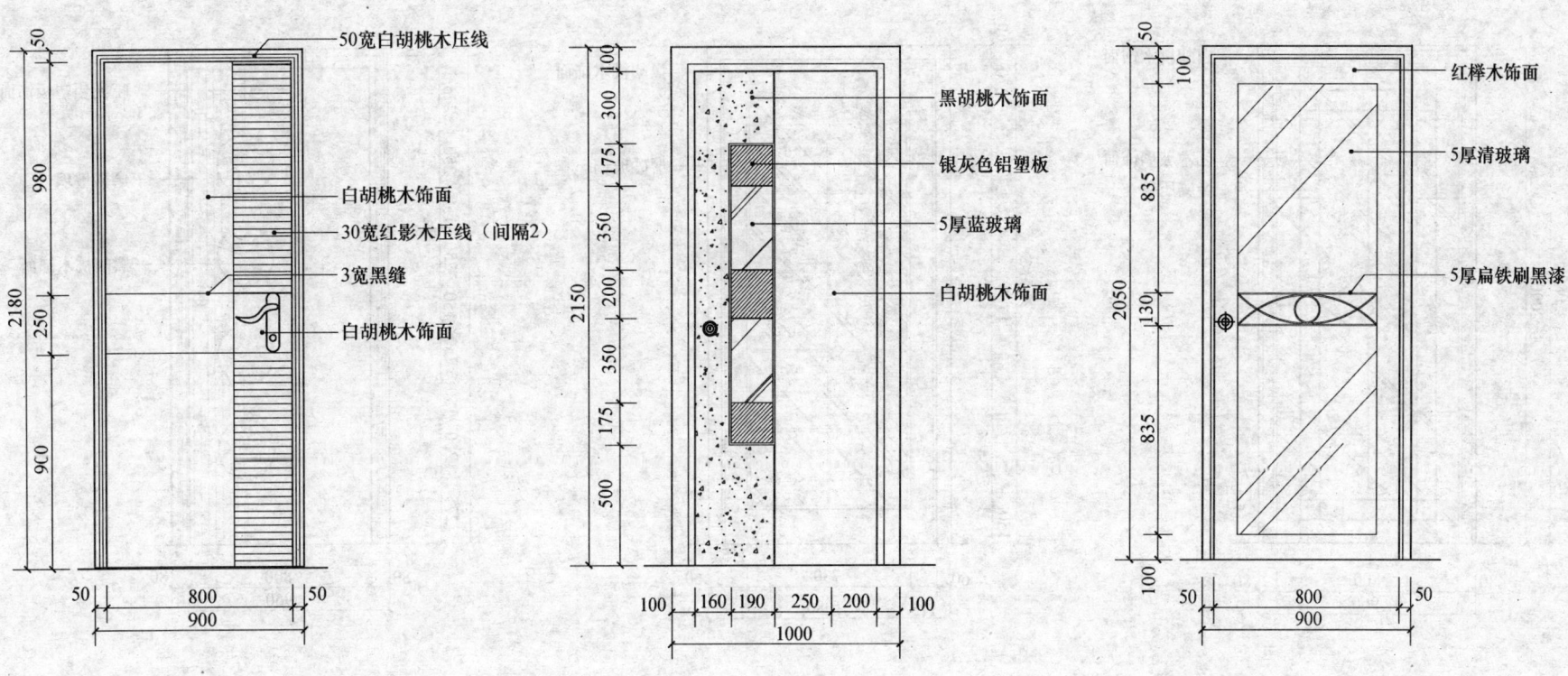

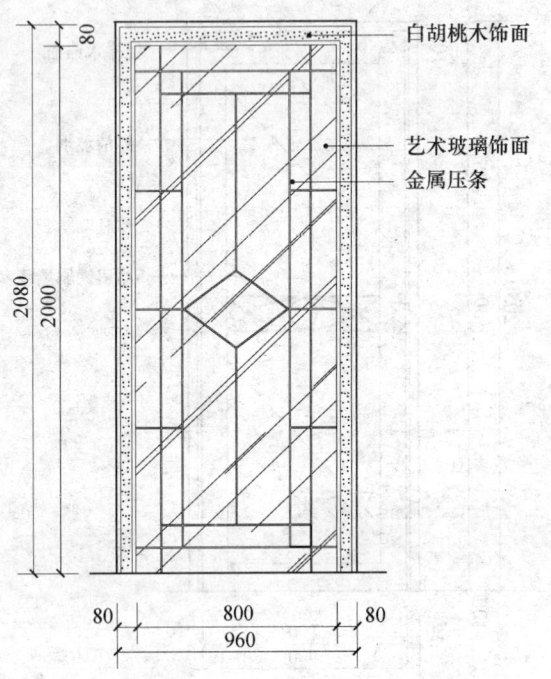
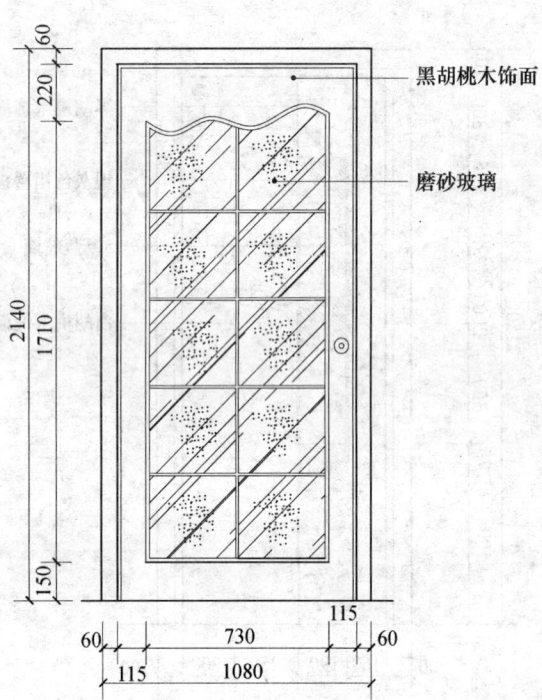
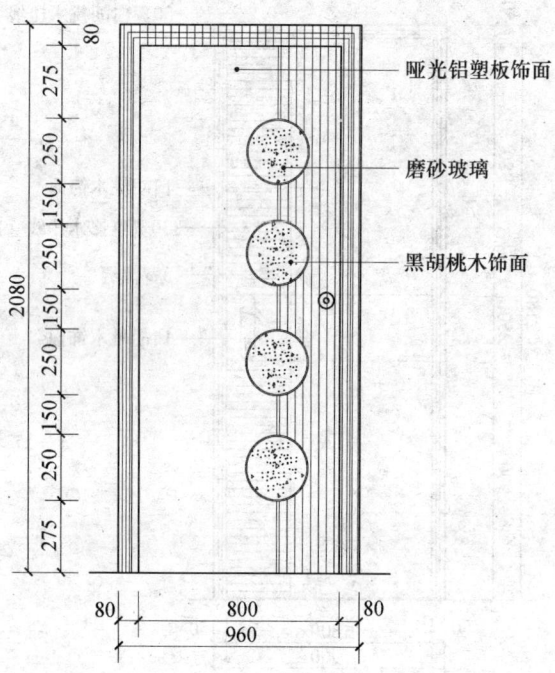

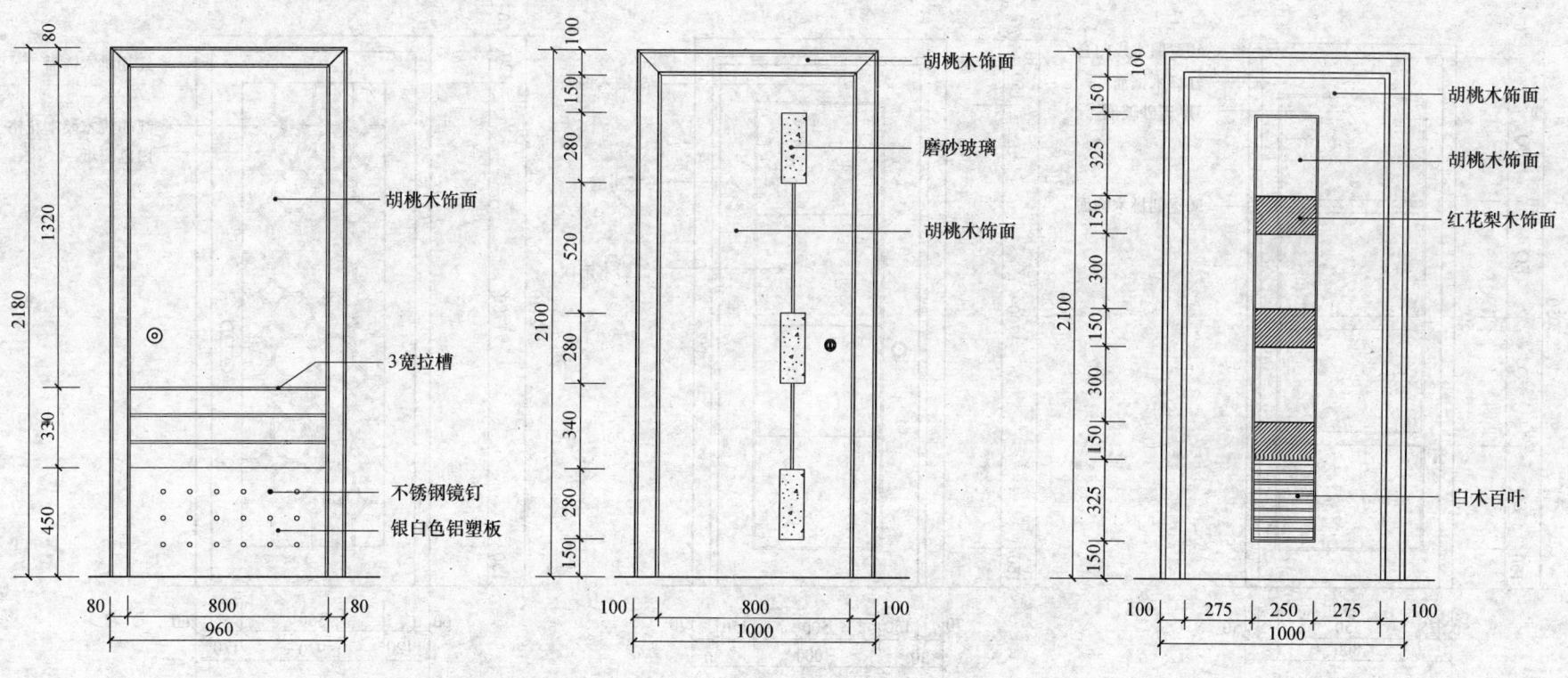

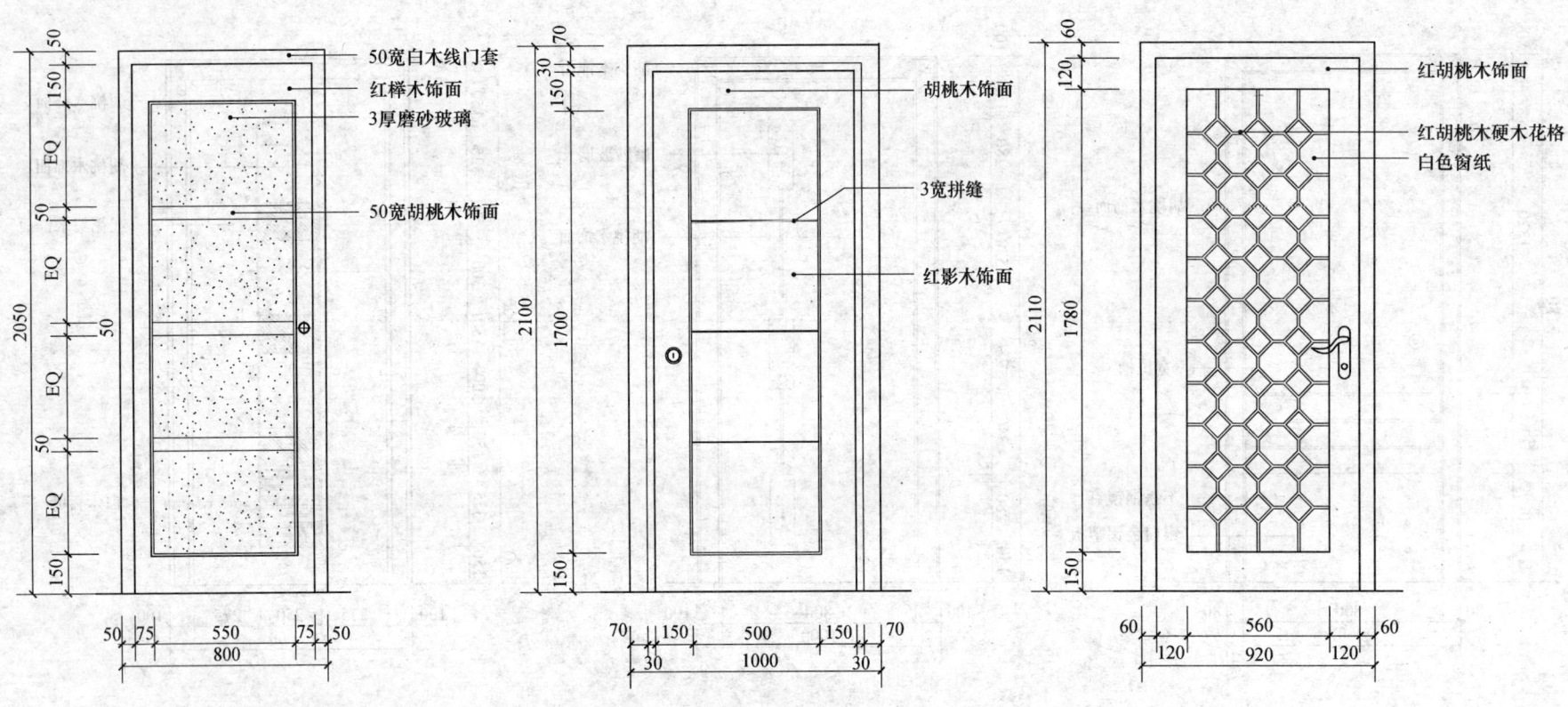

第一篇 门窗篇

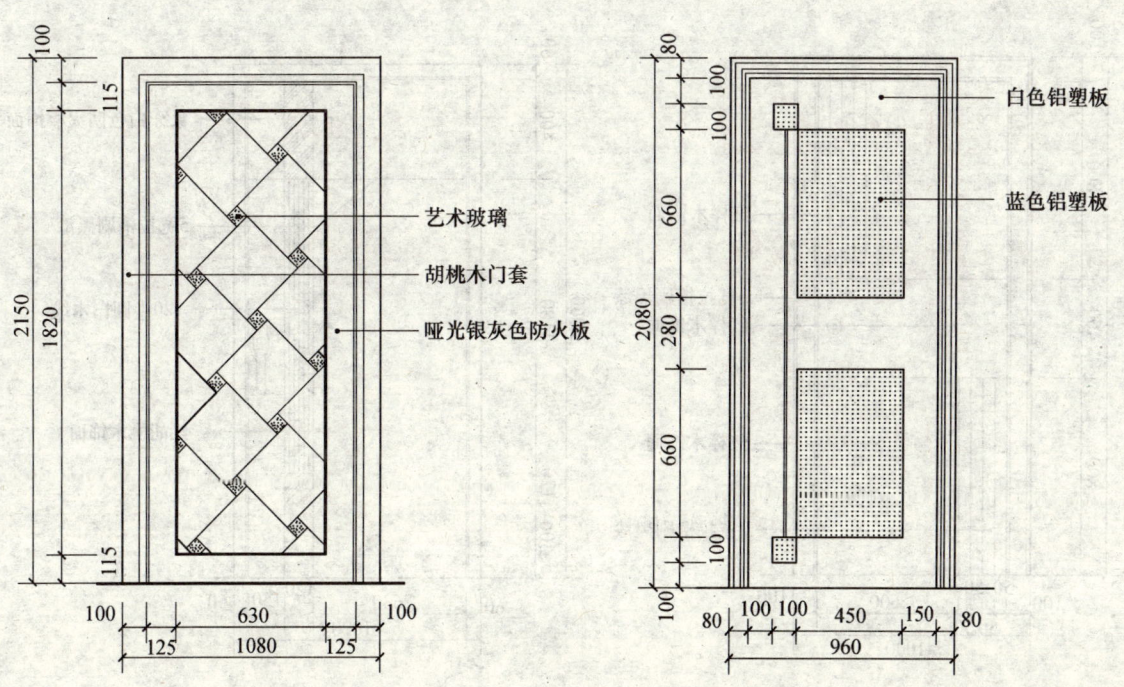
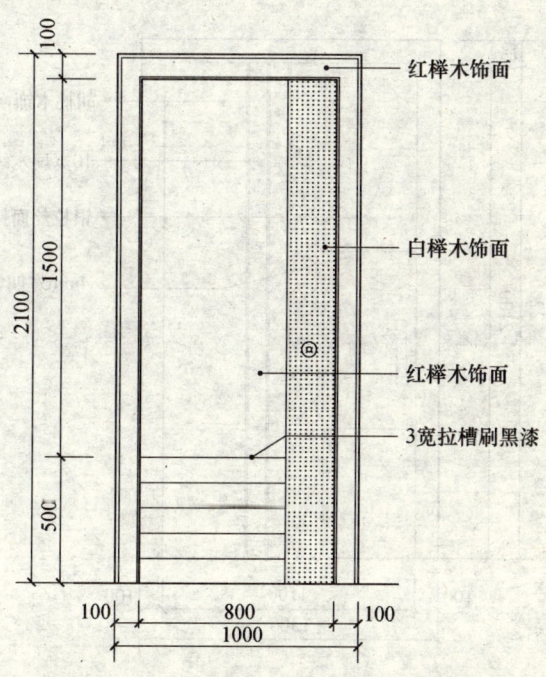

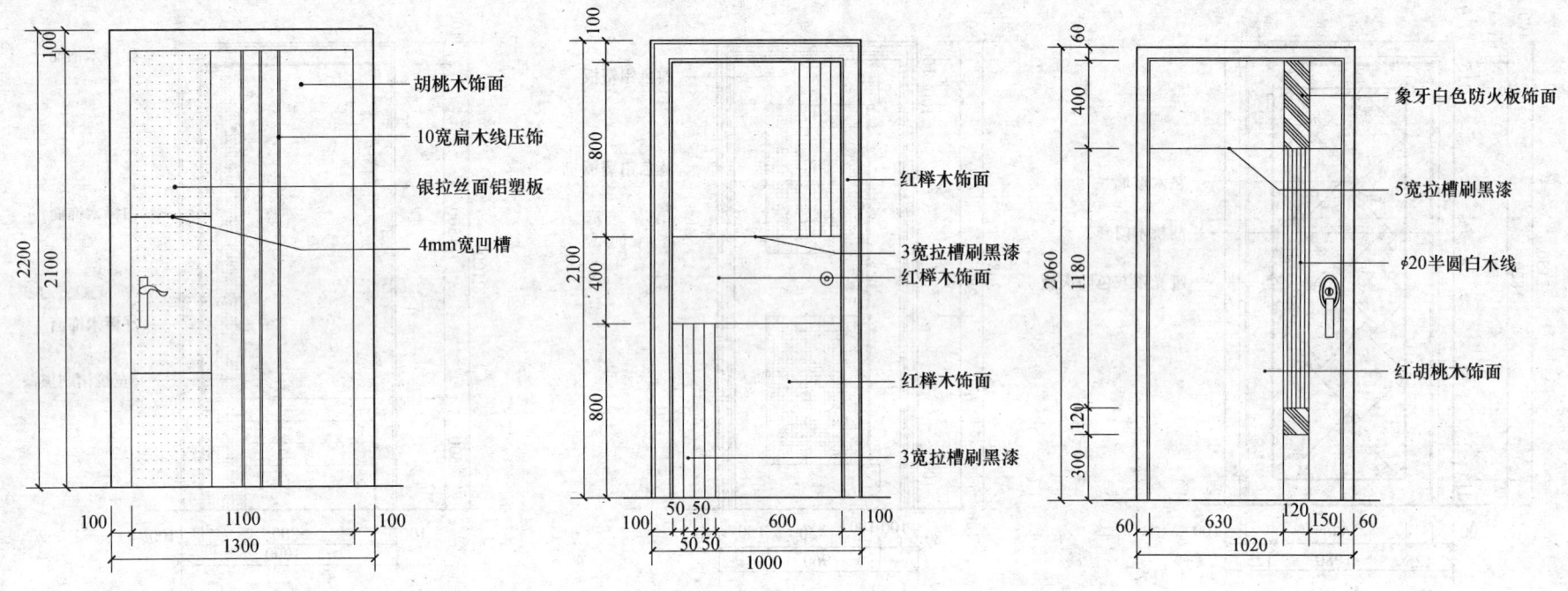

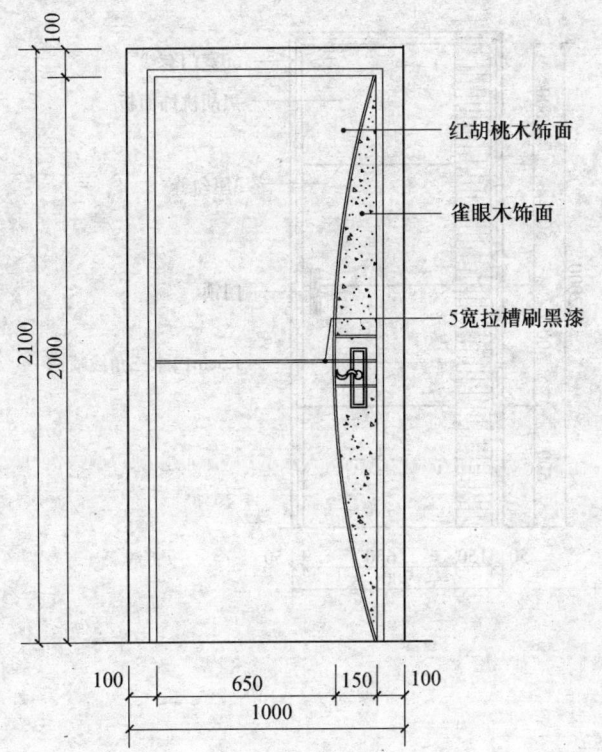
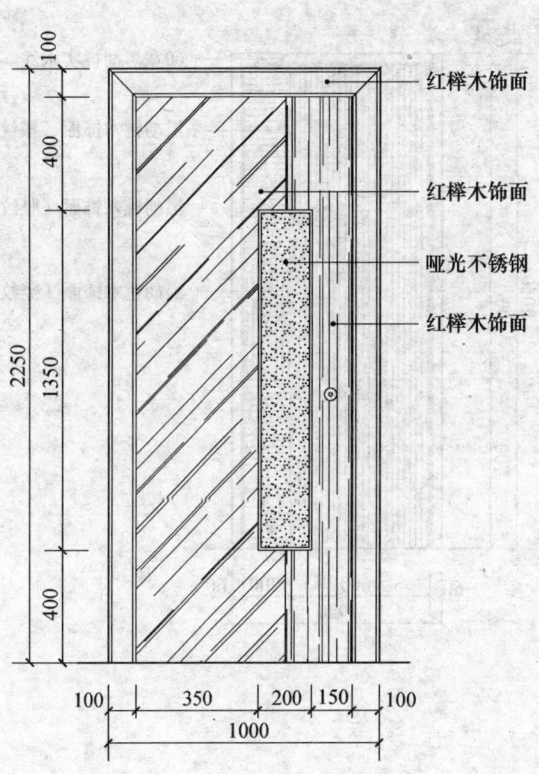
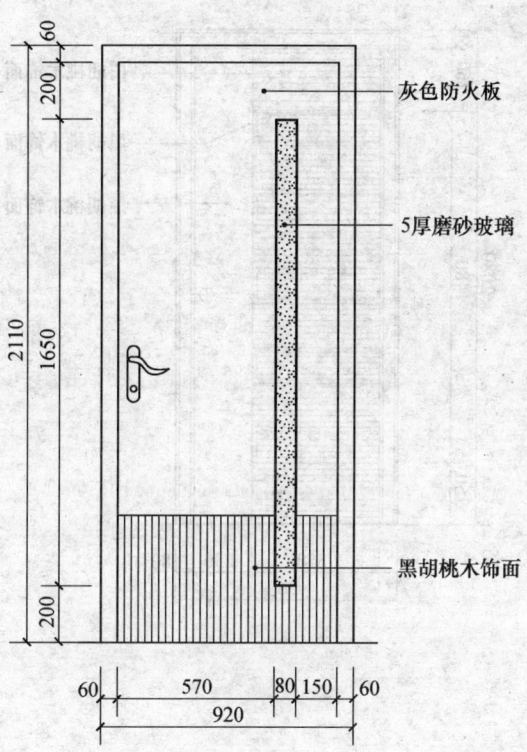

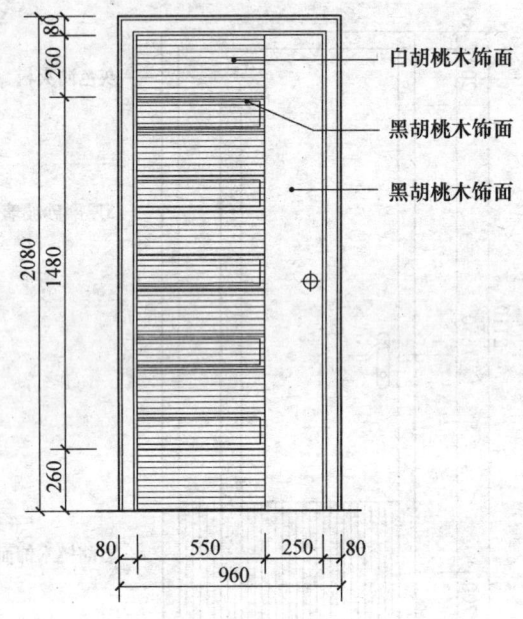
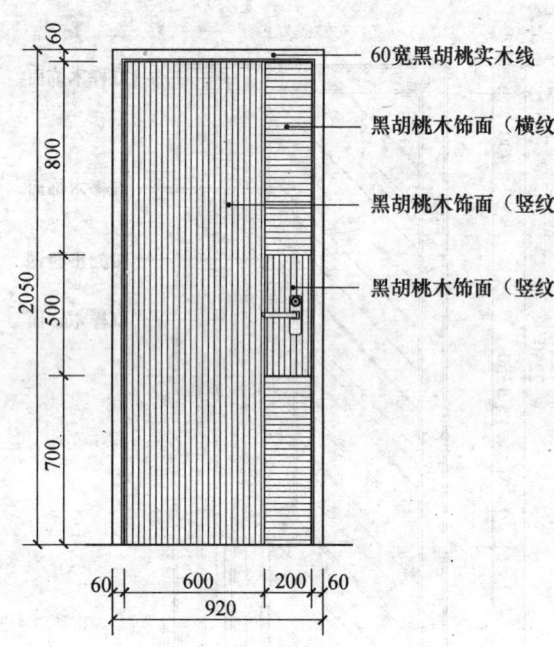
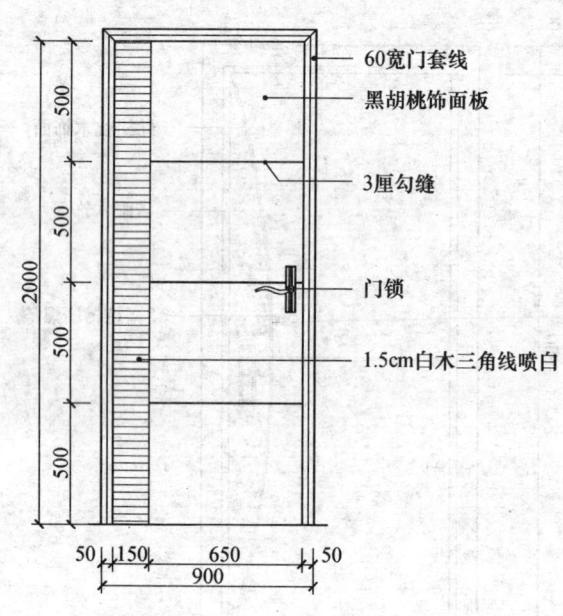

第一篇 门 窗 篇

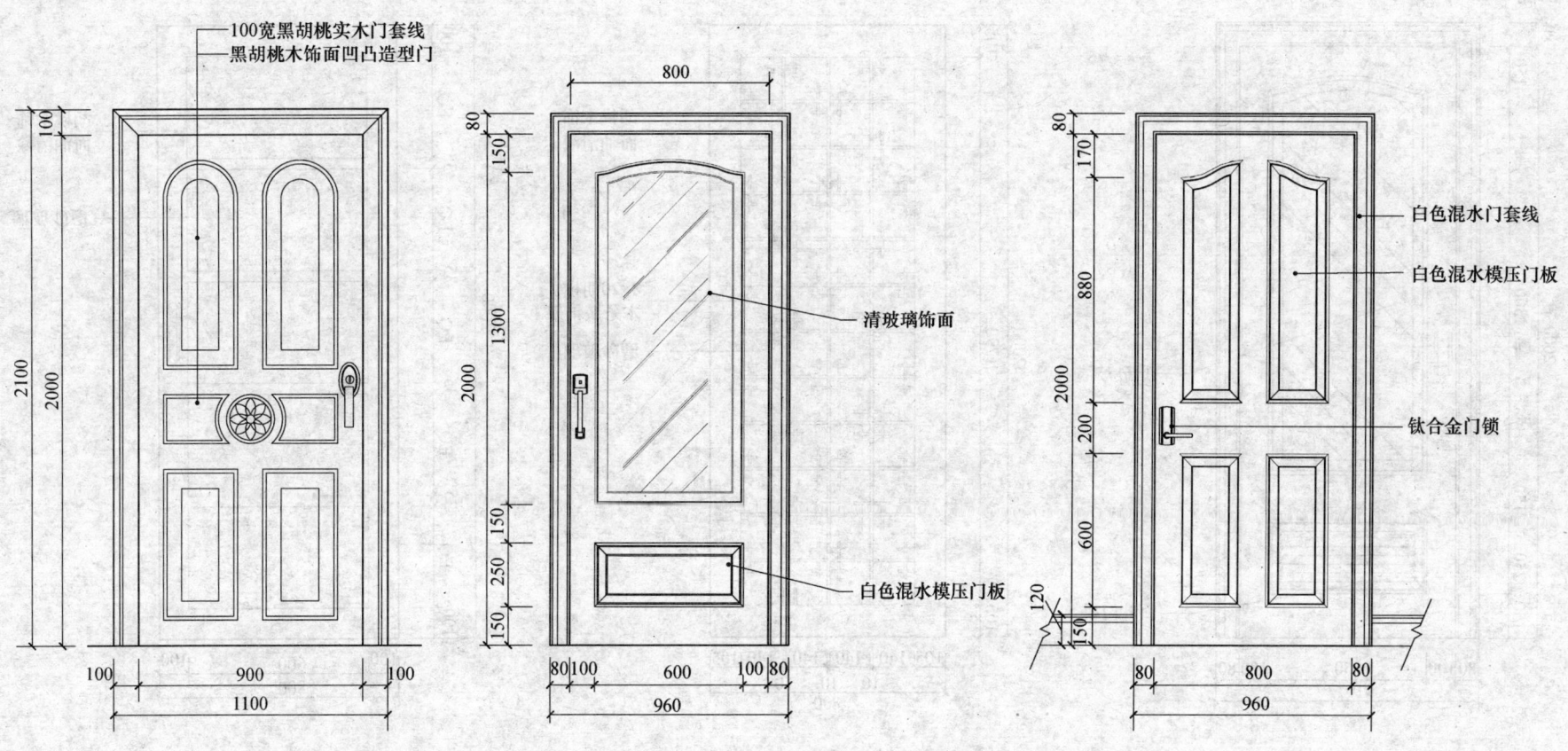

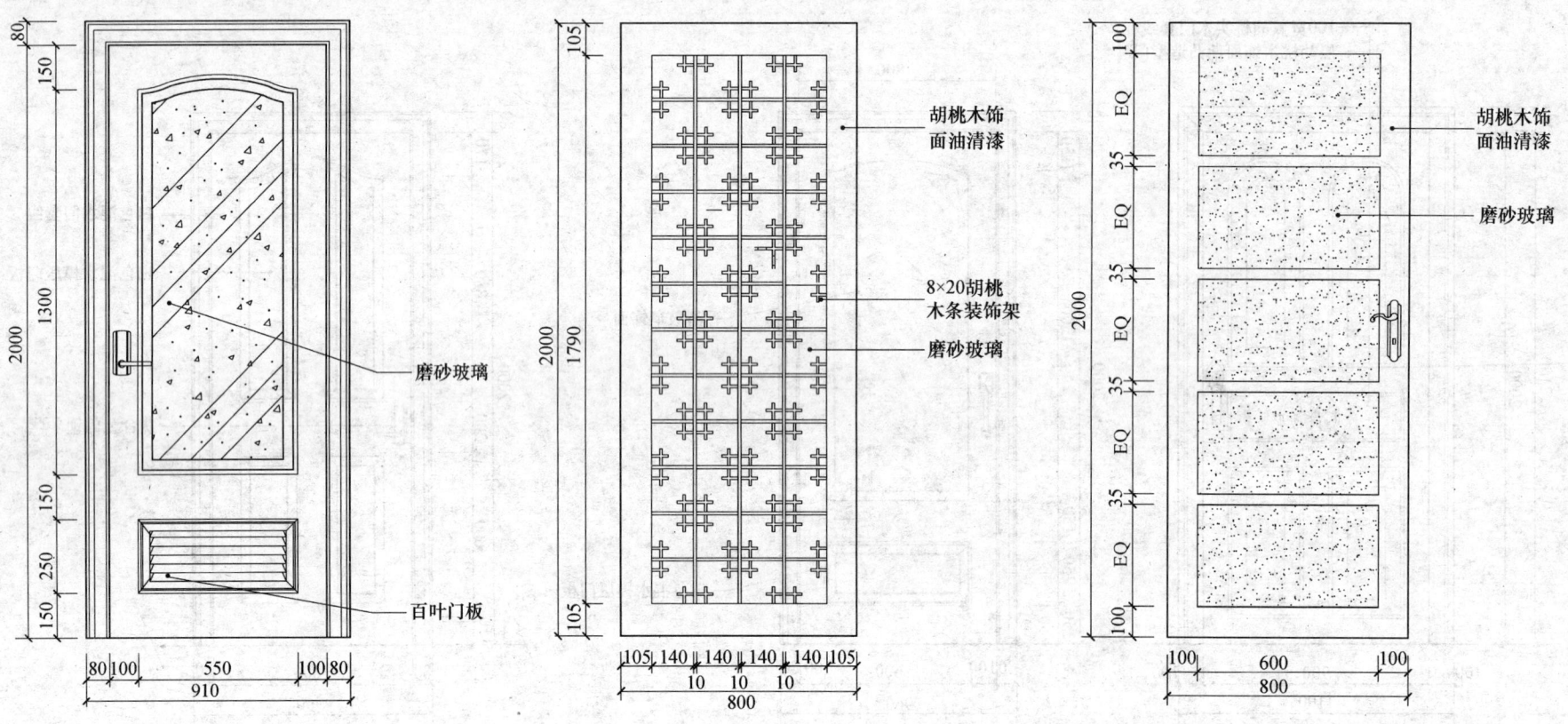

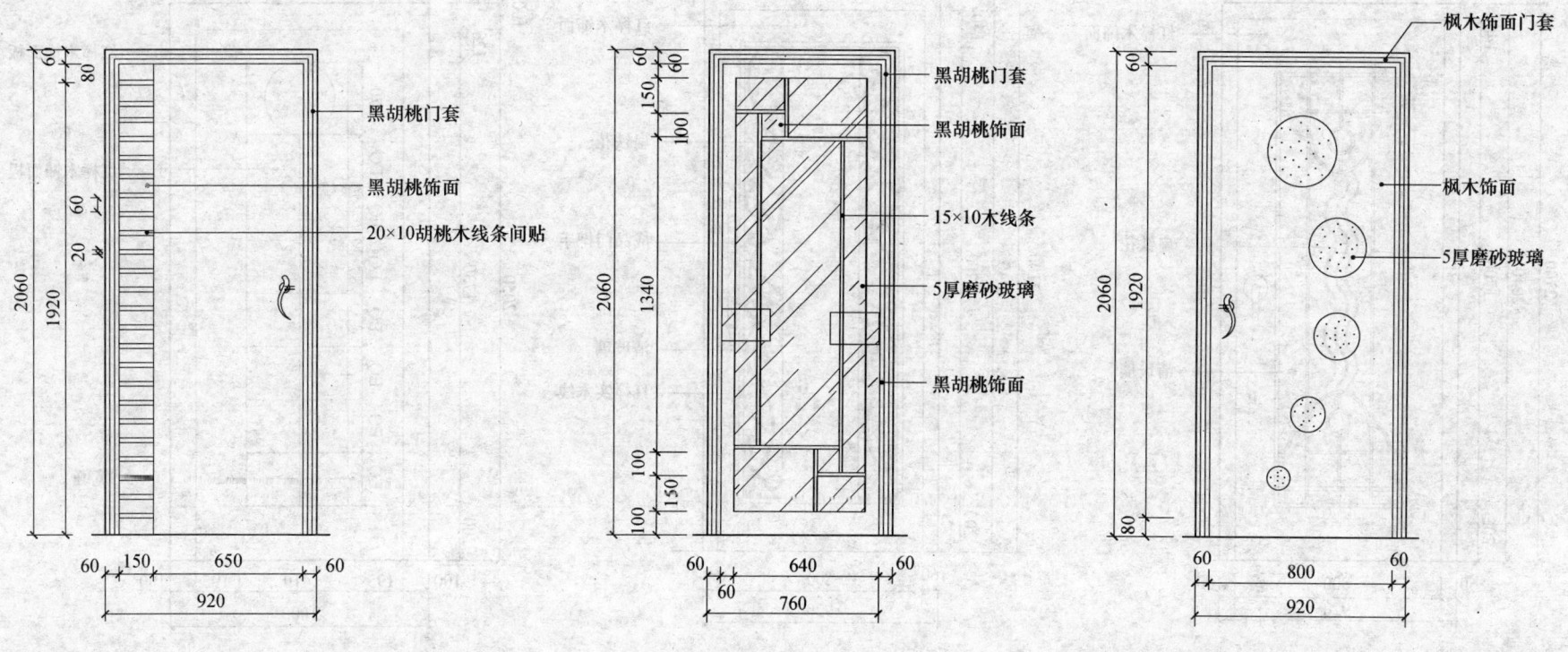

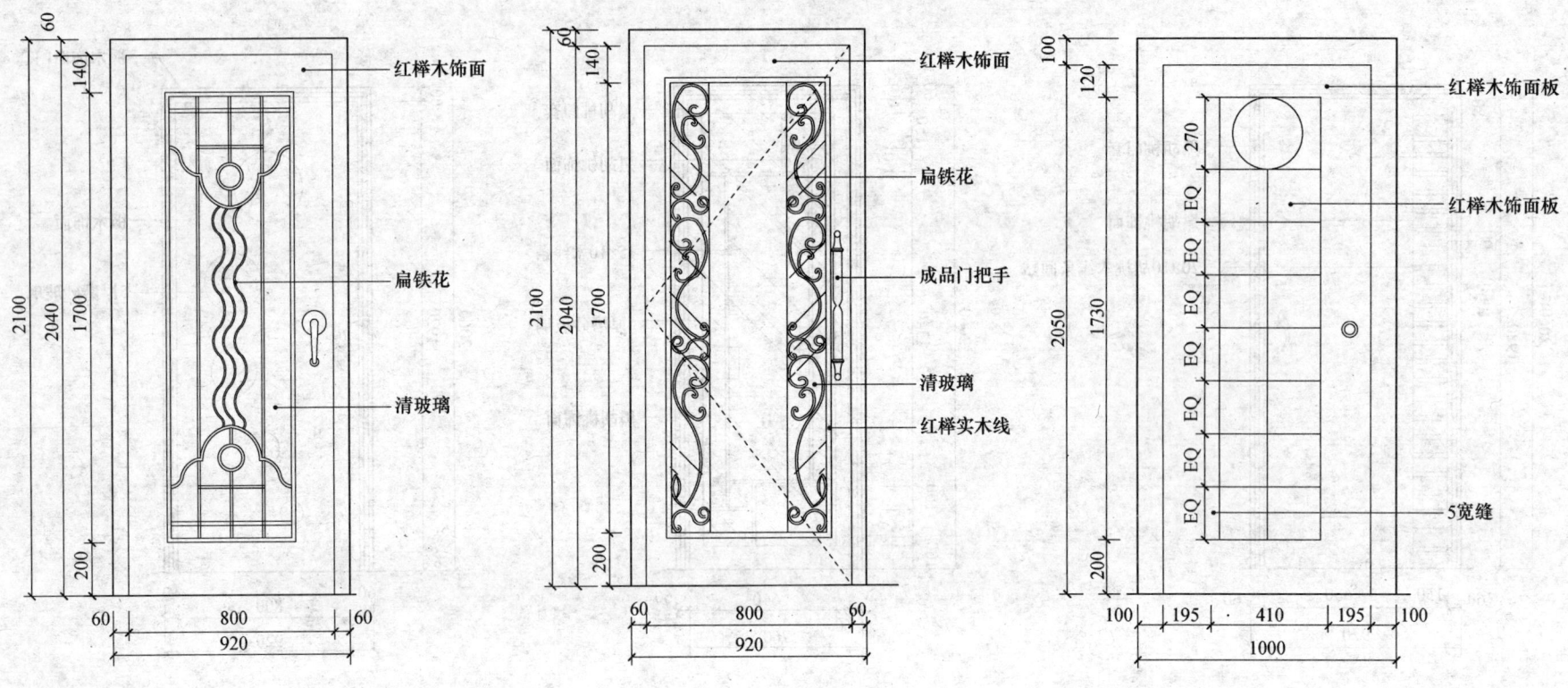

第一篇 门 窗 篇

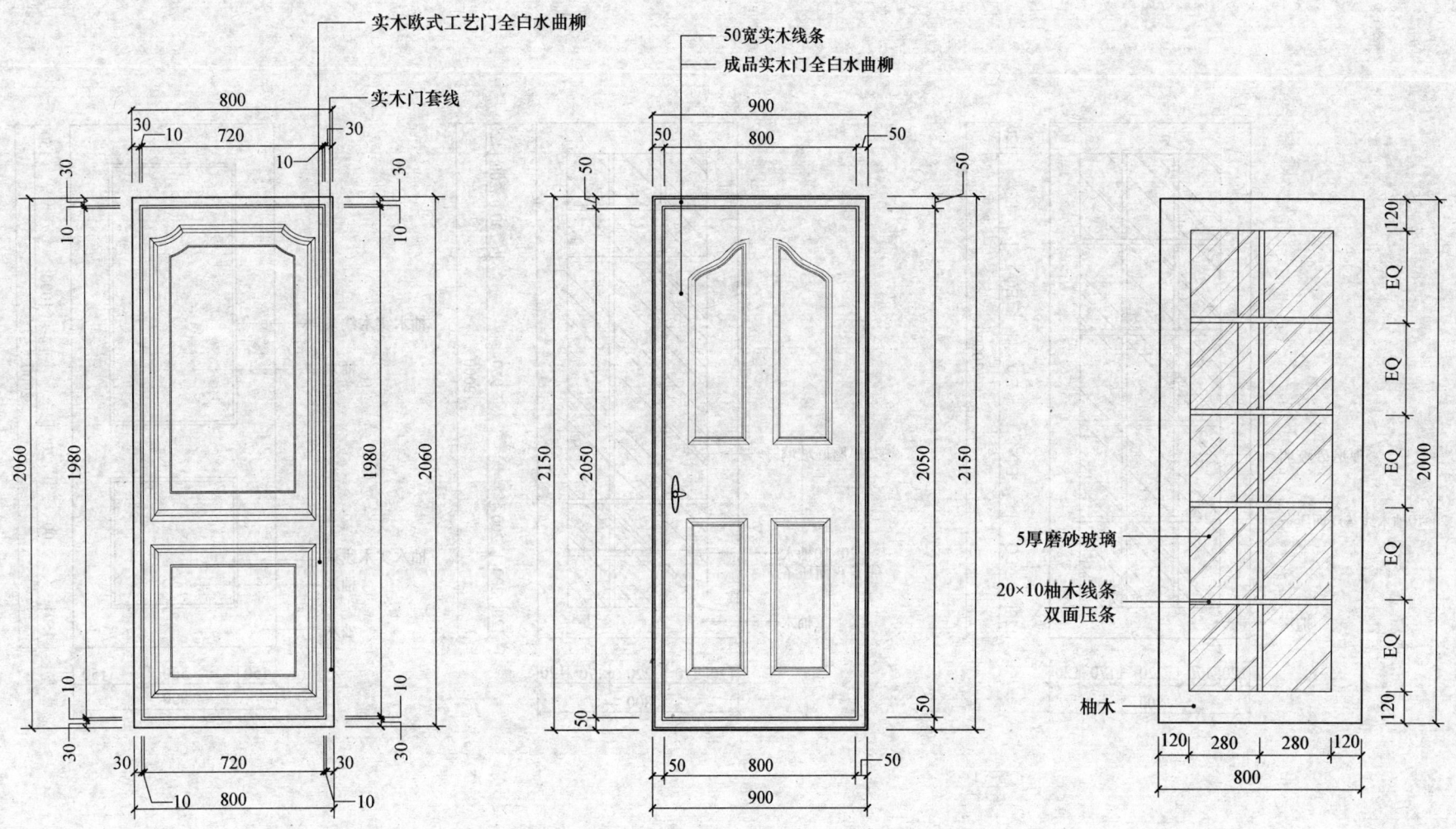

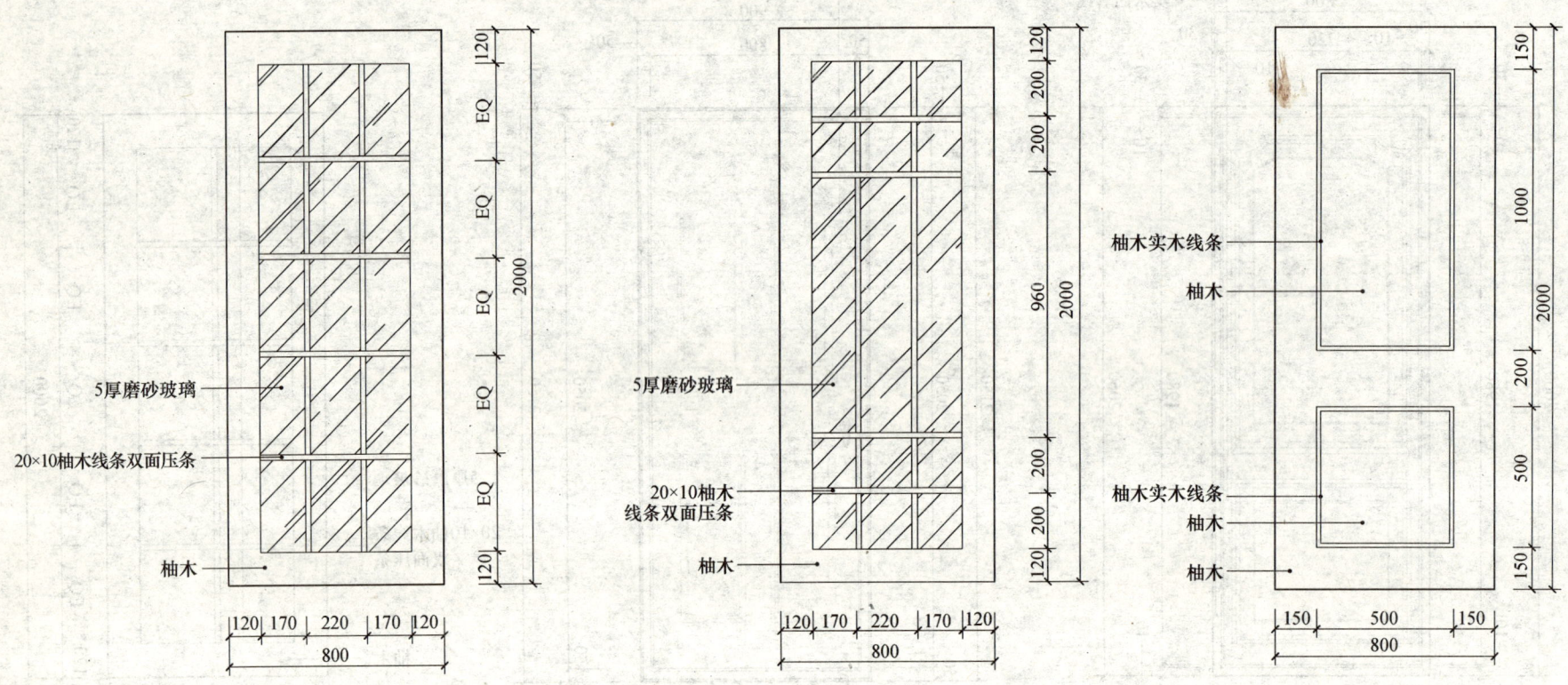

单扇门——方案01

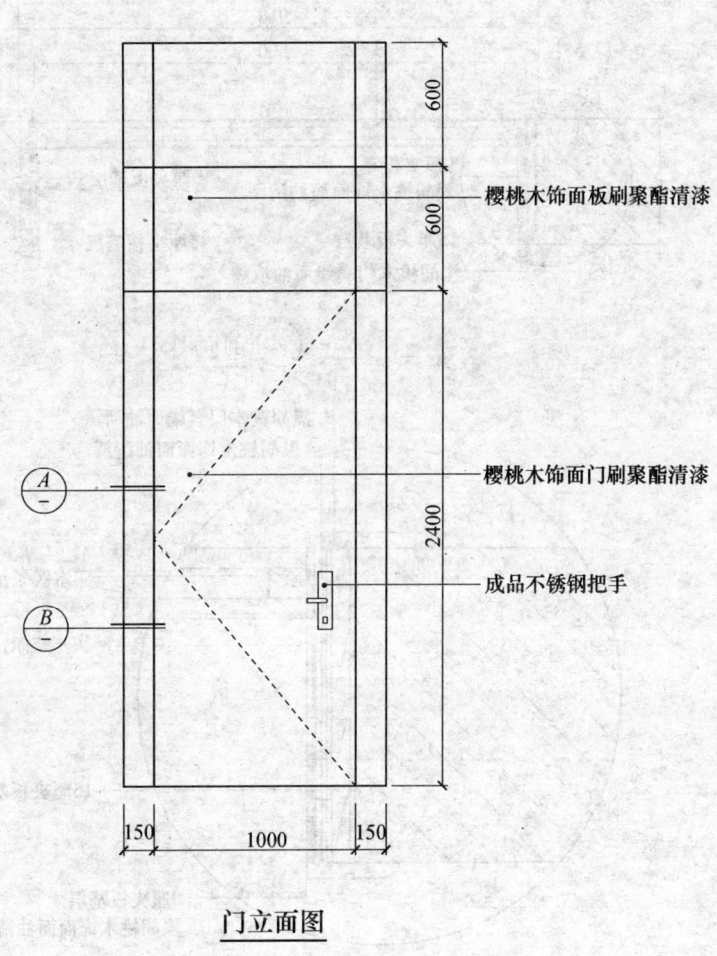

门立面图

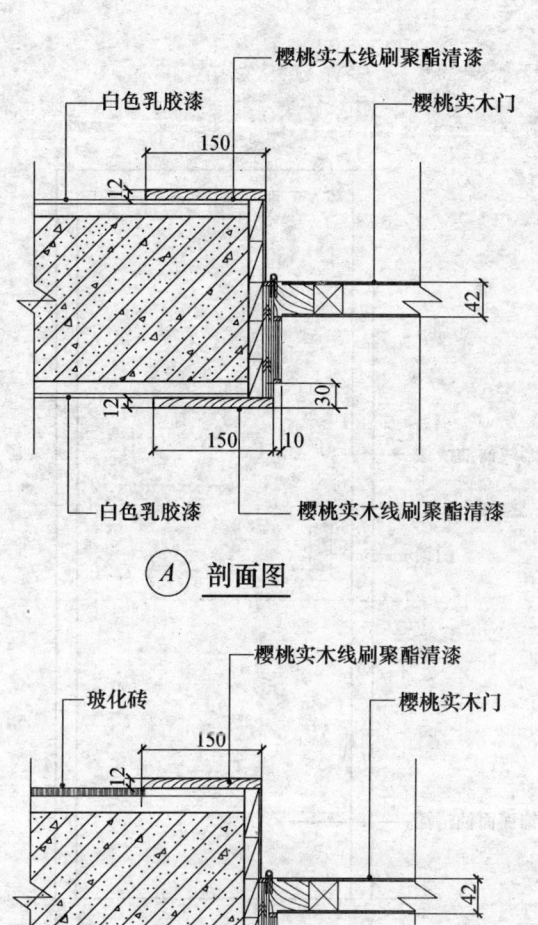

A 剖面图

B 剖面图

单扇门——方案02

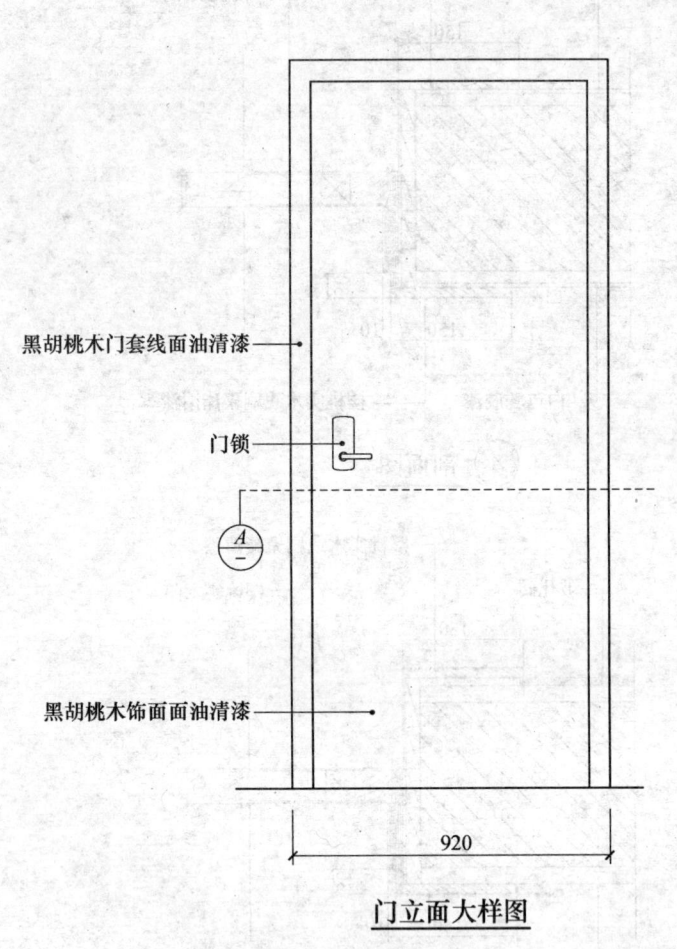

门立面大样图

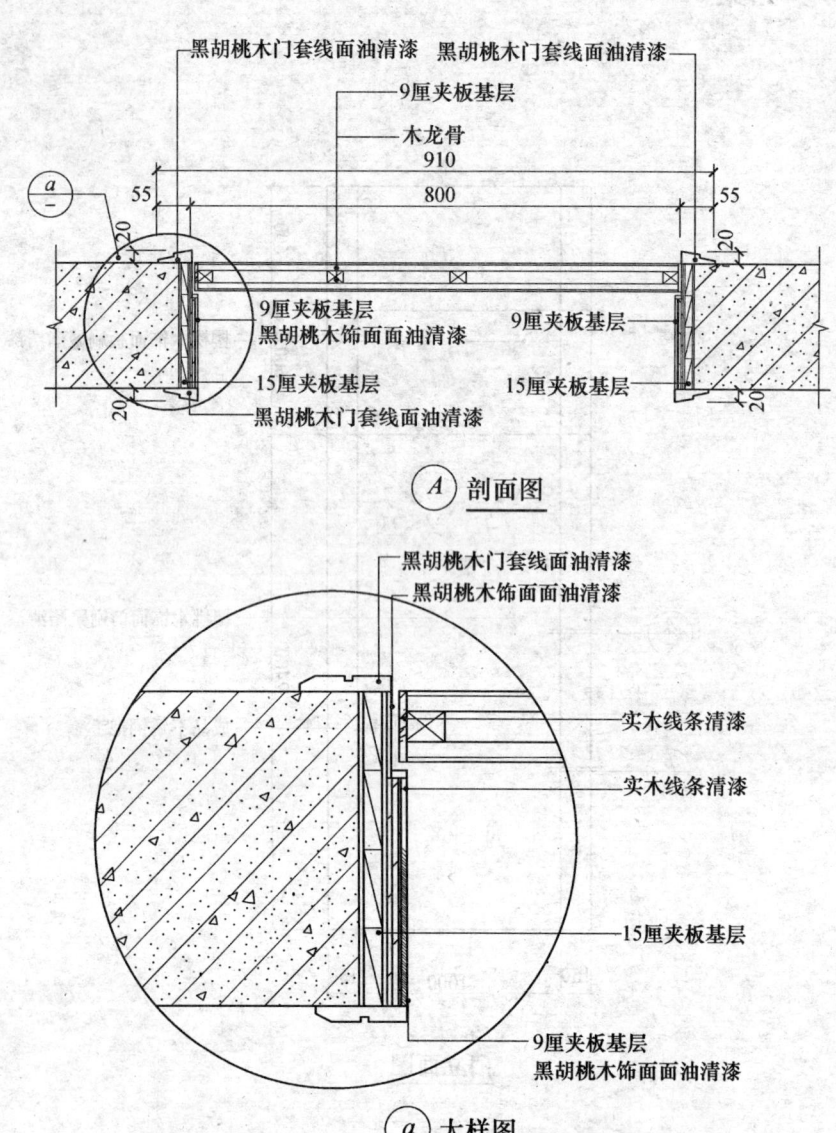

A 剖面图

a 大样图

单扇门——方案03

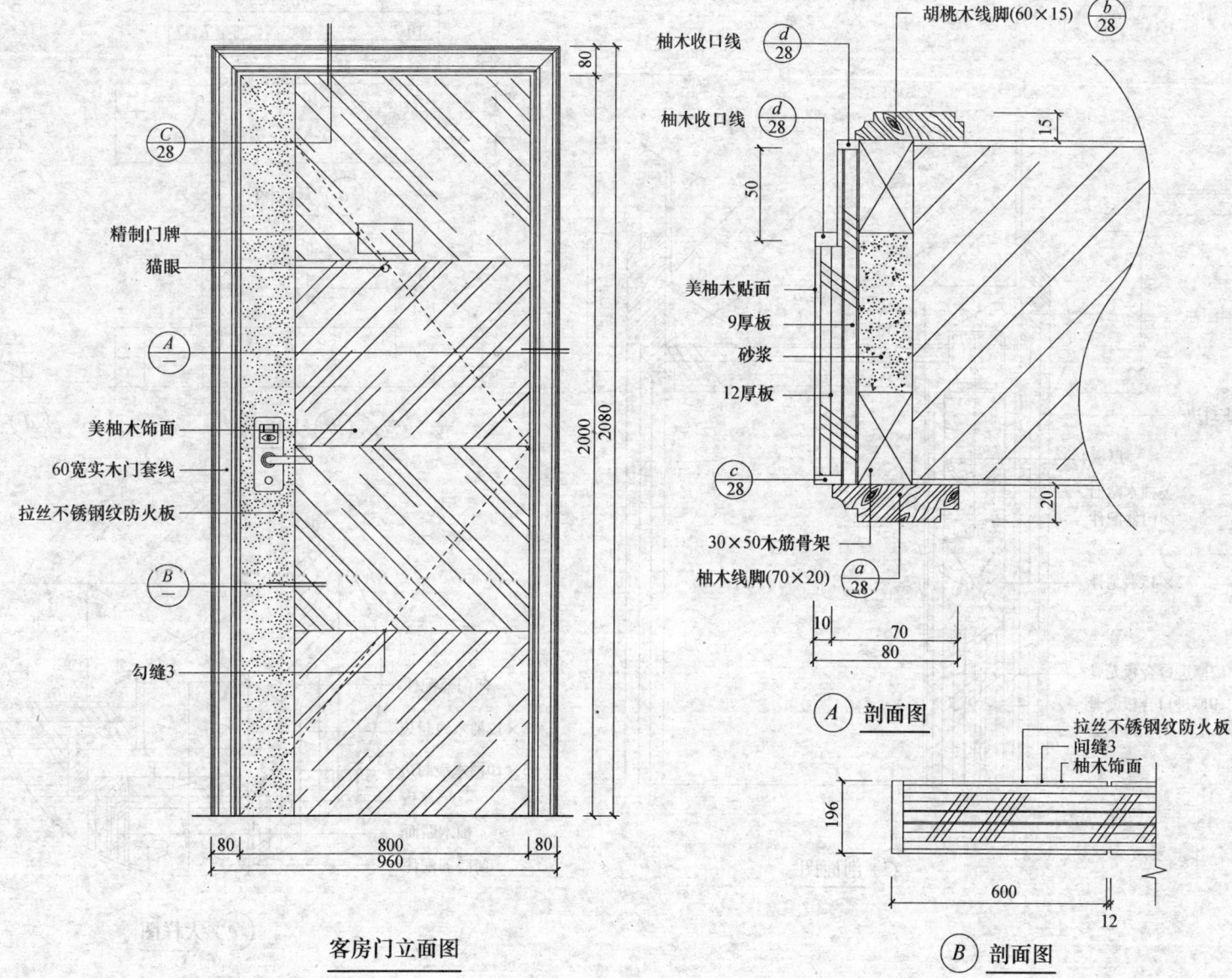

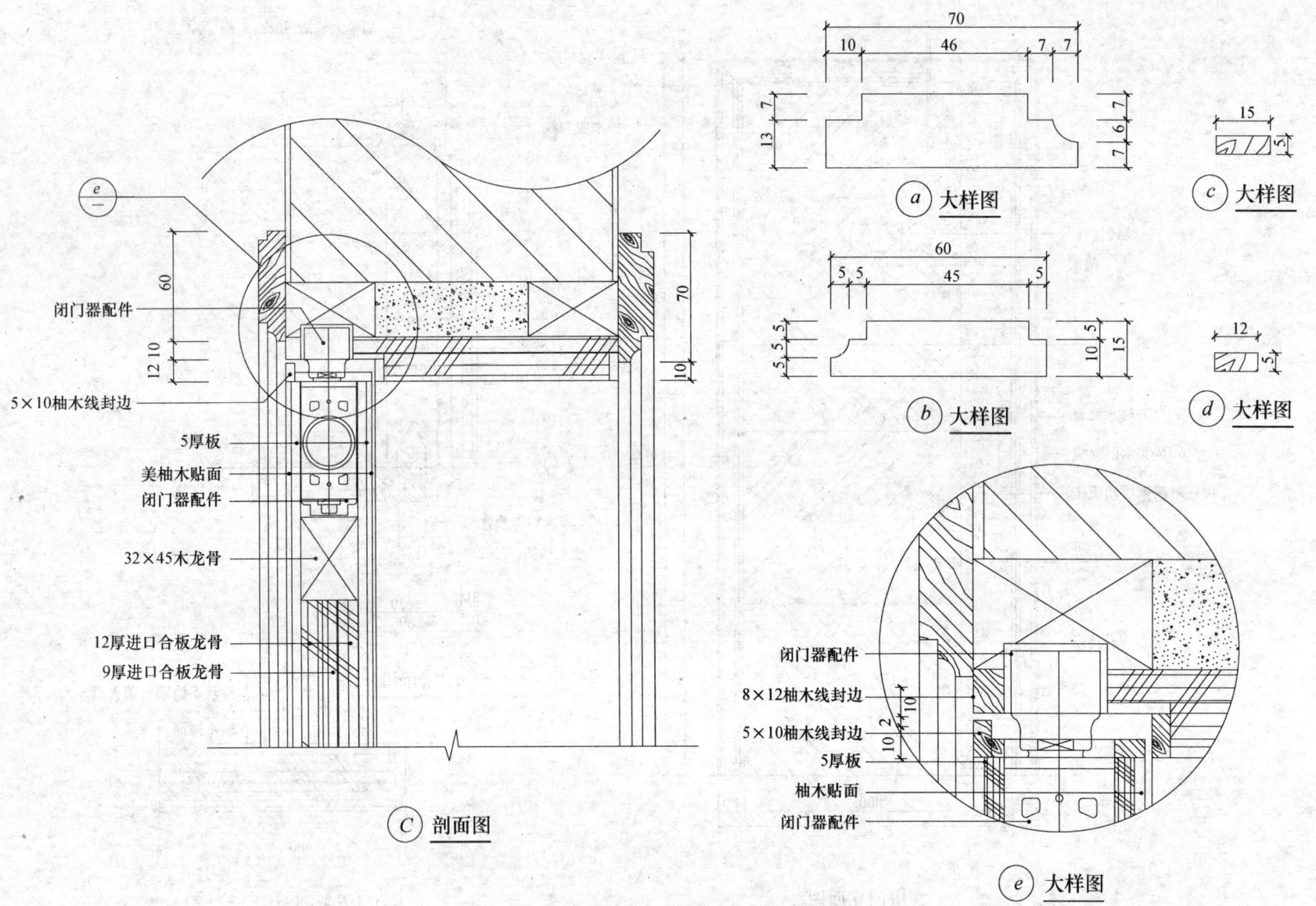

单扇门——方案04

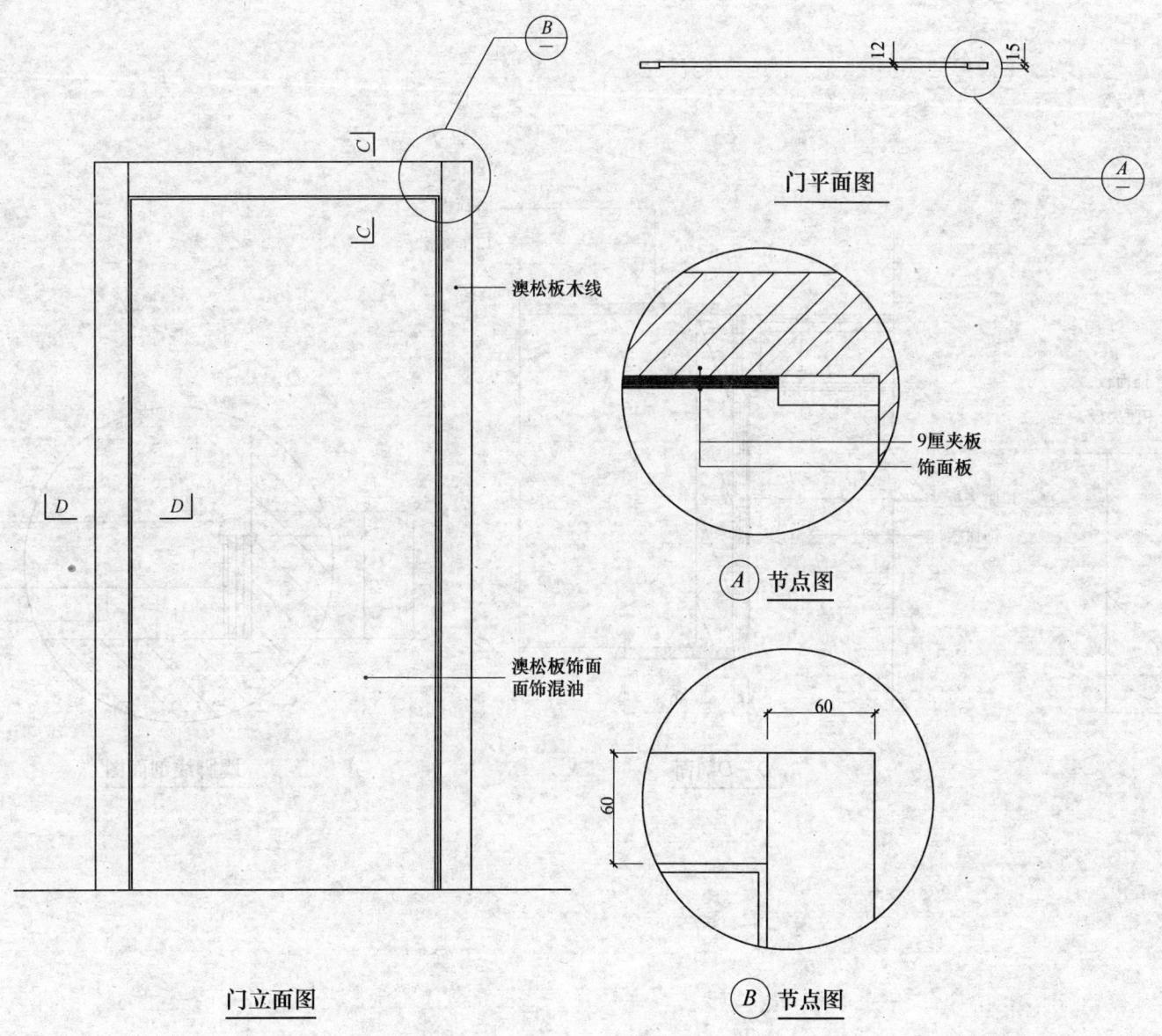

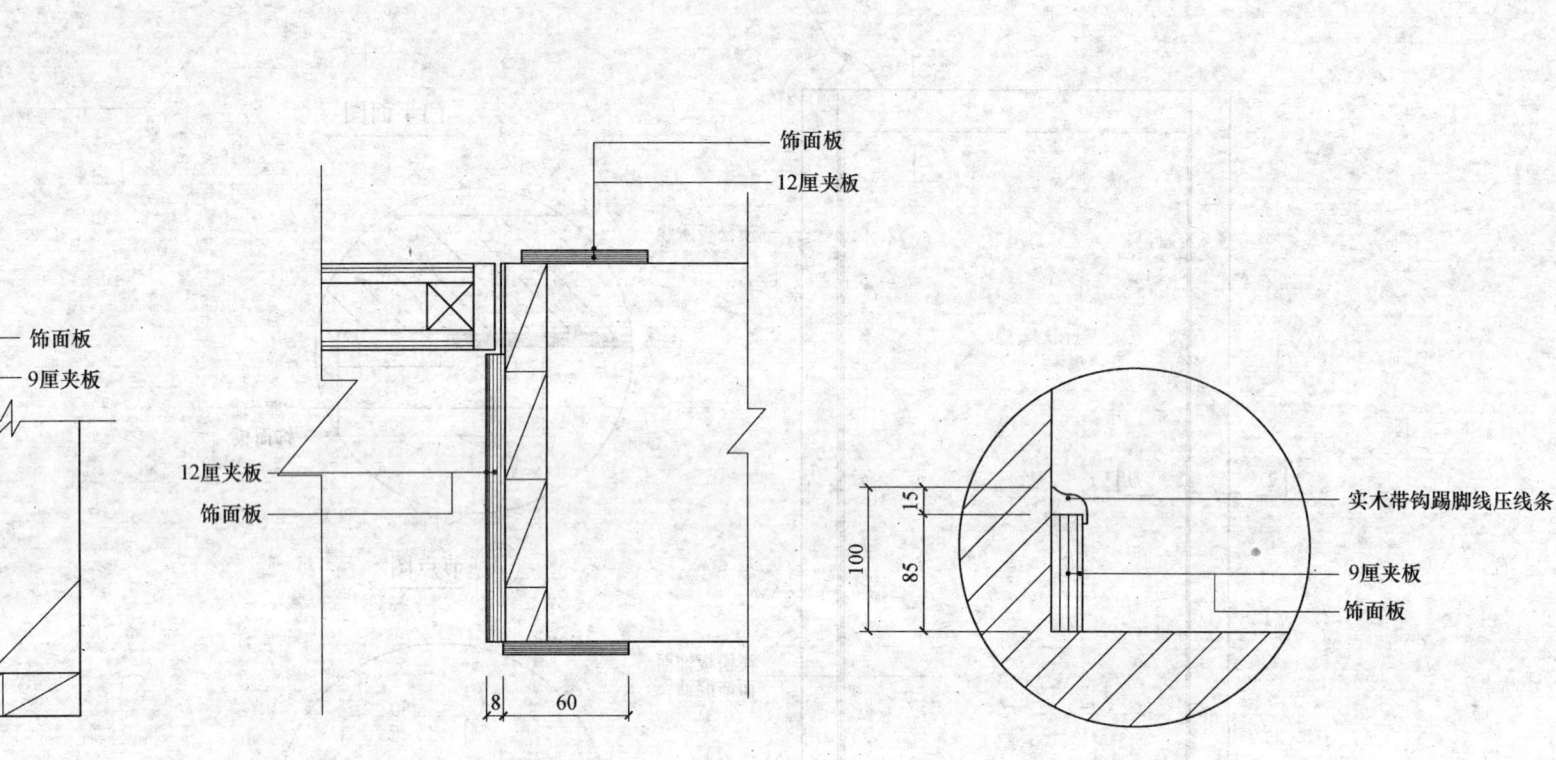

单扇门——方案05

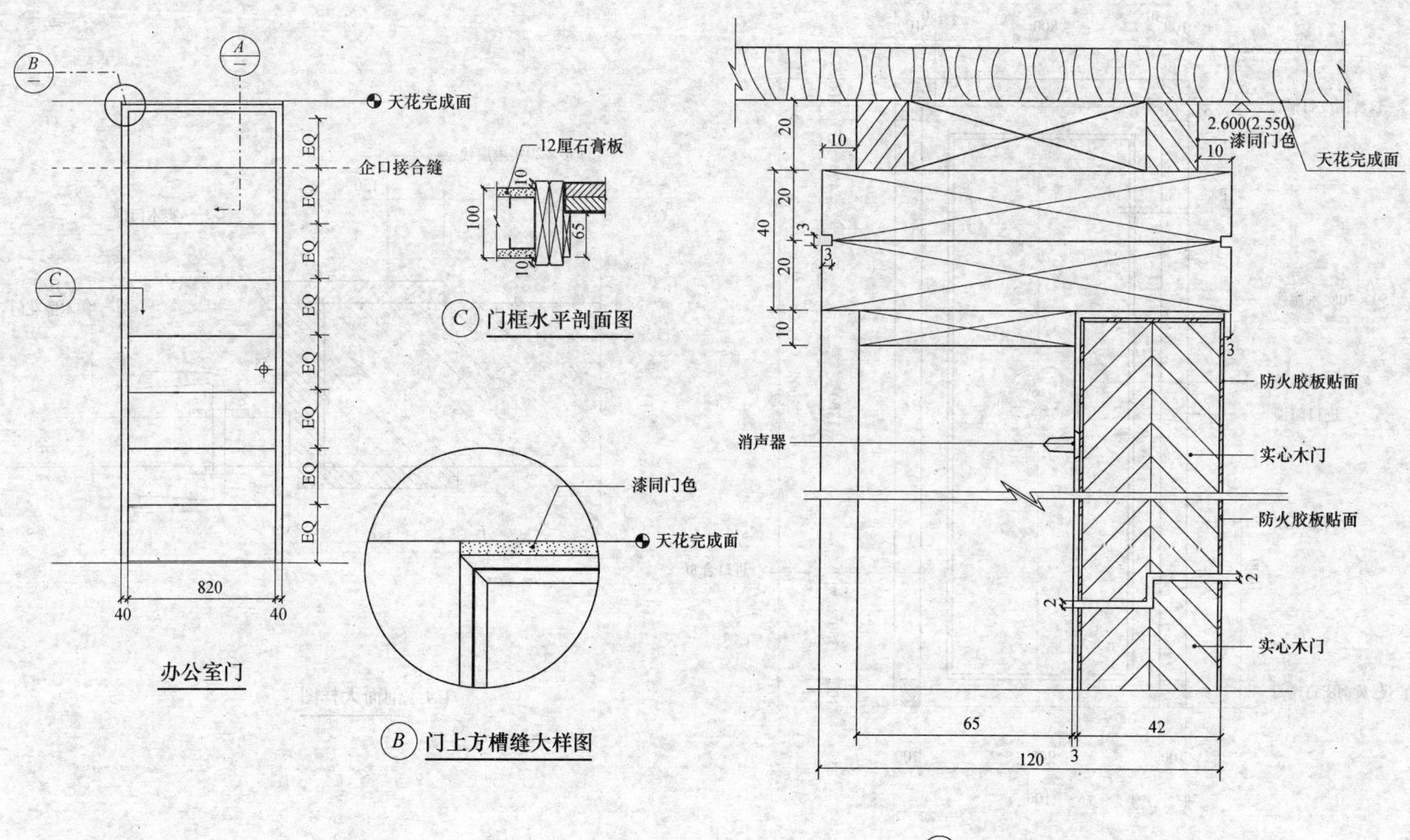

单扇门——方案06

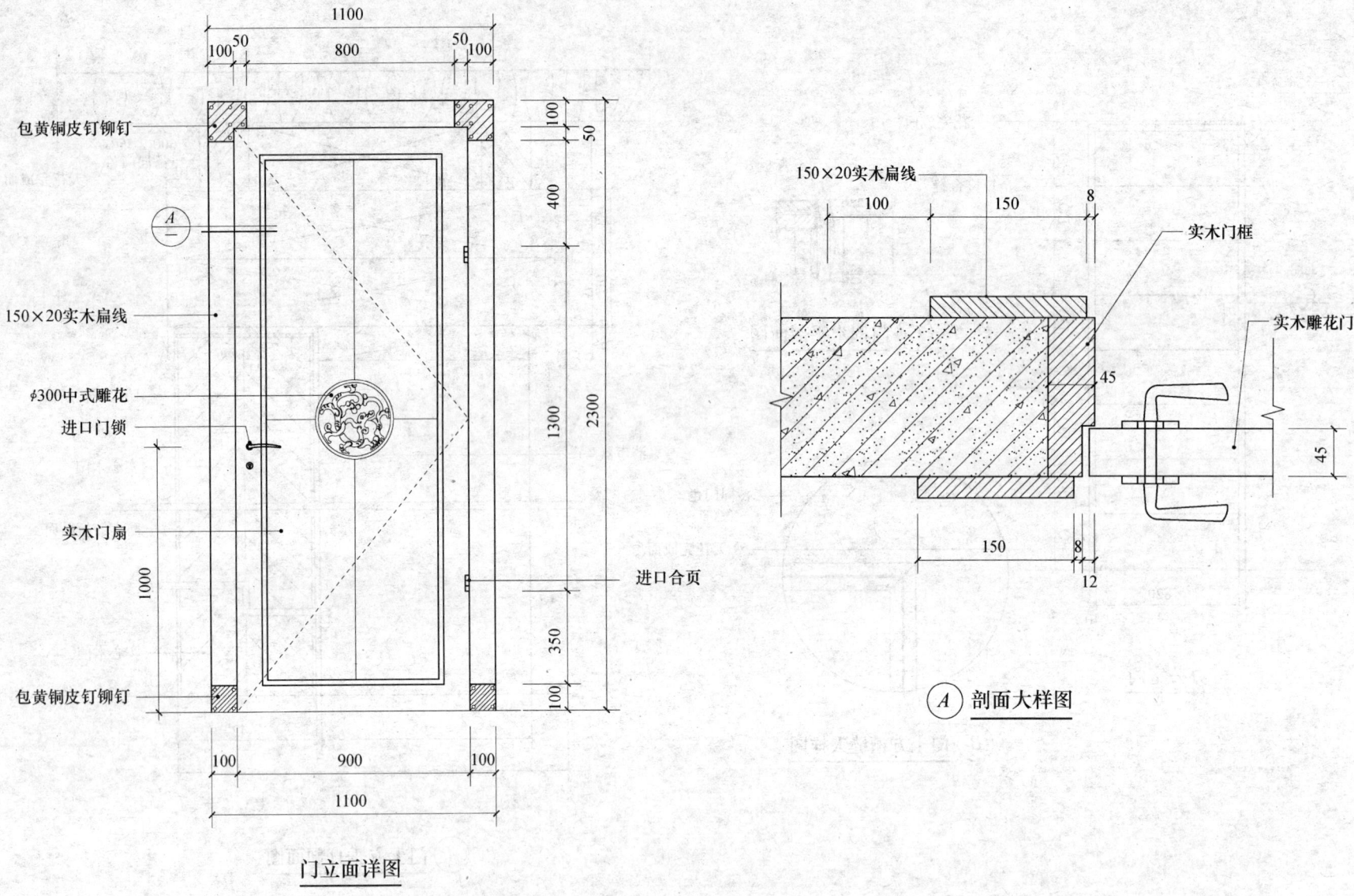

单扇门——方案07

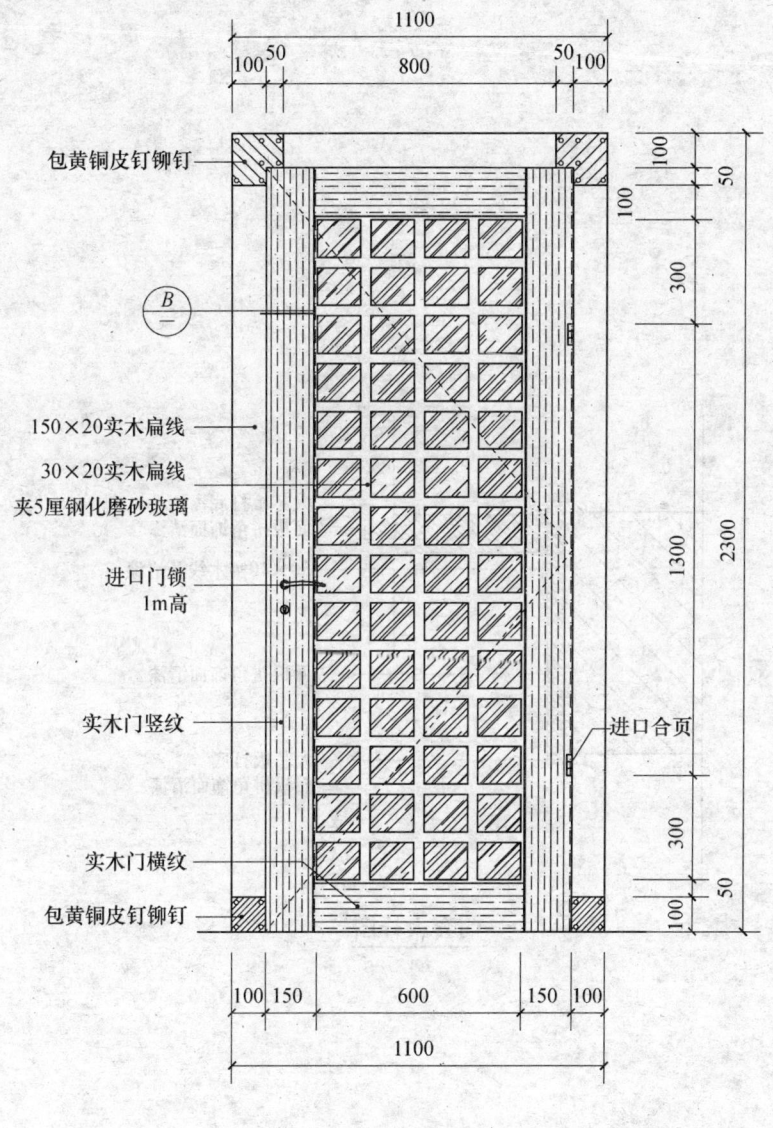

门立面详图

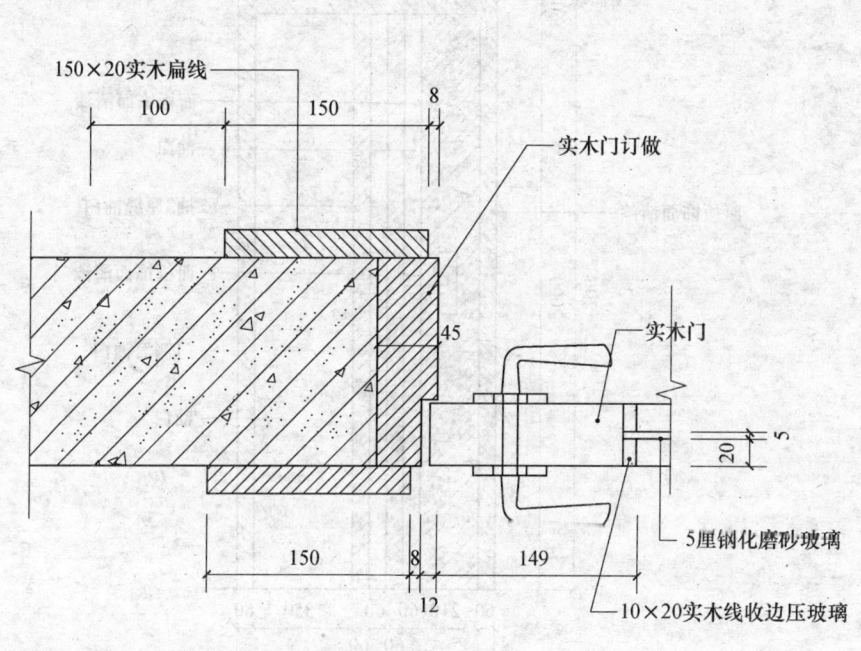

B 剖面大样图

单扇门——方案08

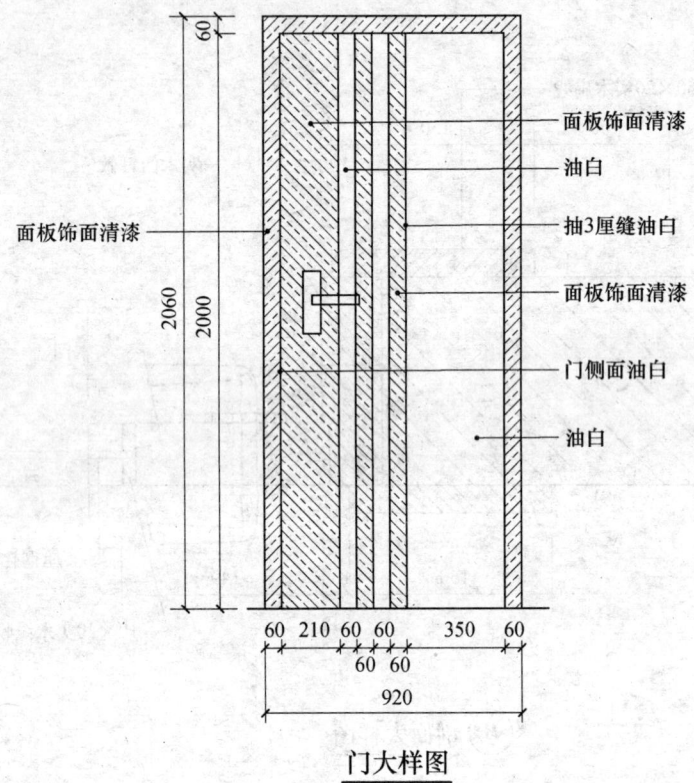

门大样图

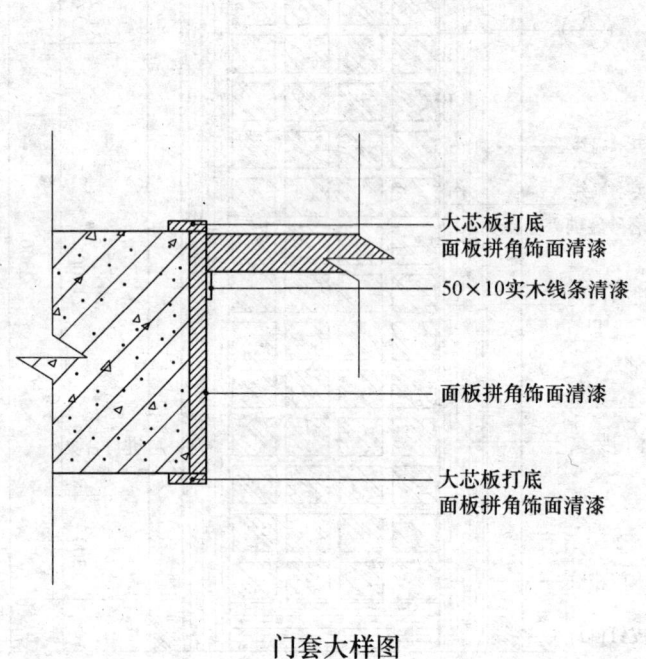

门套大样图

单扇门——方案09

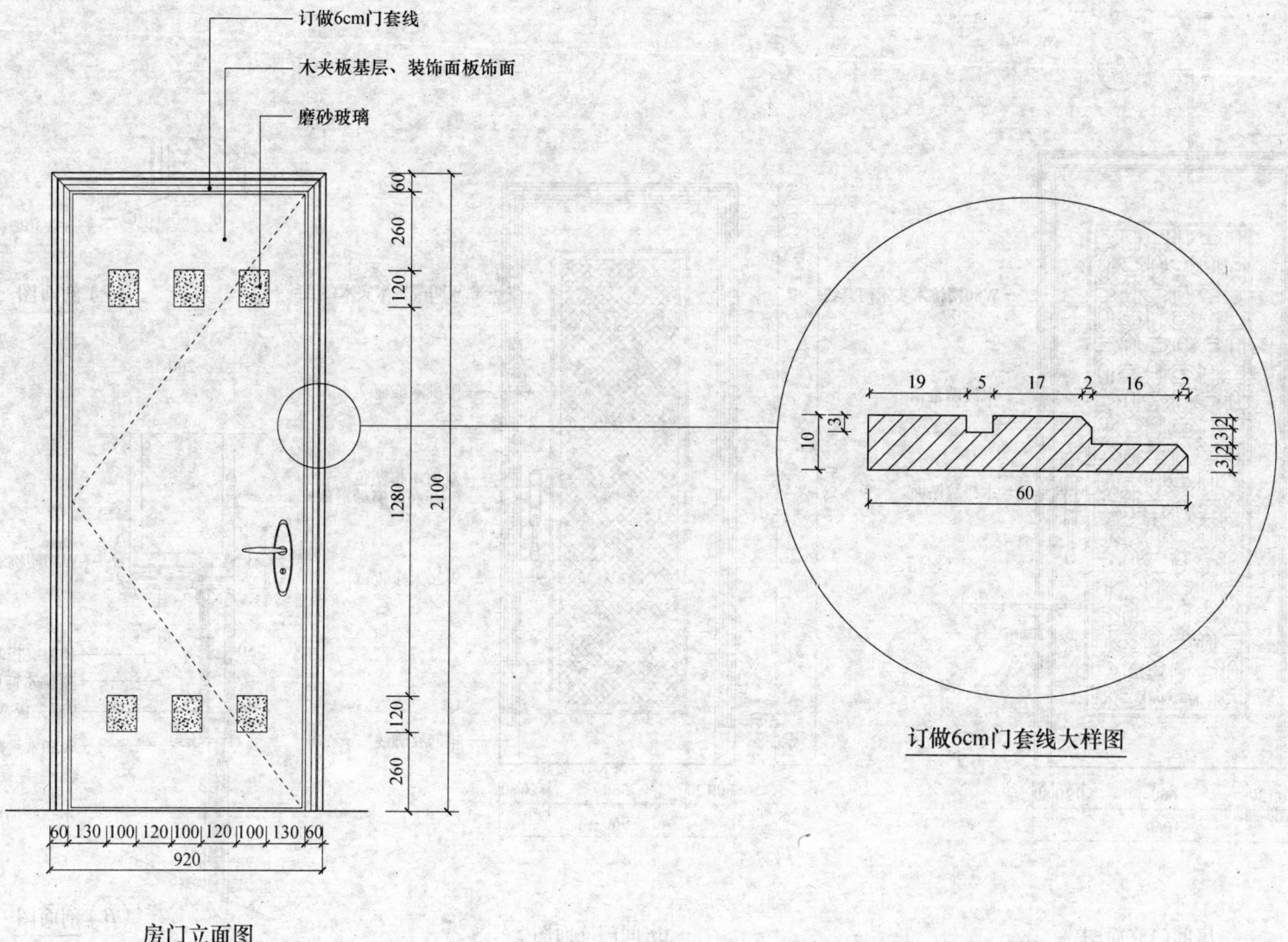

房门立面图

订做6cm门套线大样图

单扇门——方案10

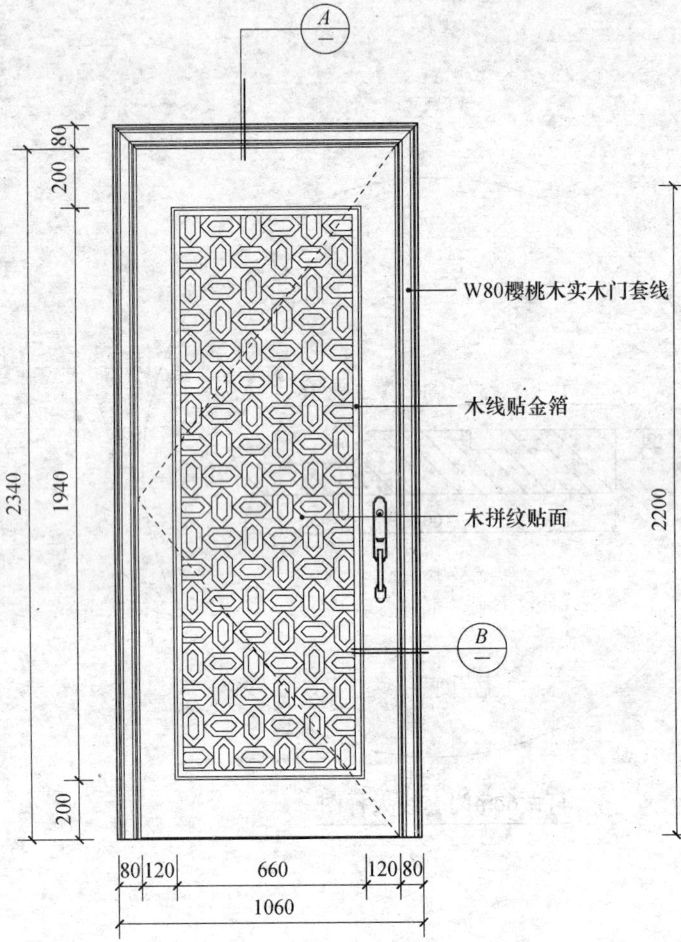

房间门立面图

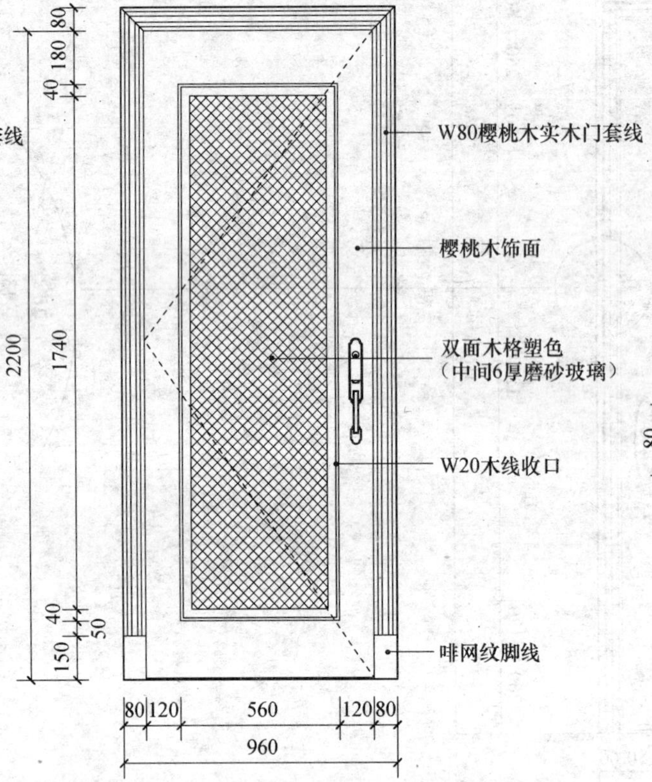

房间门立面图

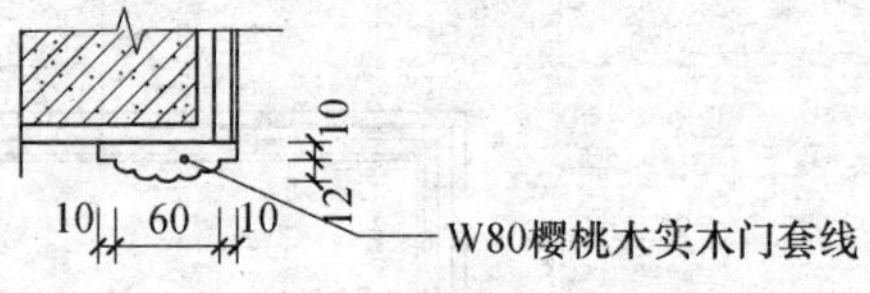

A 剖面图

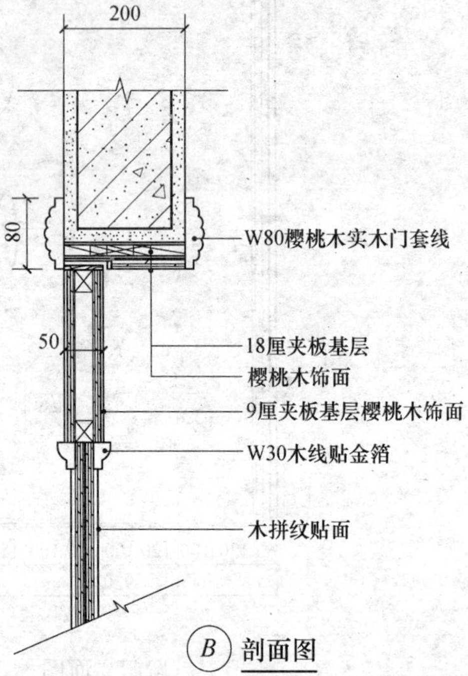

B 剖面图

单扇门——方案11

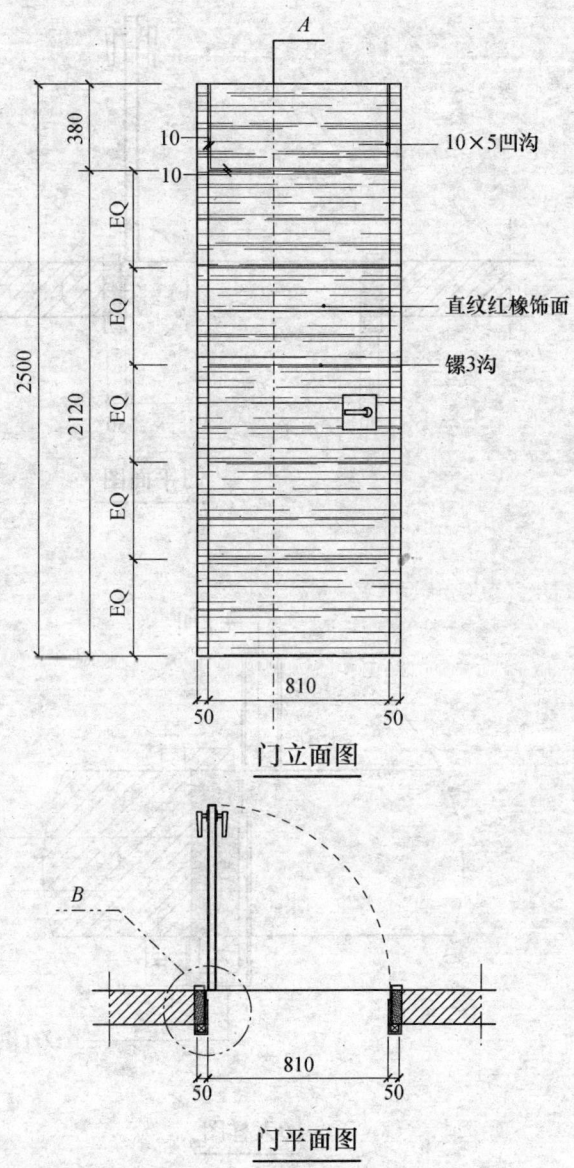

门立面图

门平面图

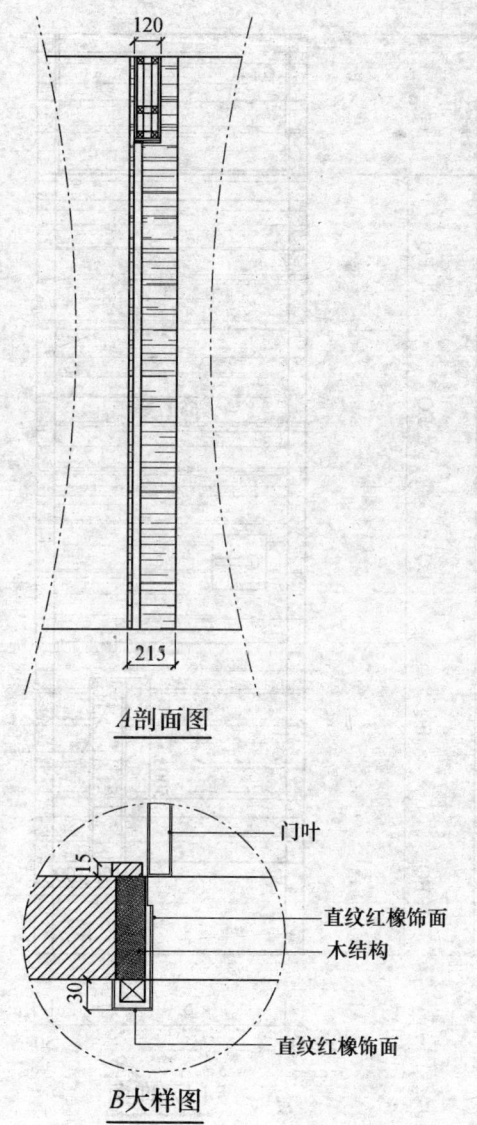

A剖面图

B大样图

单扇门——方案12

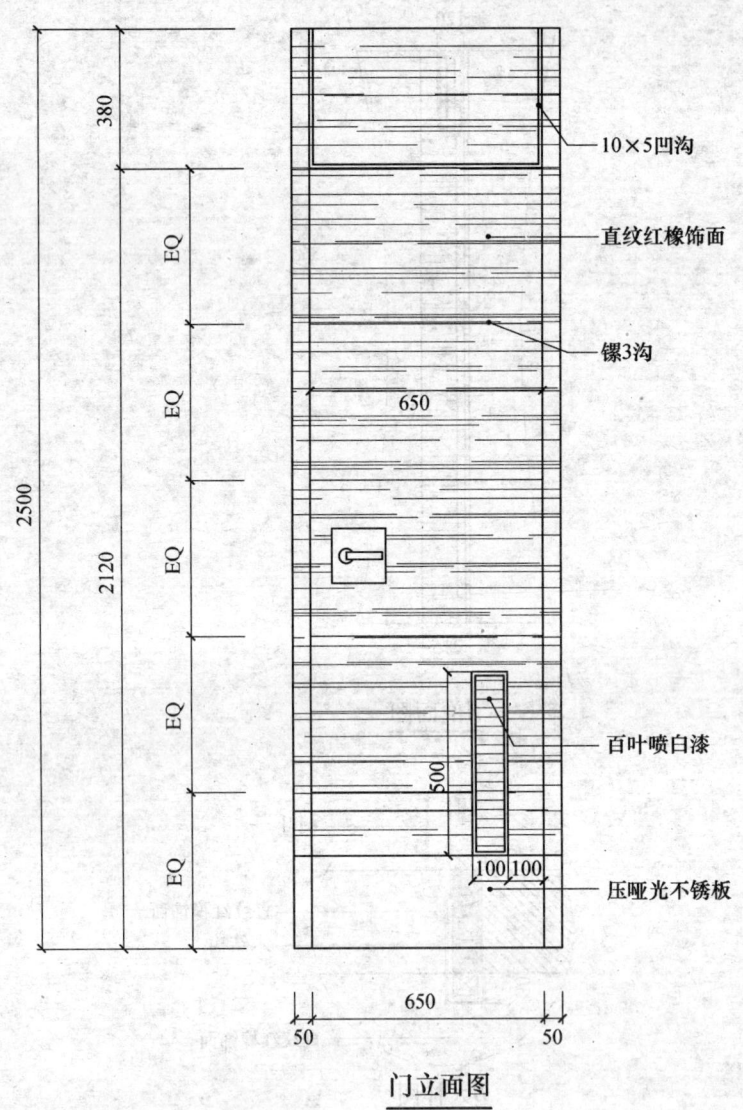

门立面图

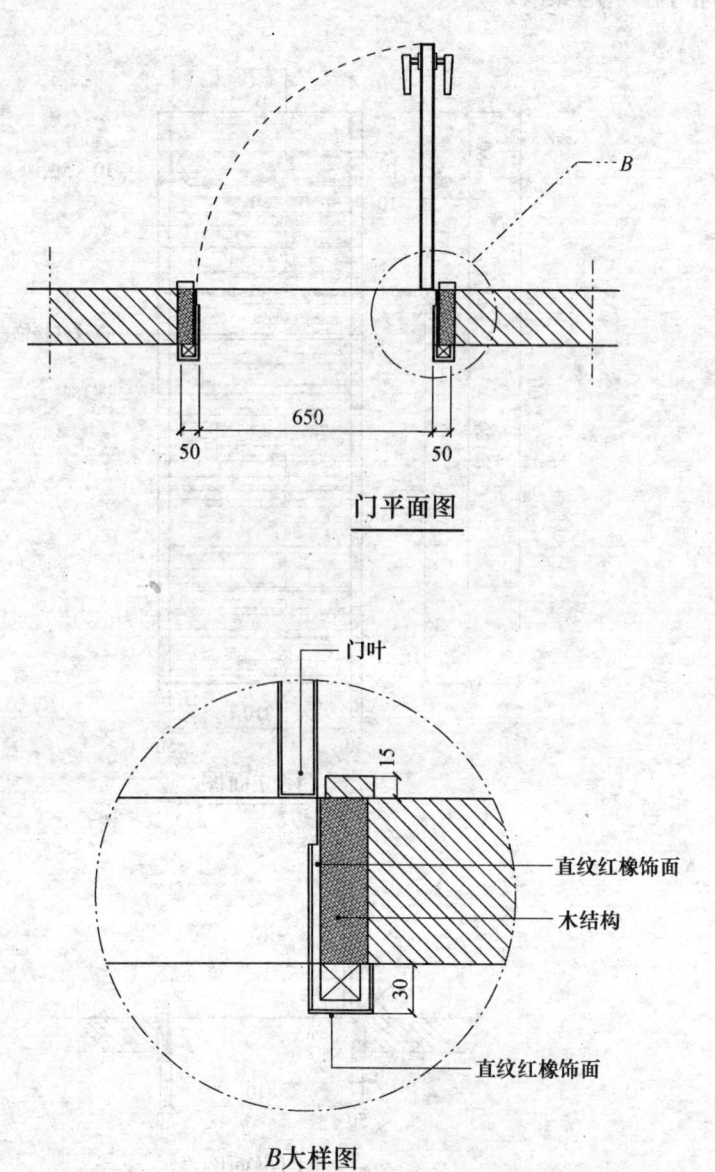

门平面图

B大样图

单扇门——方案 13

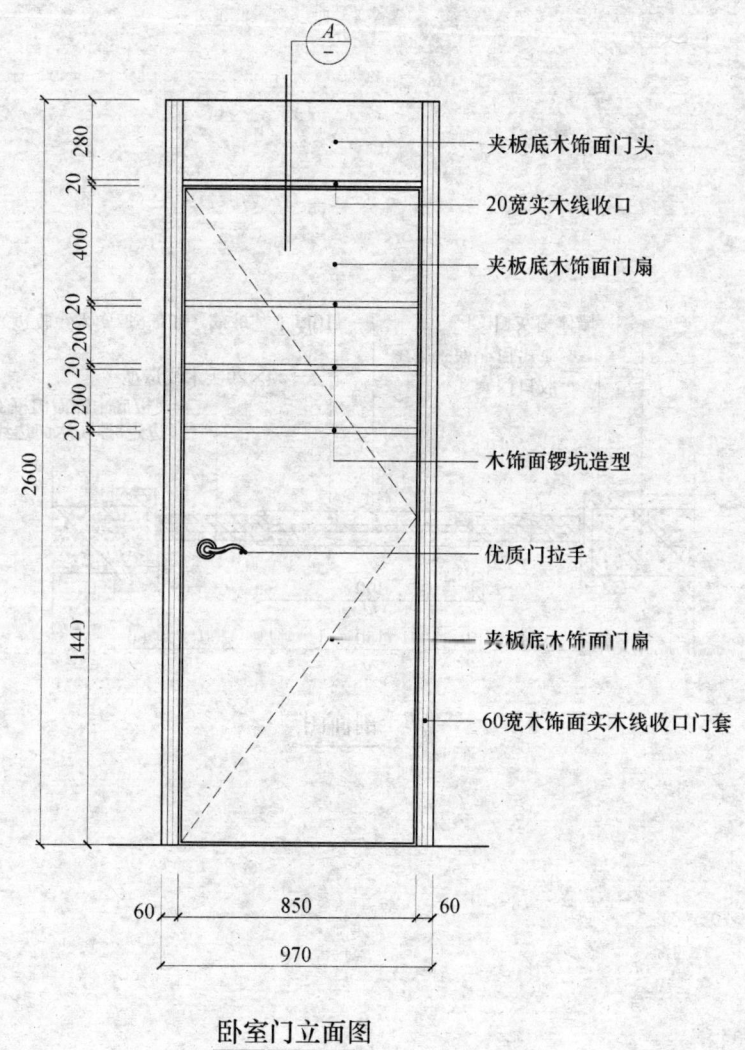

卧室门立面图

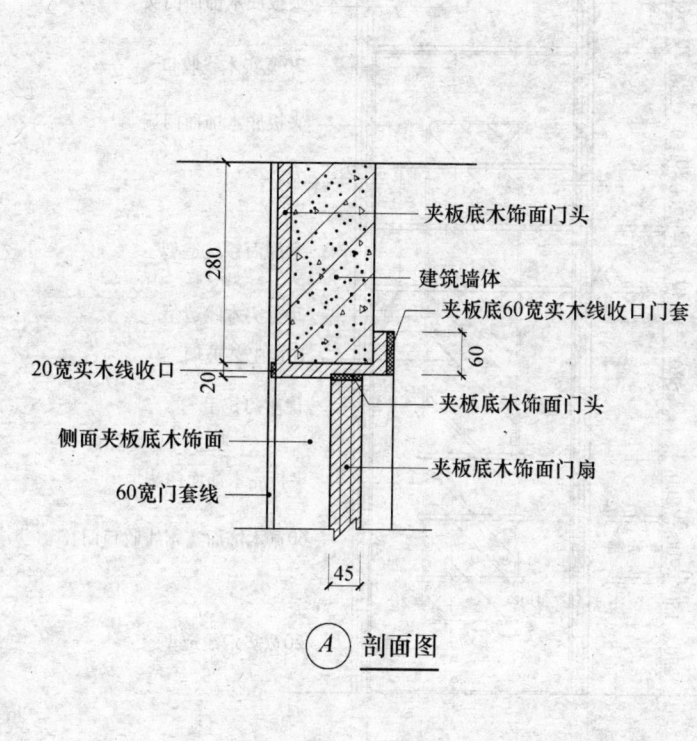

A 剖面图

单扇门——方案 14

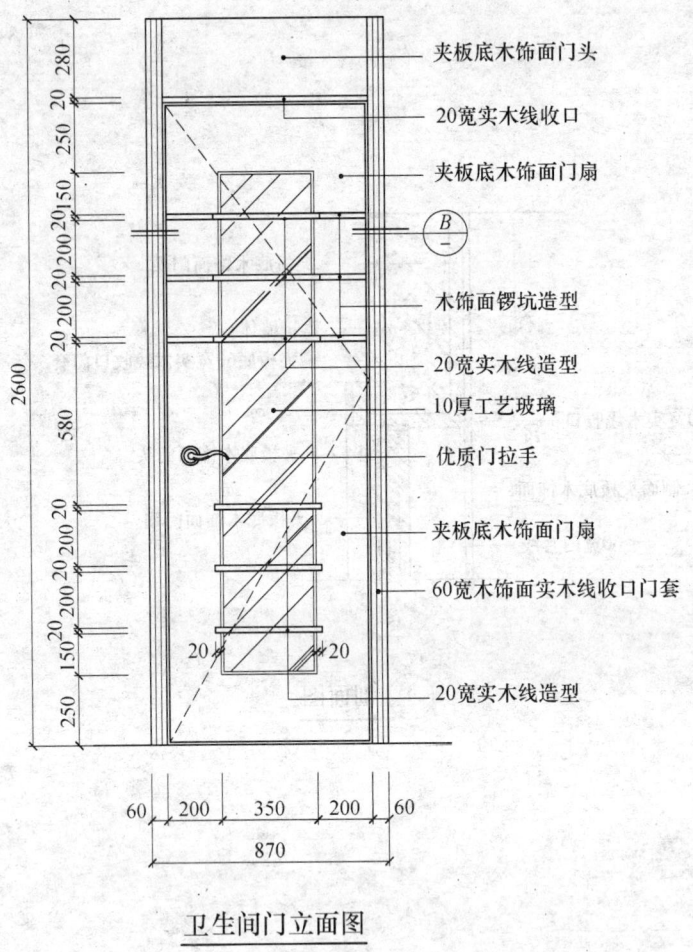

卫生间门立面图

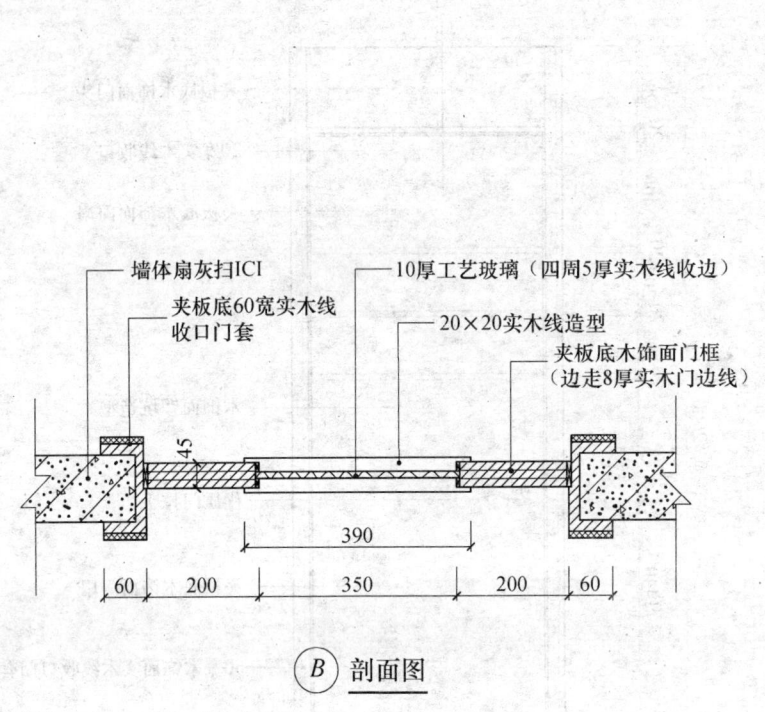

B 剖面图

单扇门——方案15

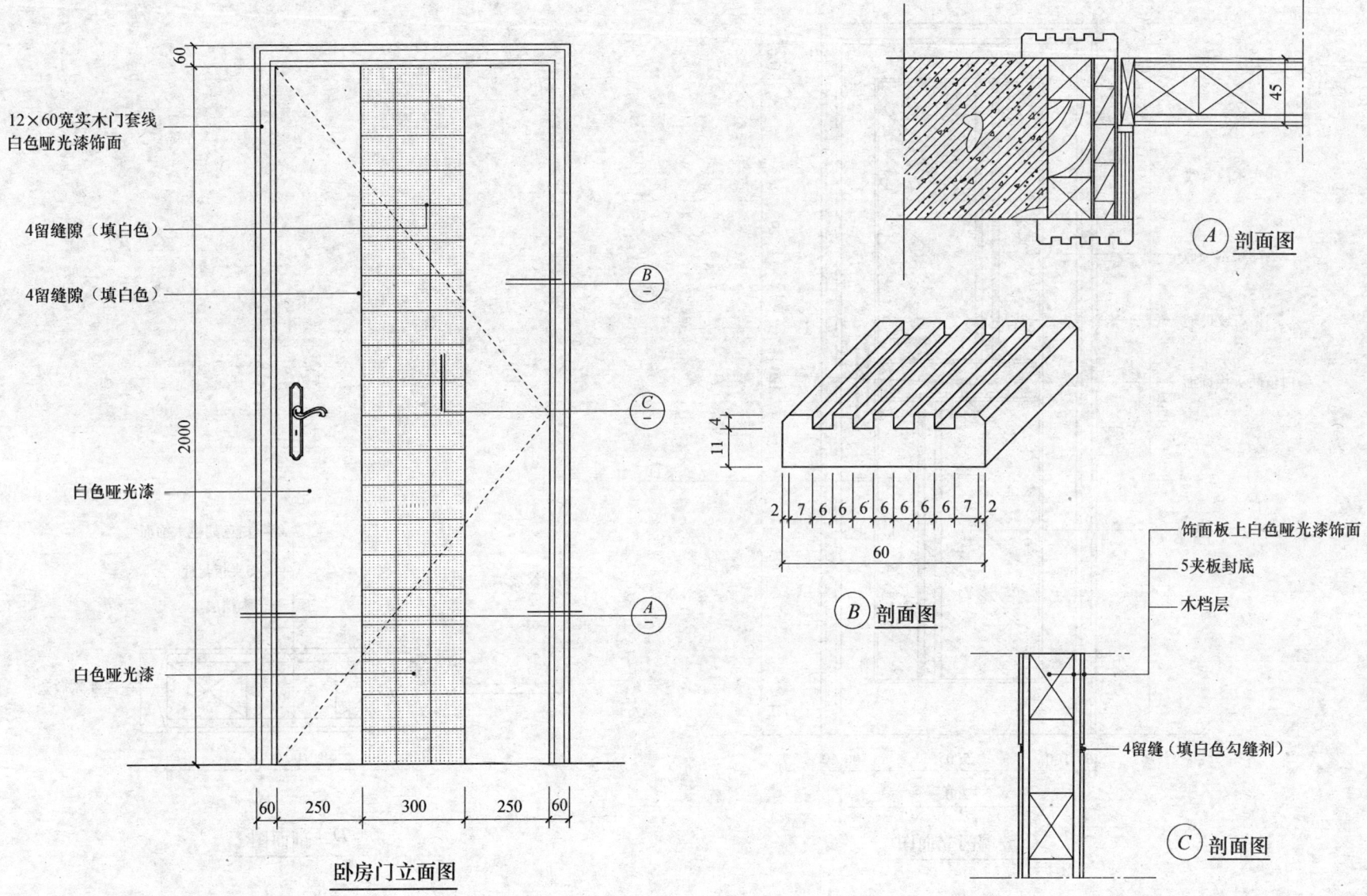

单扇门——方案16

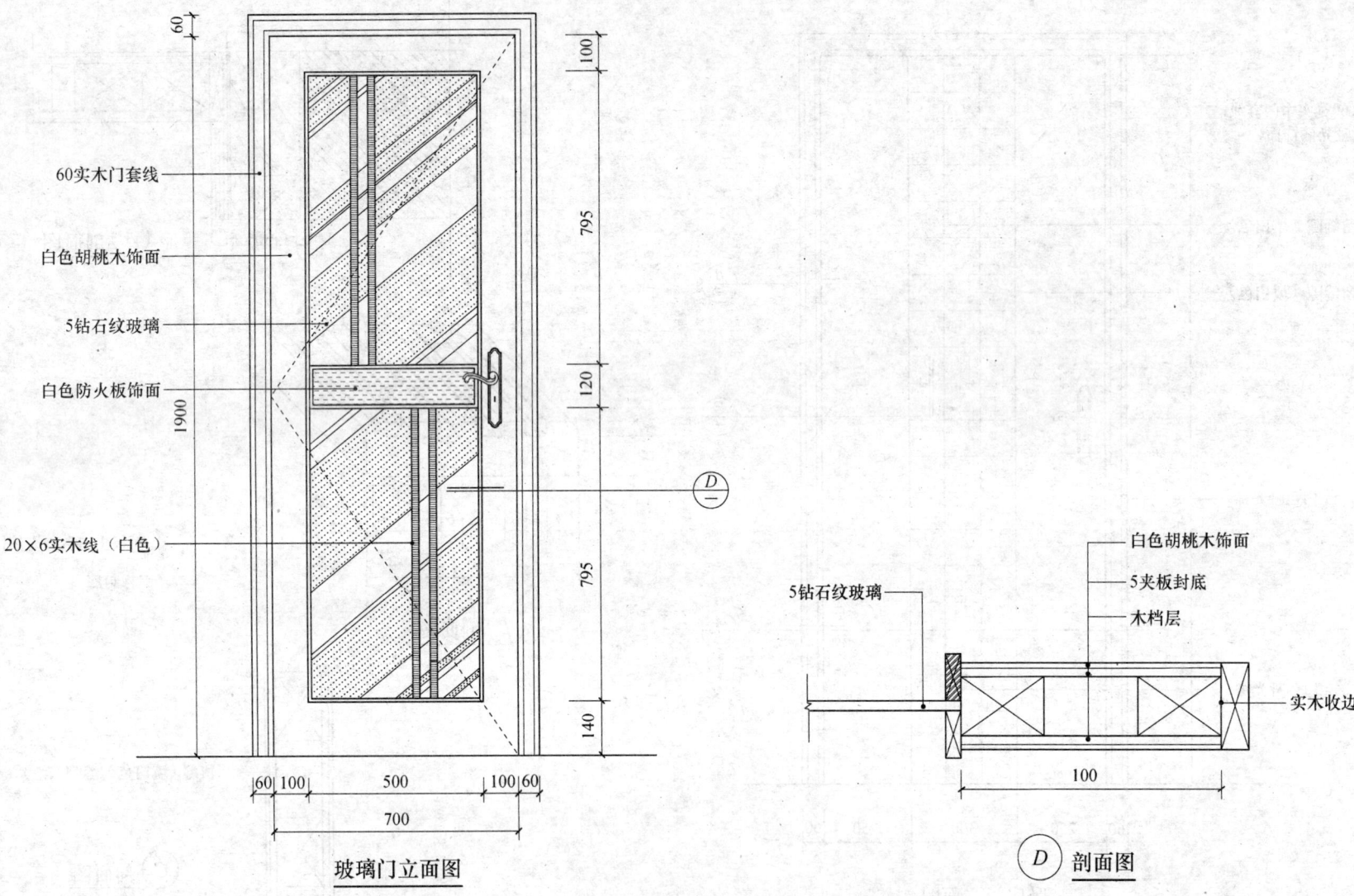

单扇门——方案17

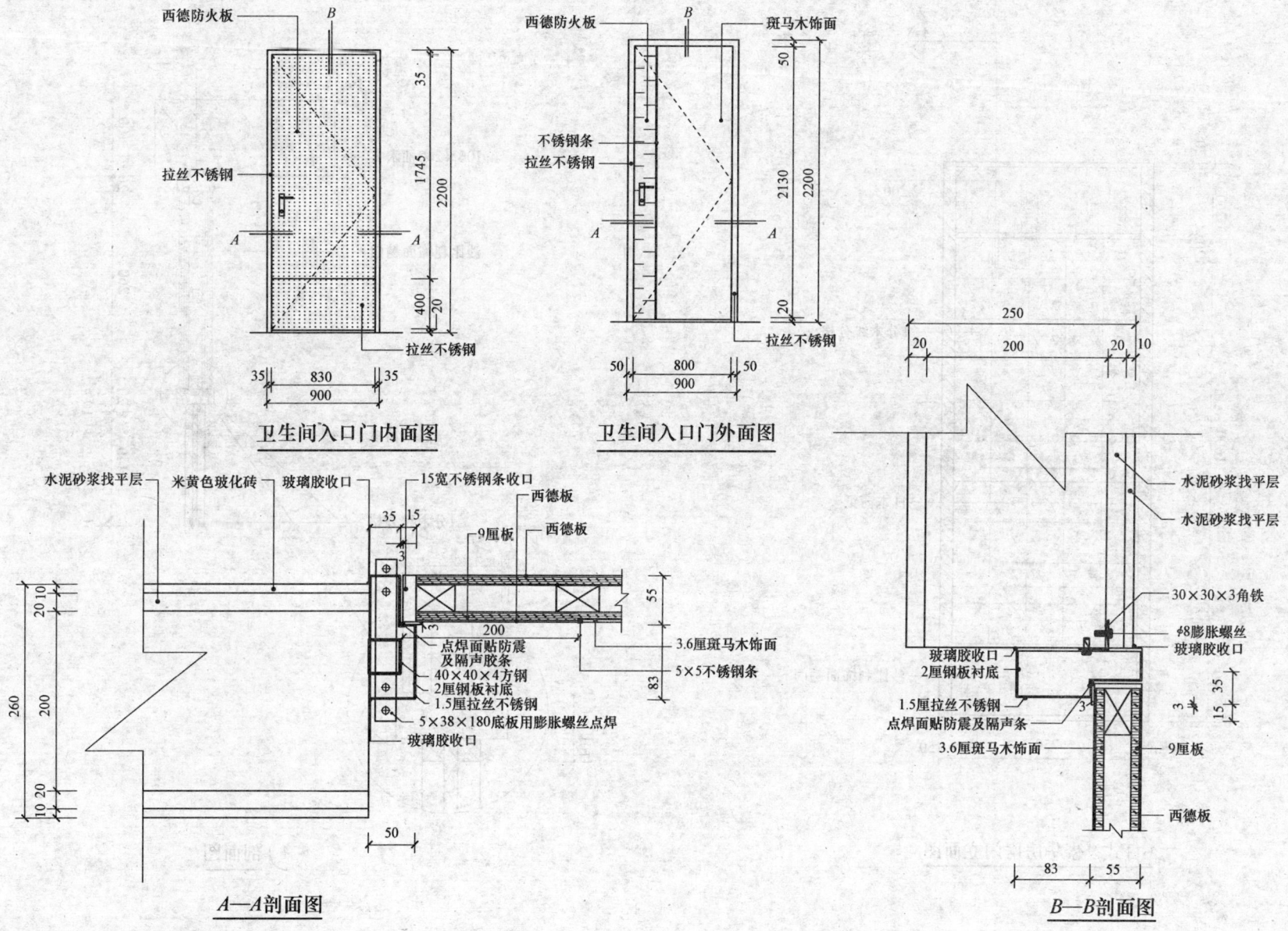

单扇门——方案 18

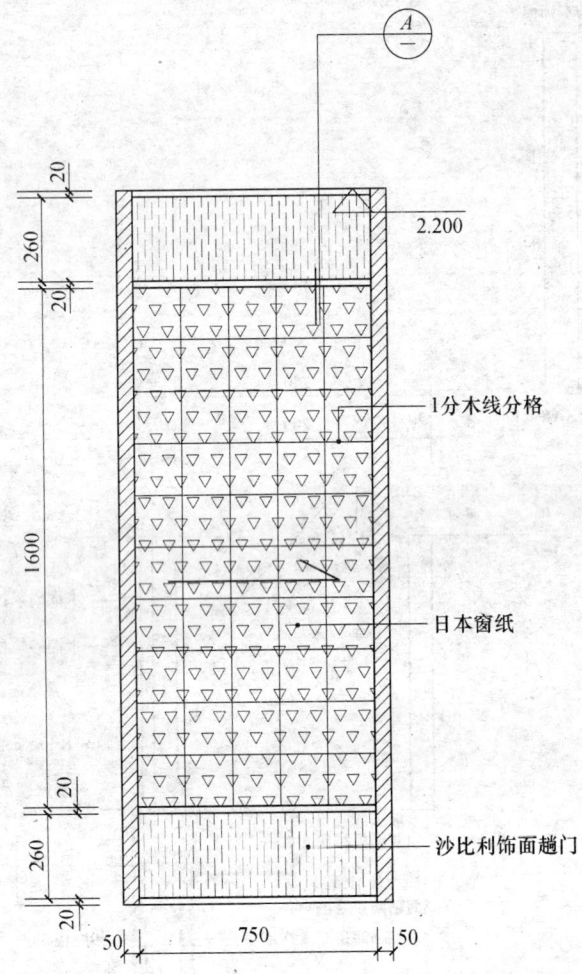

（日式）豪华房房门立面图

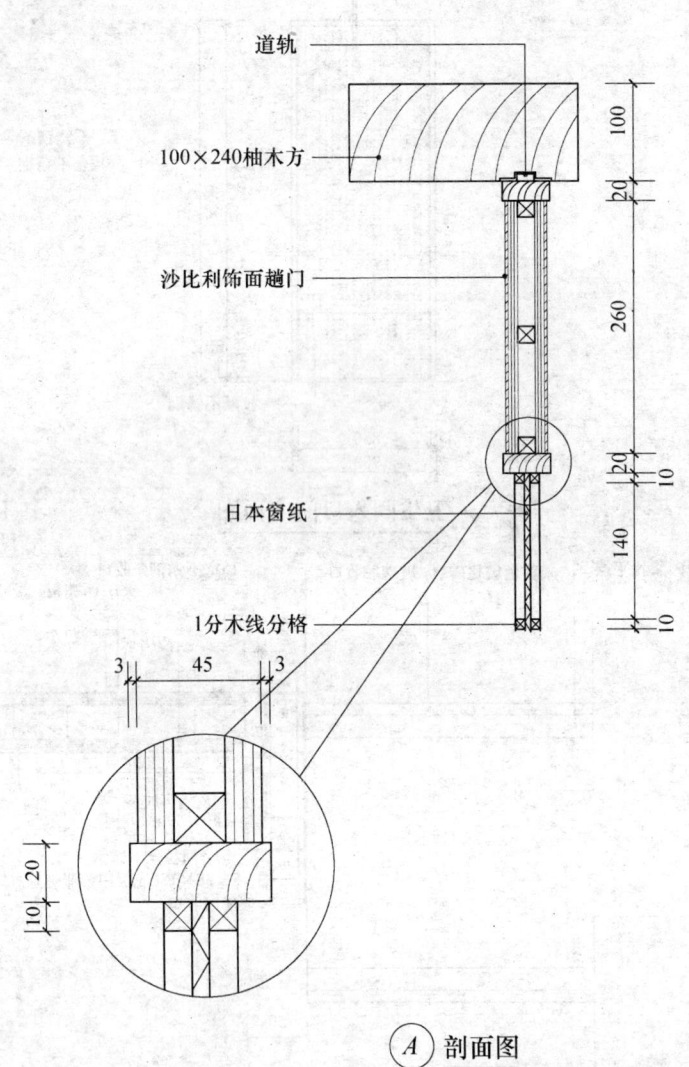

A 剖面图

单扇门——方案 19

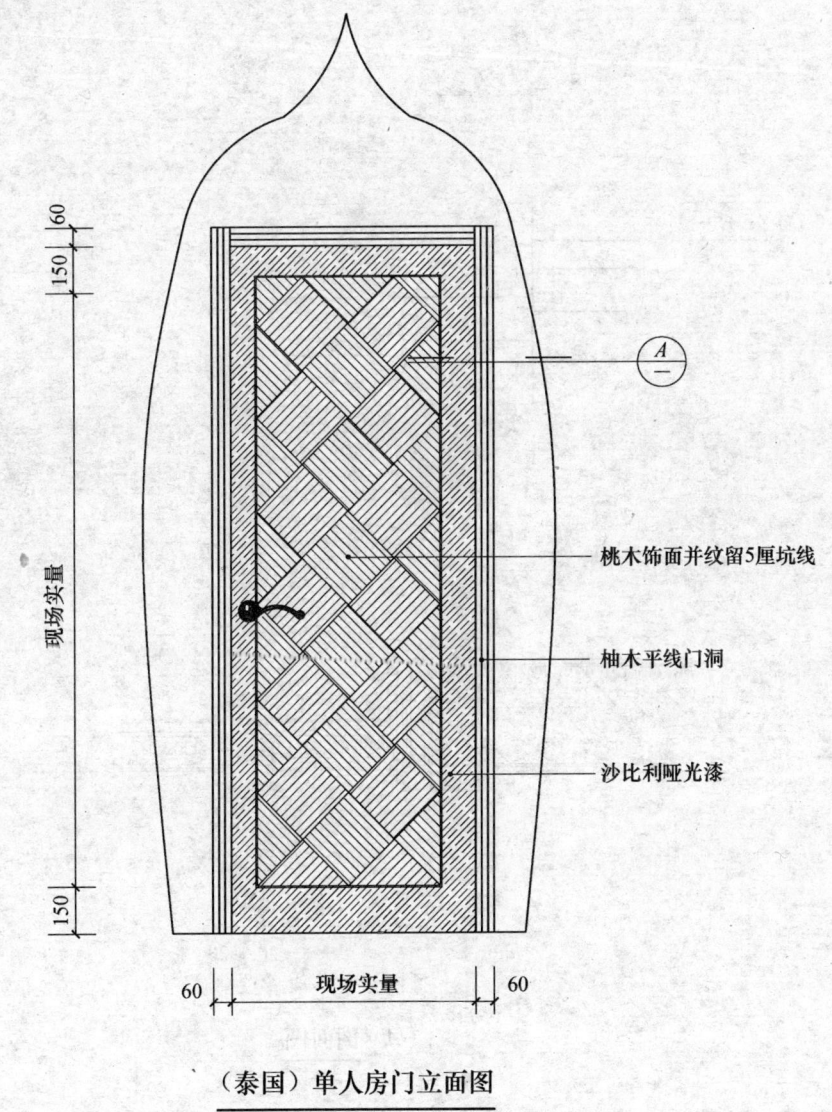

（泰国）单人房门立面图

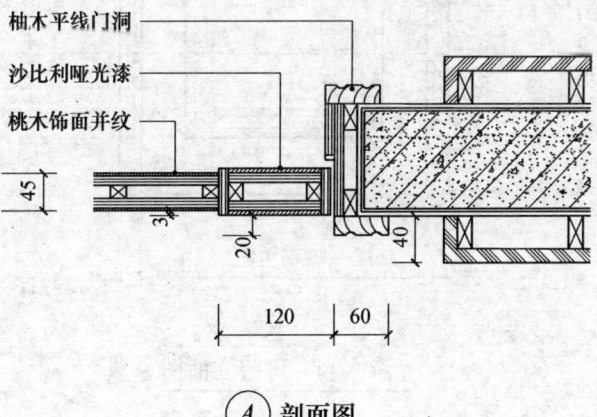

Ⓐ 剖面图

单扇门——方案20

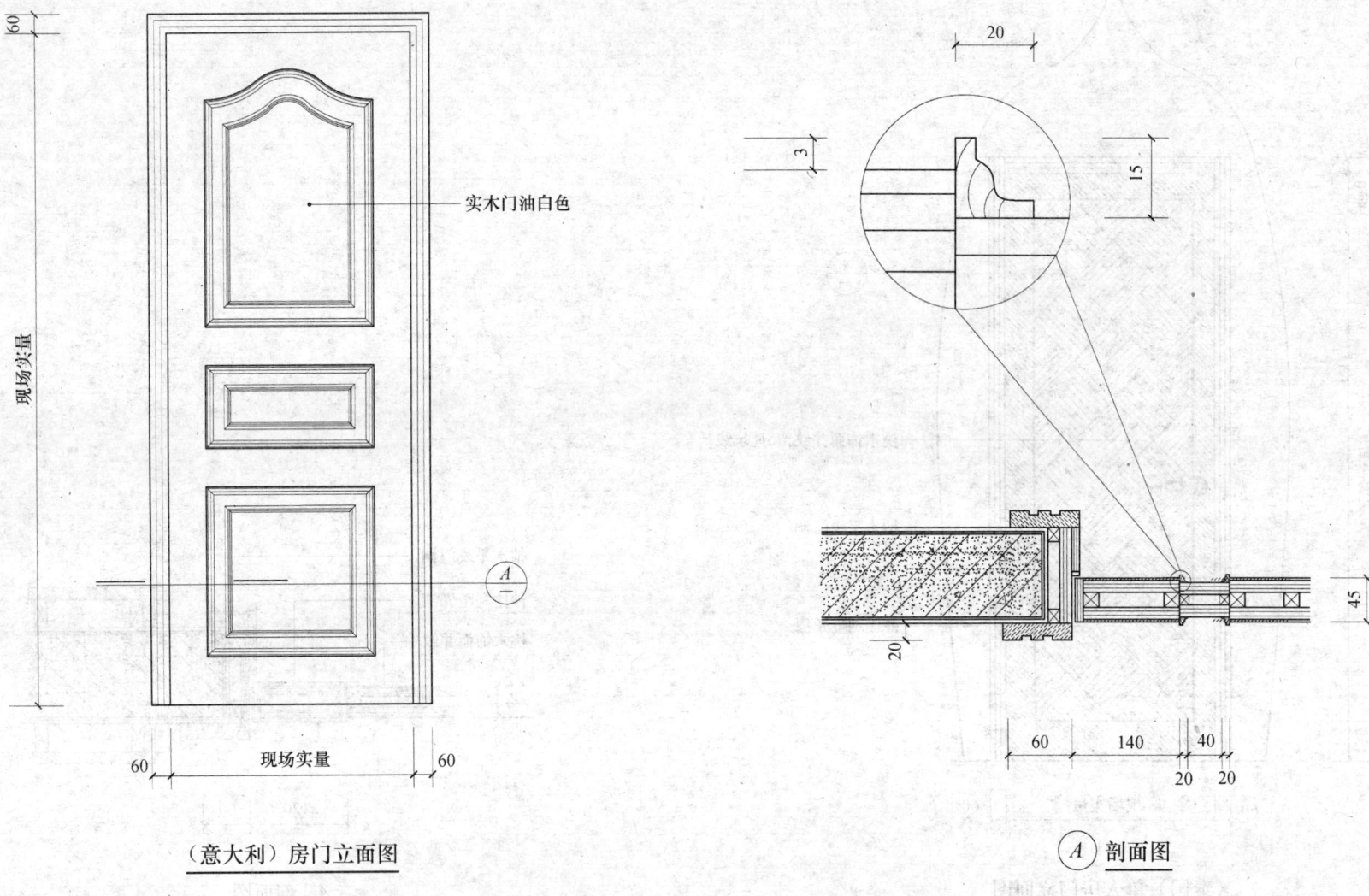

(意大利)房门立面图

A 剖面图

单扇门——方案21

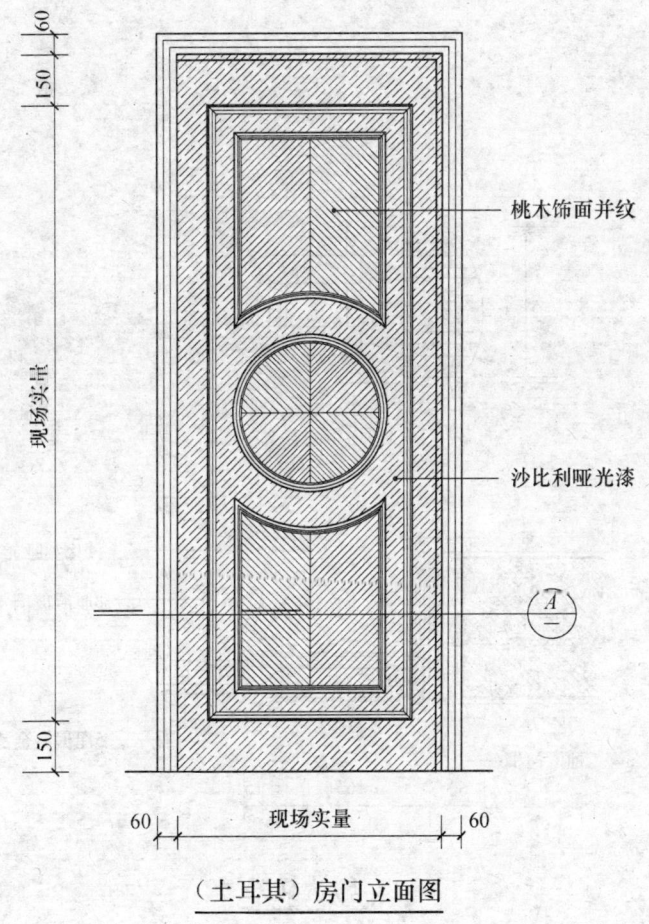

（土耳其）房门立面图

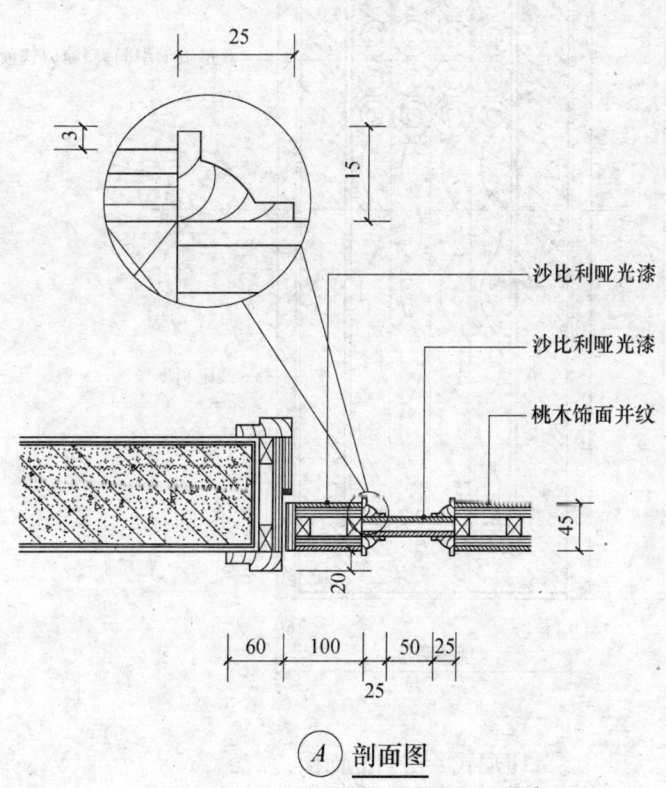

A 剖面图

单扇门——方案22

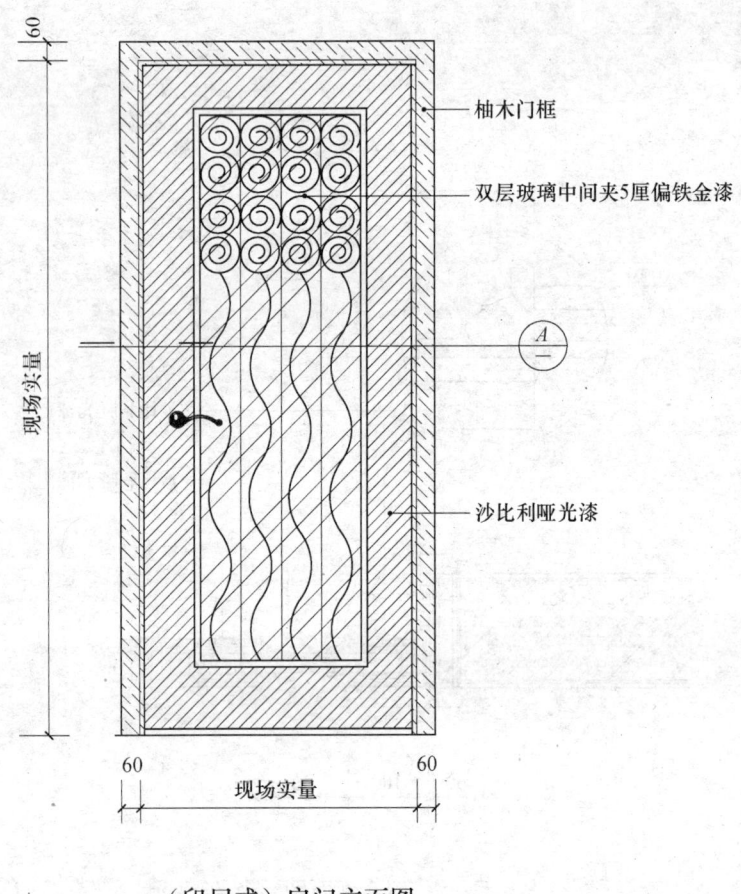

（印尼式）房门立面图

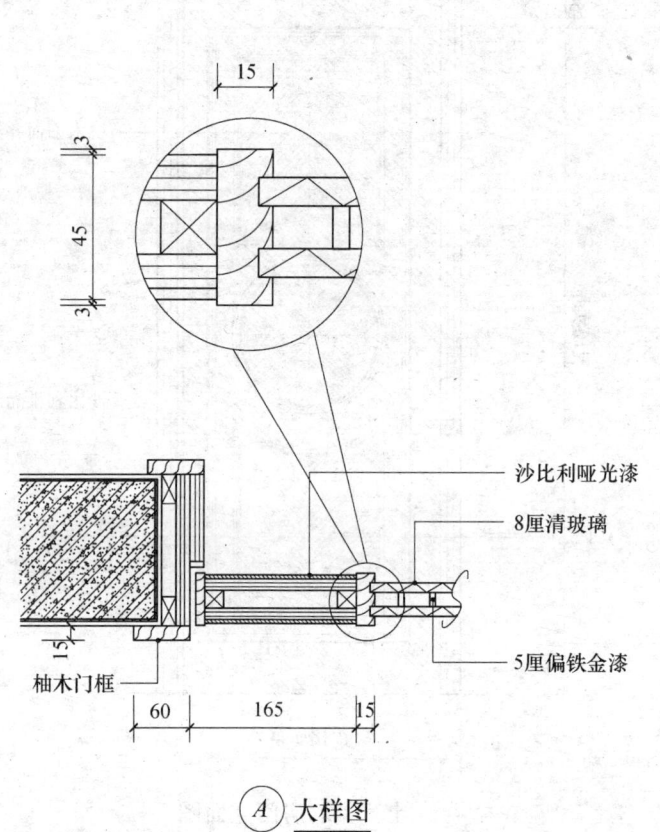

Ⓐ 大样图

单扇门——方案 23

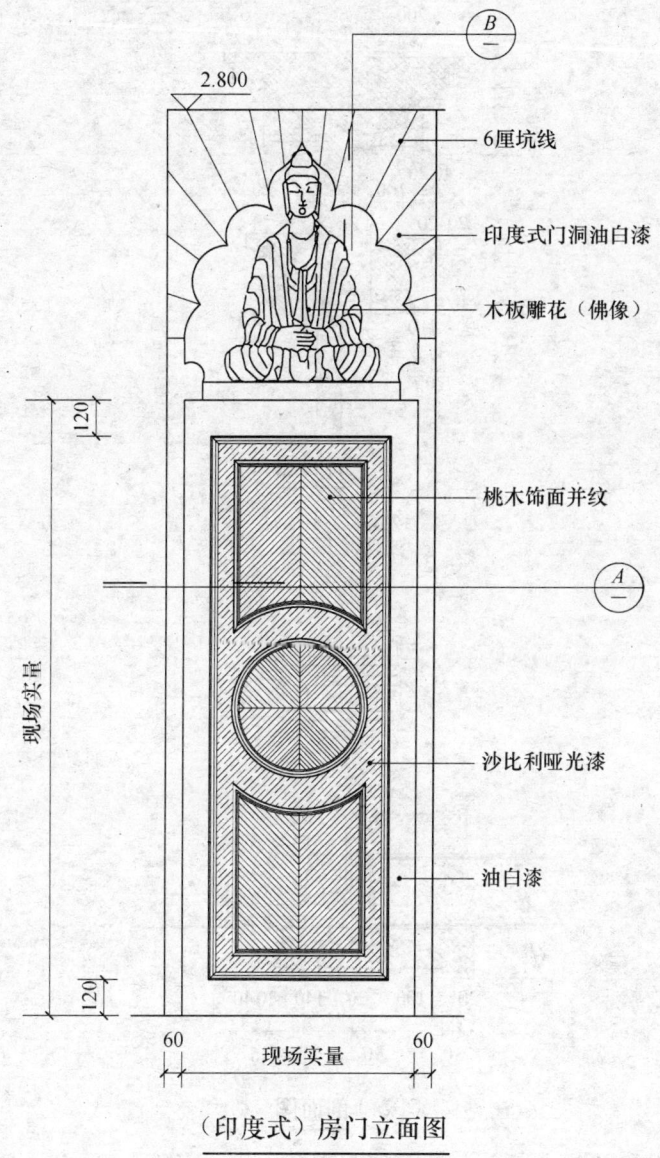

（印度式）房门立面图

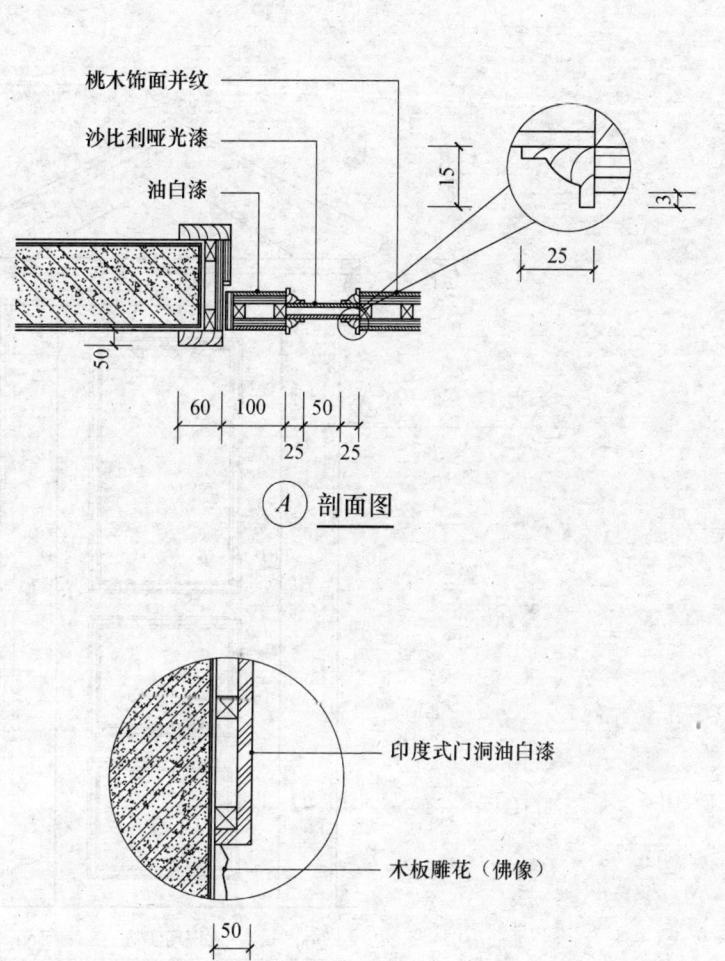

A 剖面图

B 剖面图

单扇门——方案24

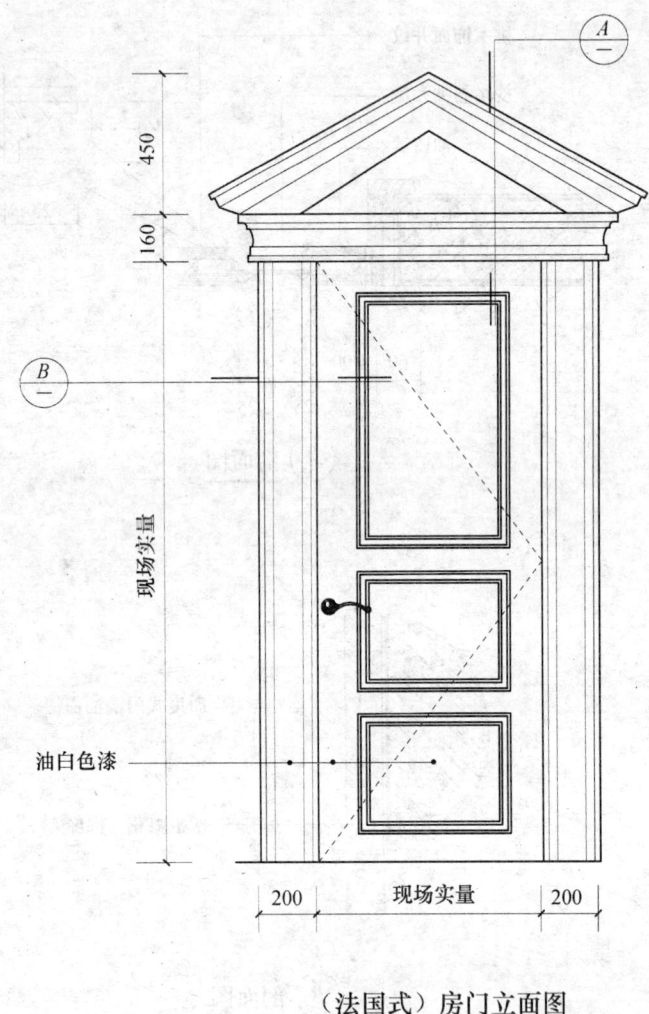

(法国式) 房门立面图

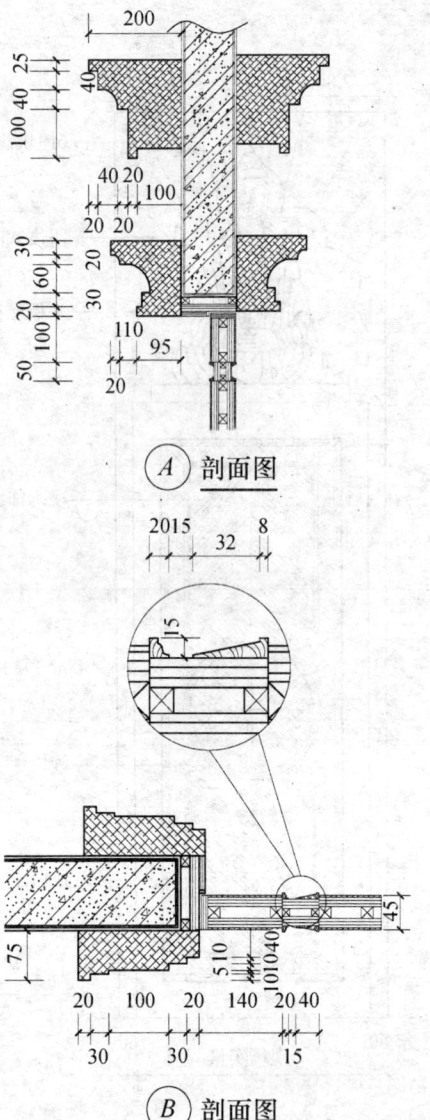

Ⓐ 剖面图

Ⓑ 剖面图

第二节 单扇门图块

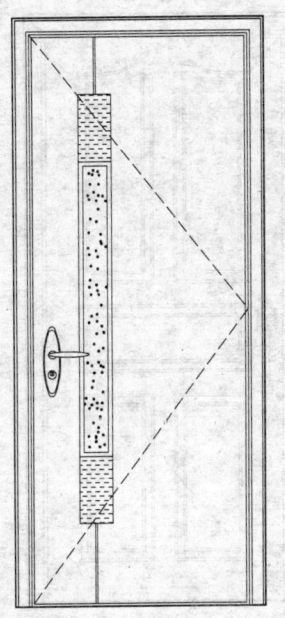
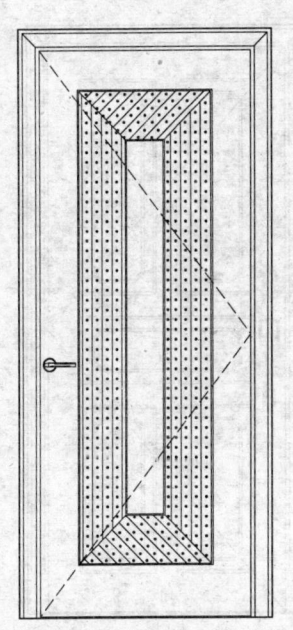
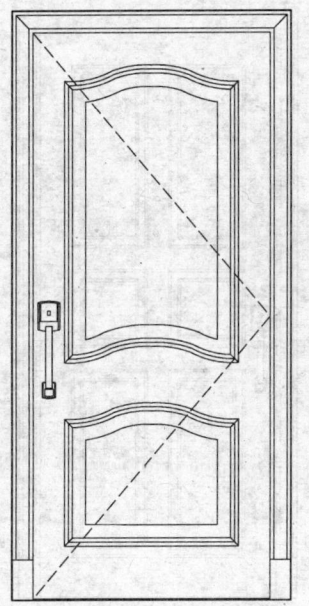
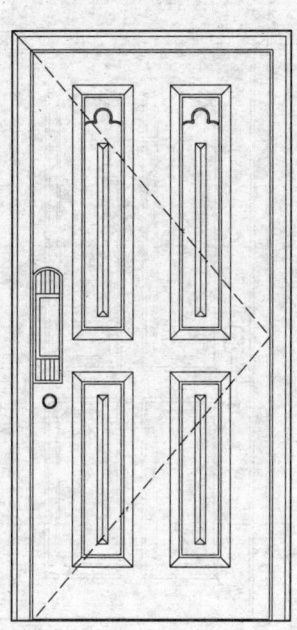

装饰装修构造快速设计 CAD 图集

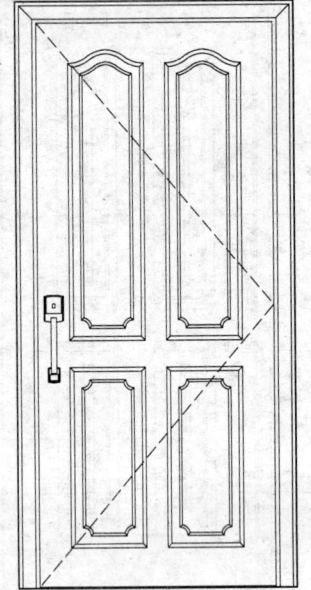
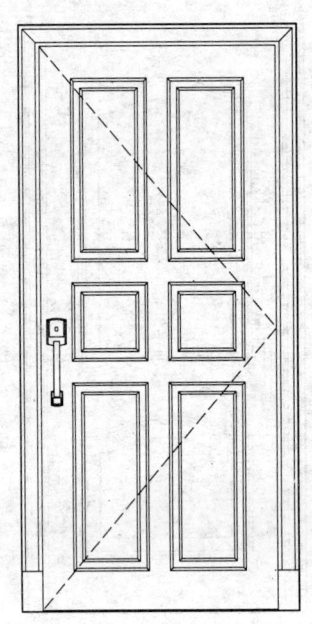
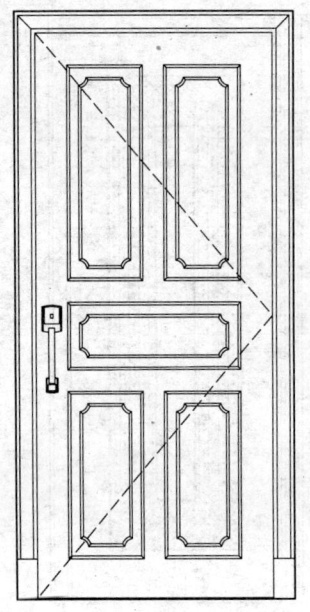
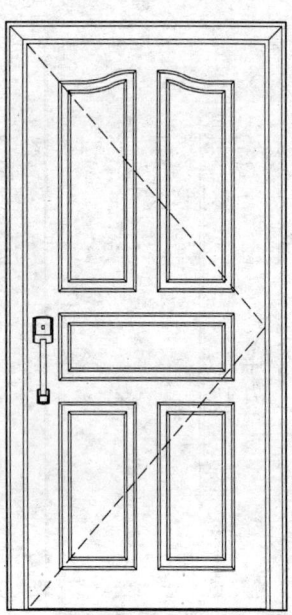

第一篇 门 窗 篇

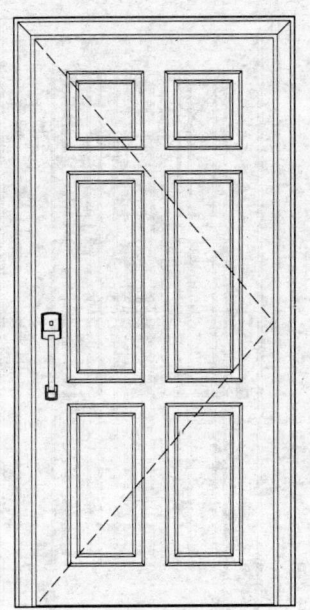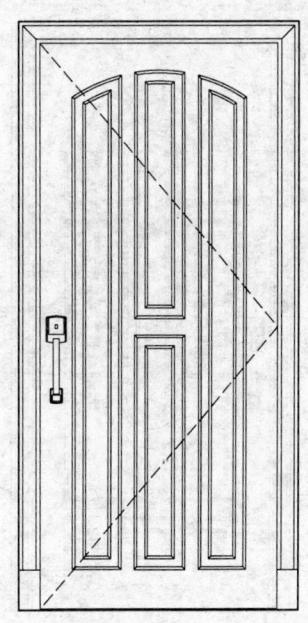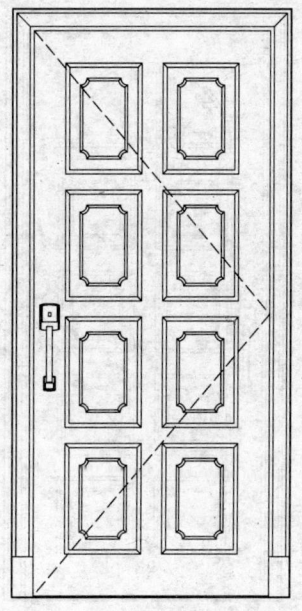

装饰装修构造快速设计 CAD 图集

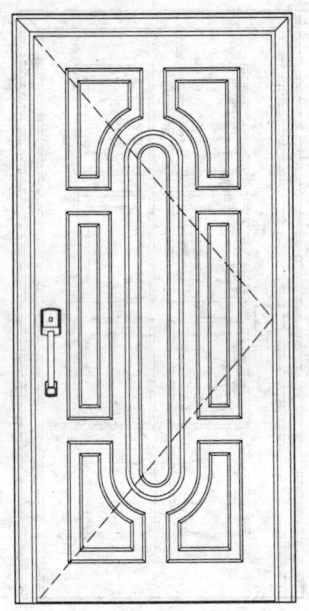
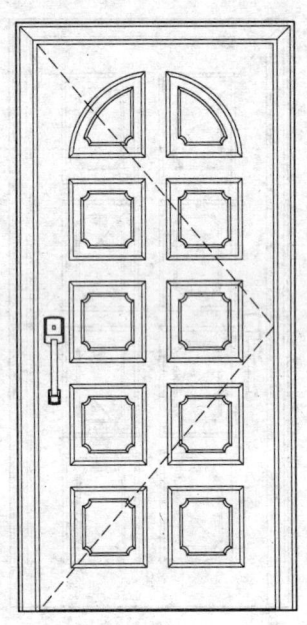
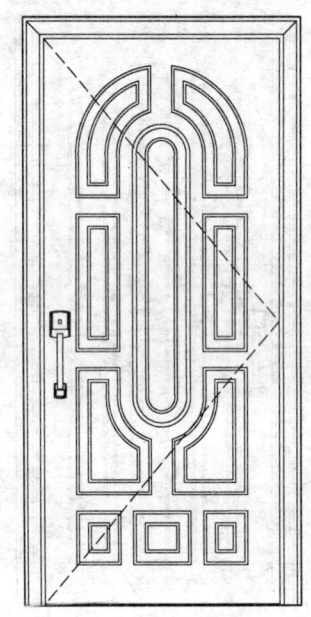
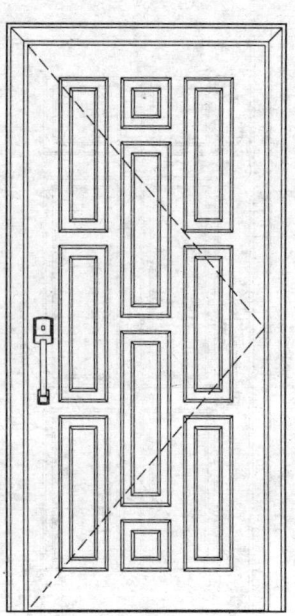

第一篇 门 窗 篇

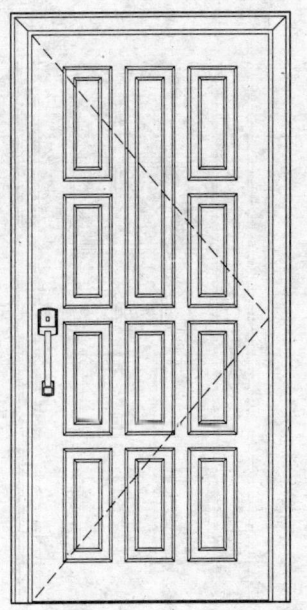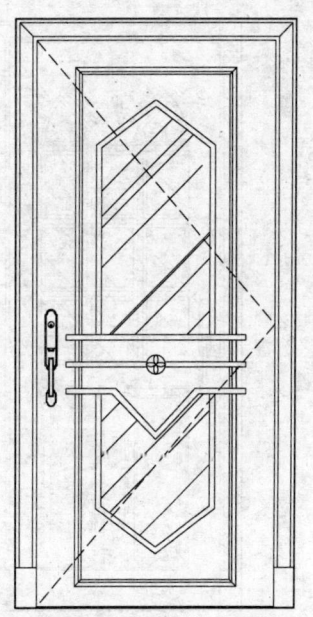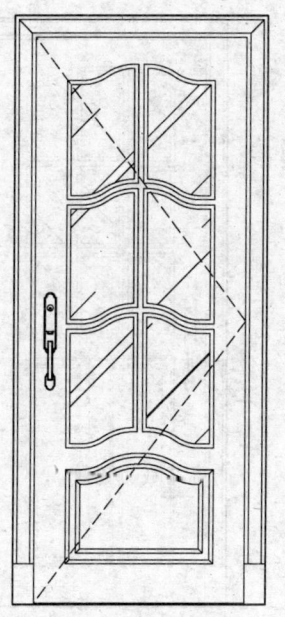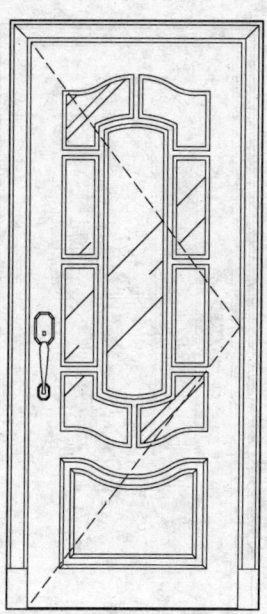

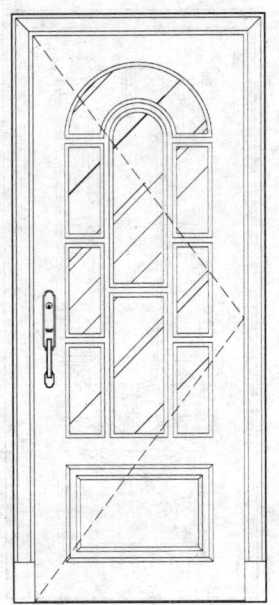

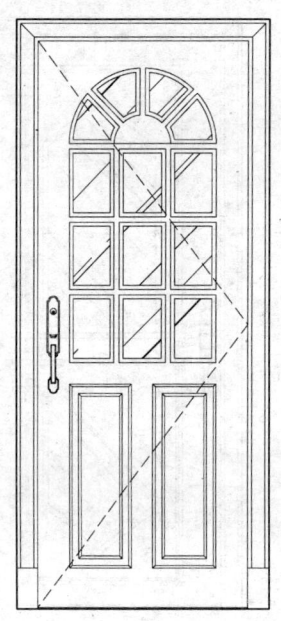
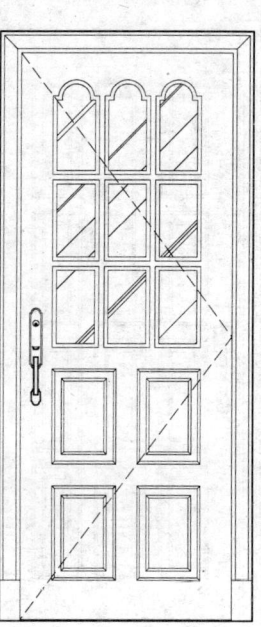

第一篇 门窗篇

 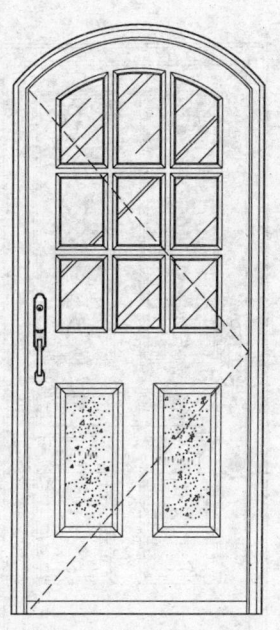 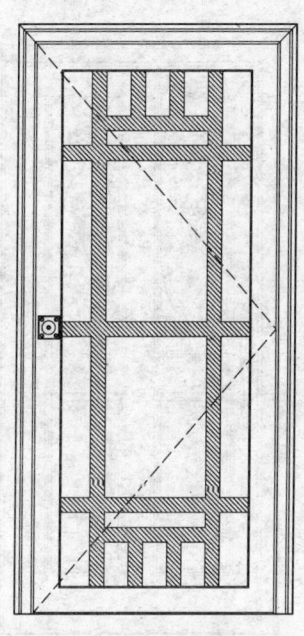 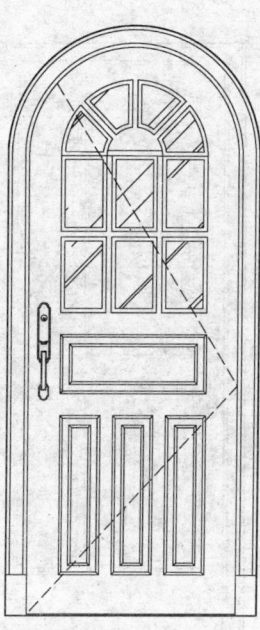

装饰装修构造快速设计 CAD 图集

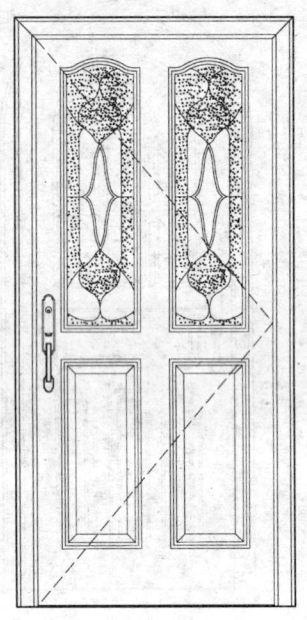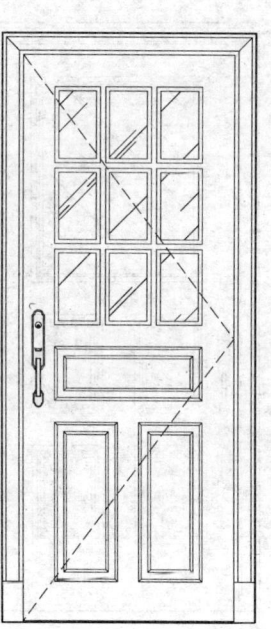

第一篇 门 窗 篇

  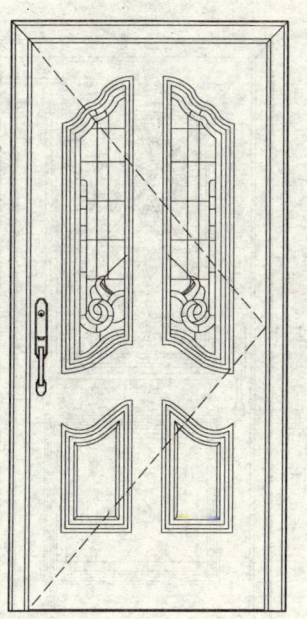 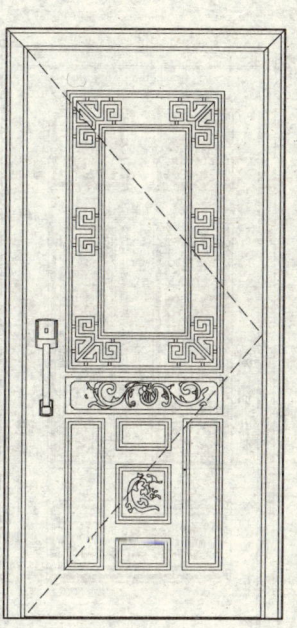

装饰装修构造快速设计 CAD 图集

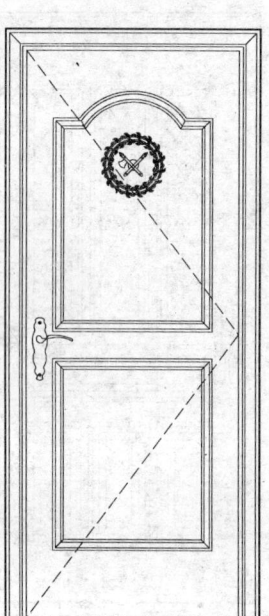

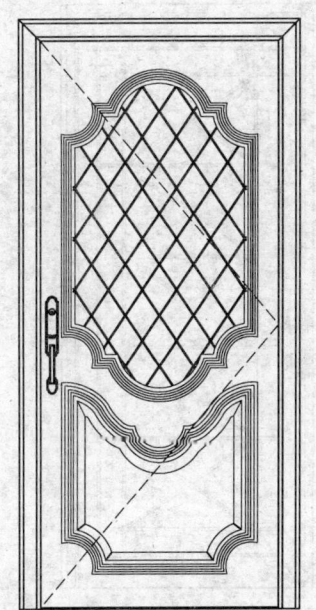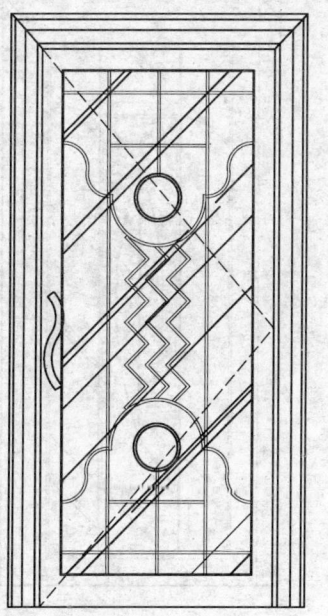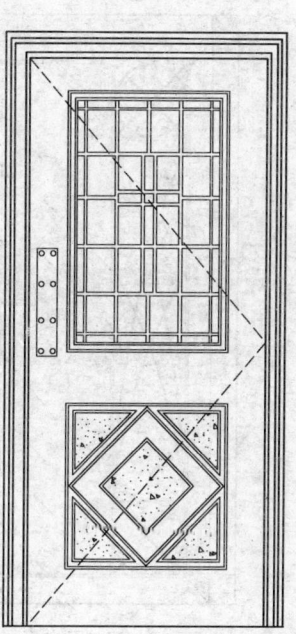

装饰装修构造快速设计 CAD 图集

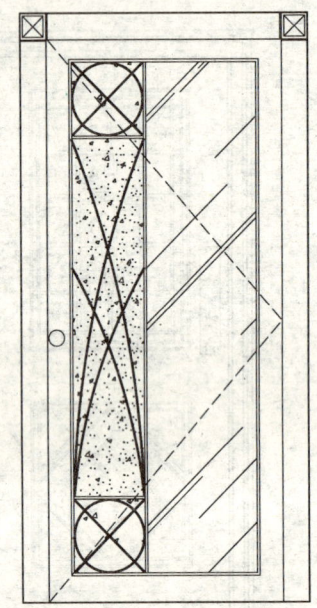
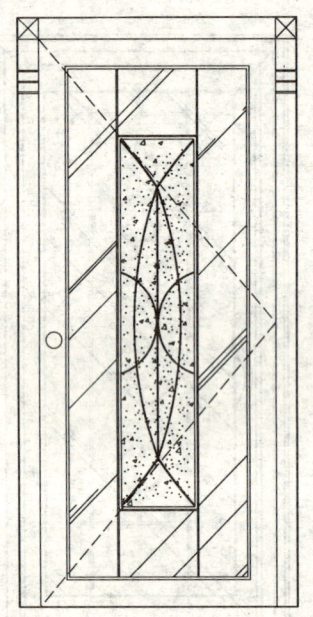
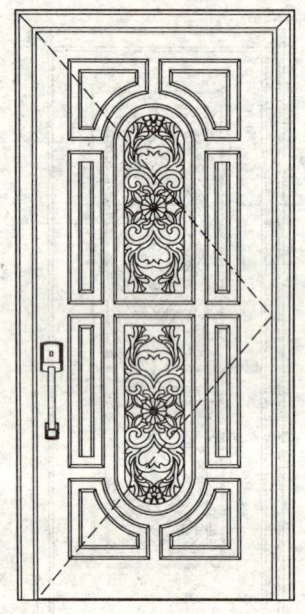
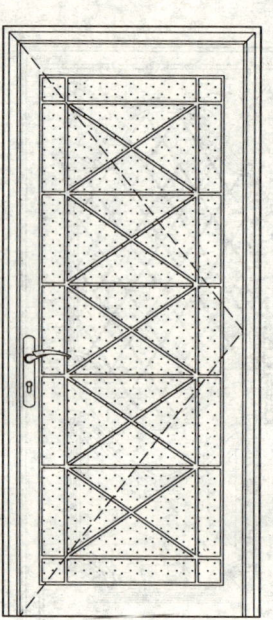

第一篇 门窗篇

 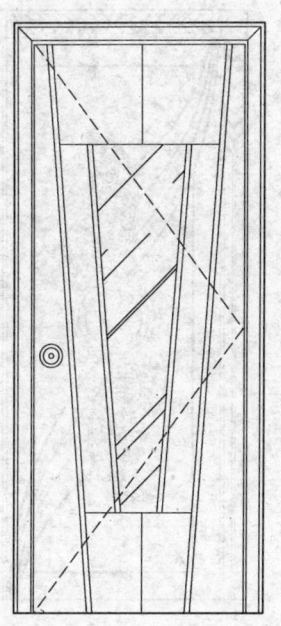 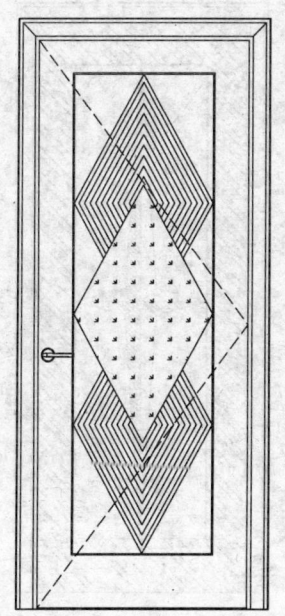 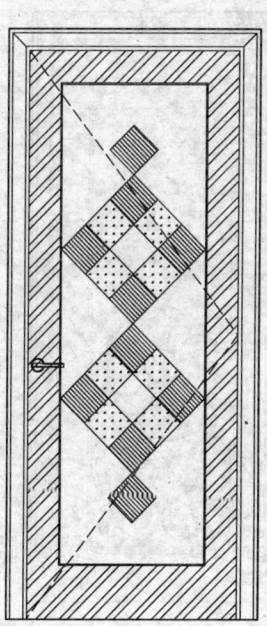

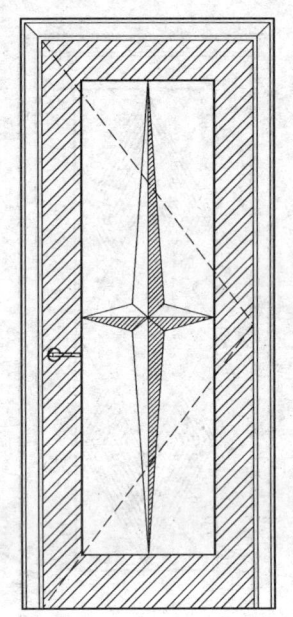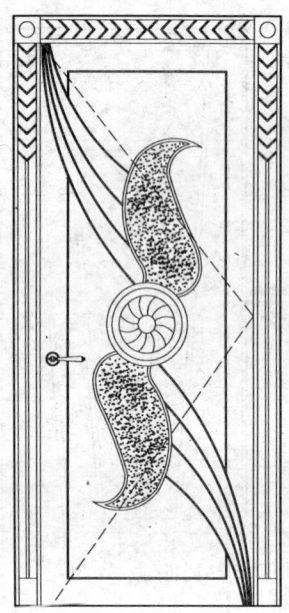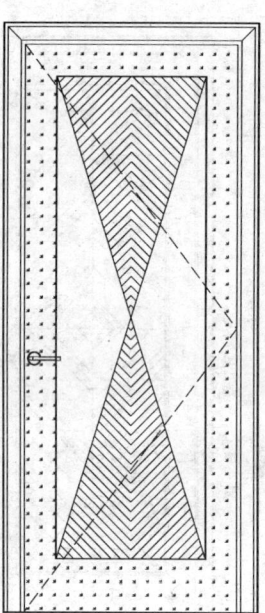

第一篇 门 窗 篇

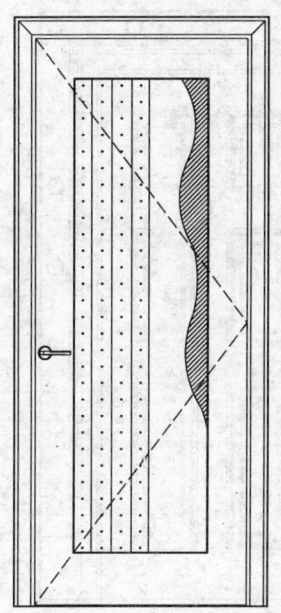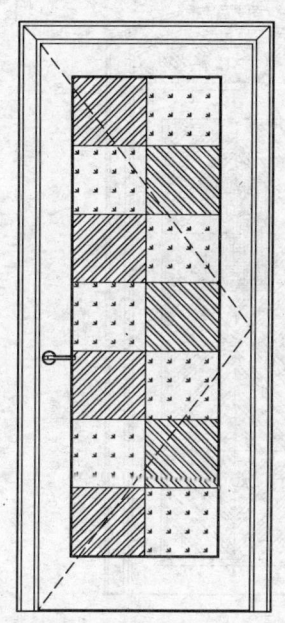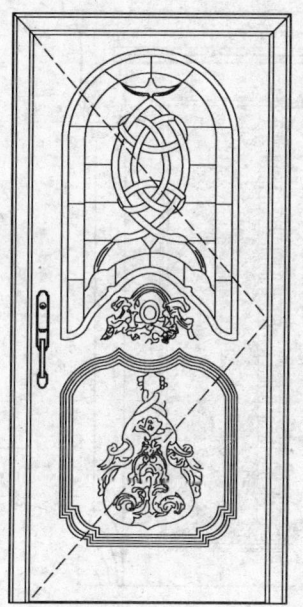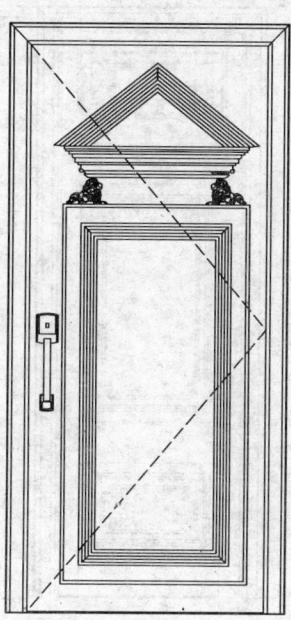

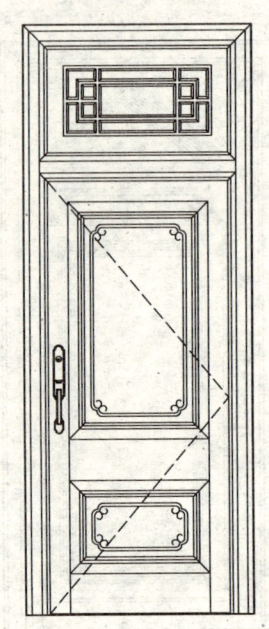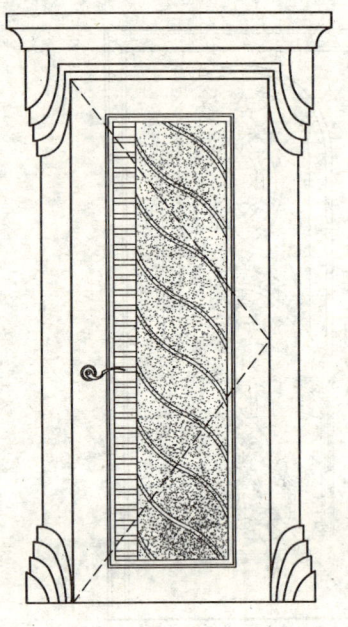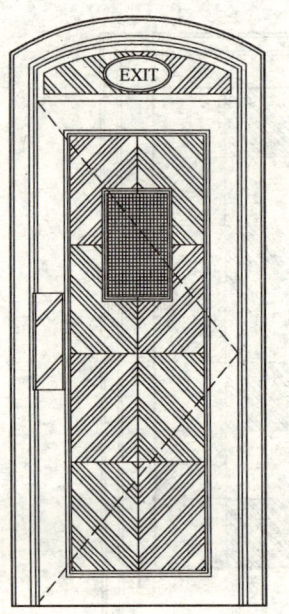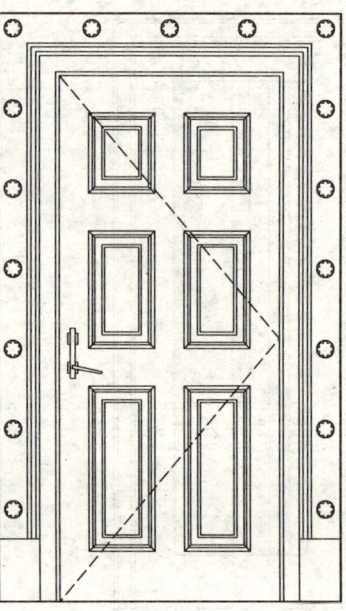

第一篇 门窗篇

第三节 双扇门

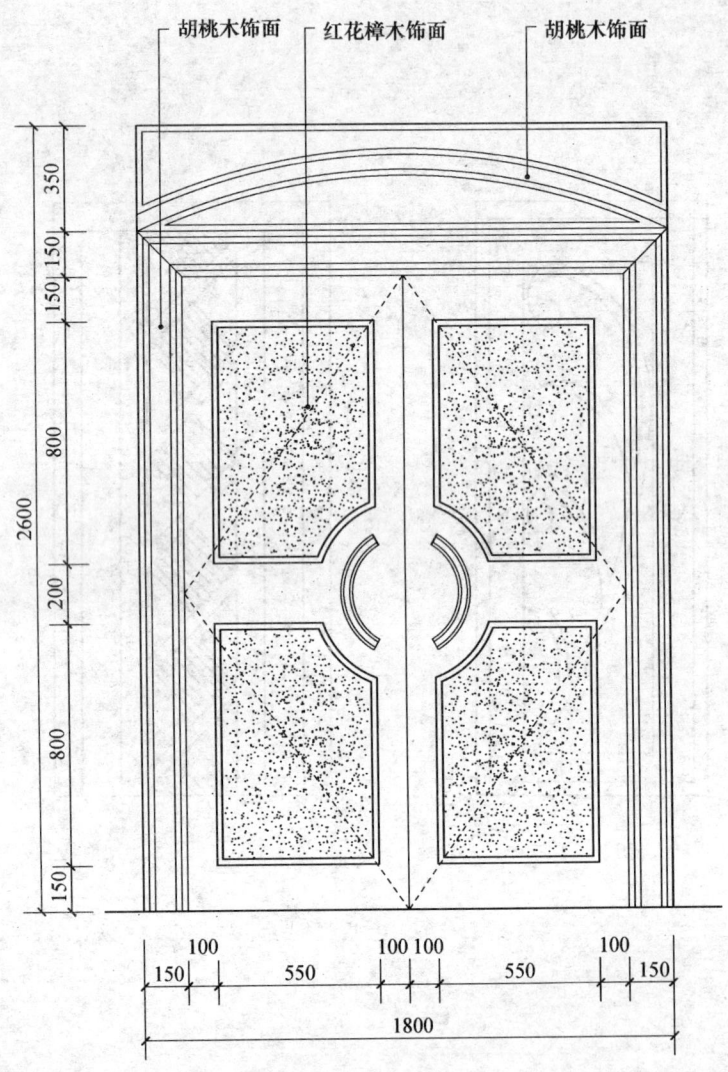

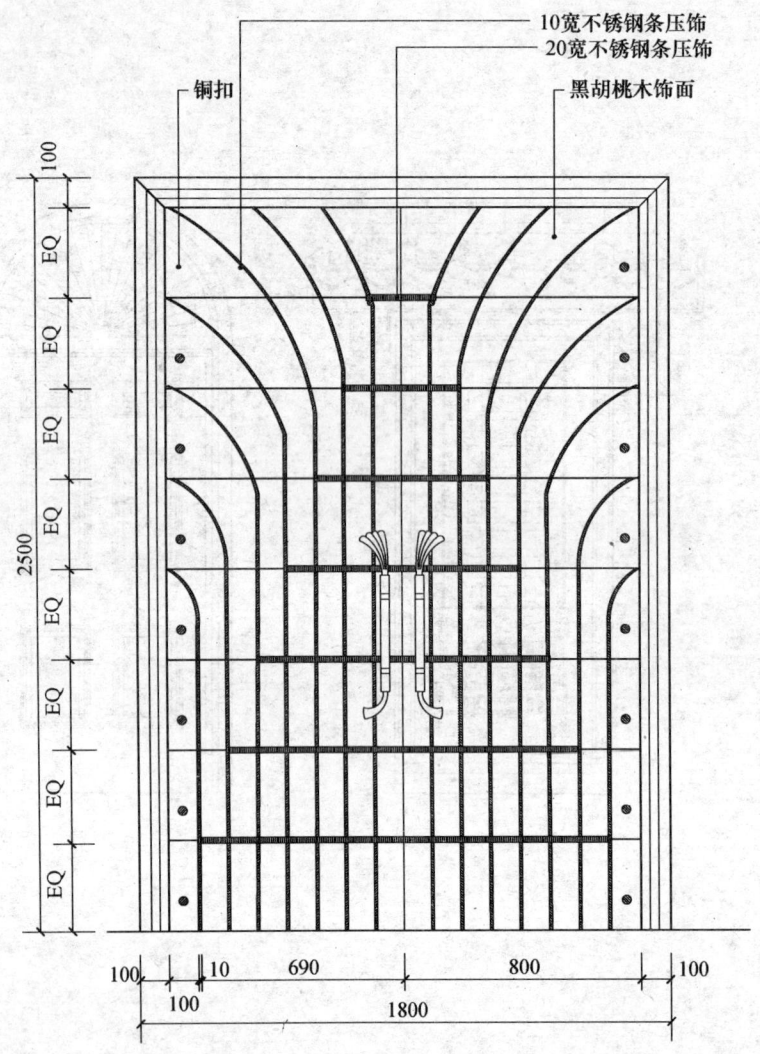

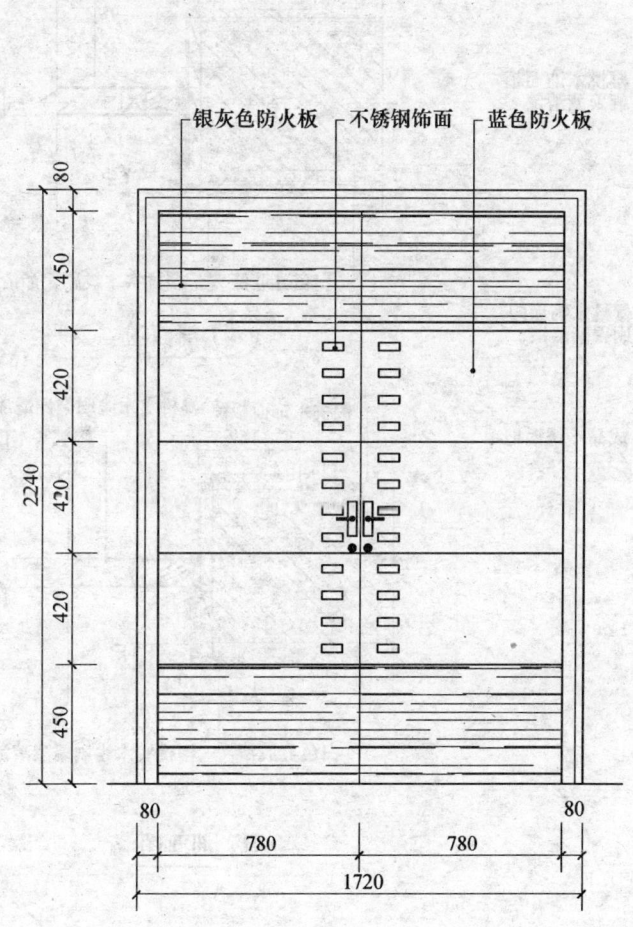
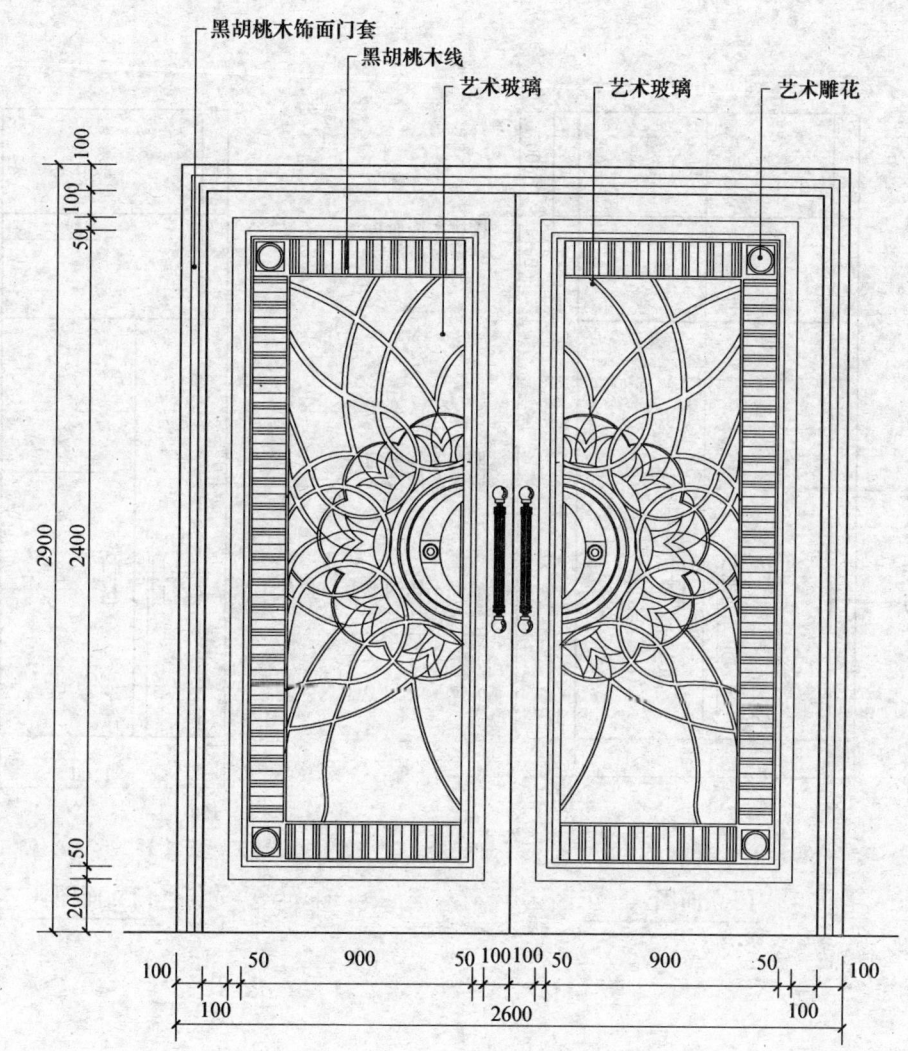

双扇门——方案 01

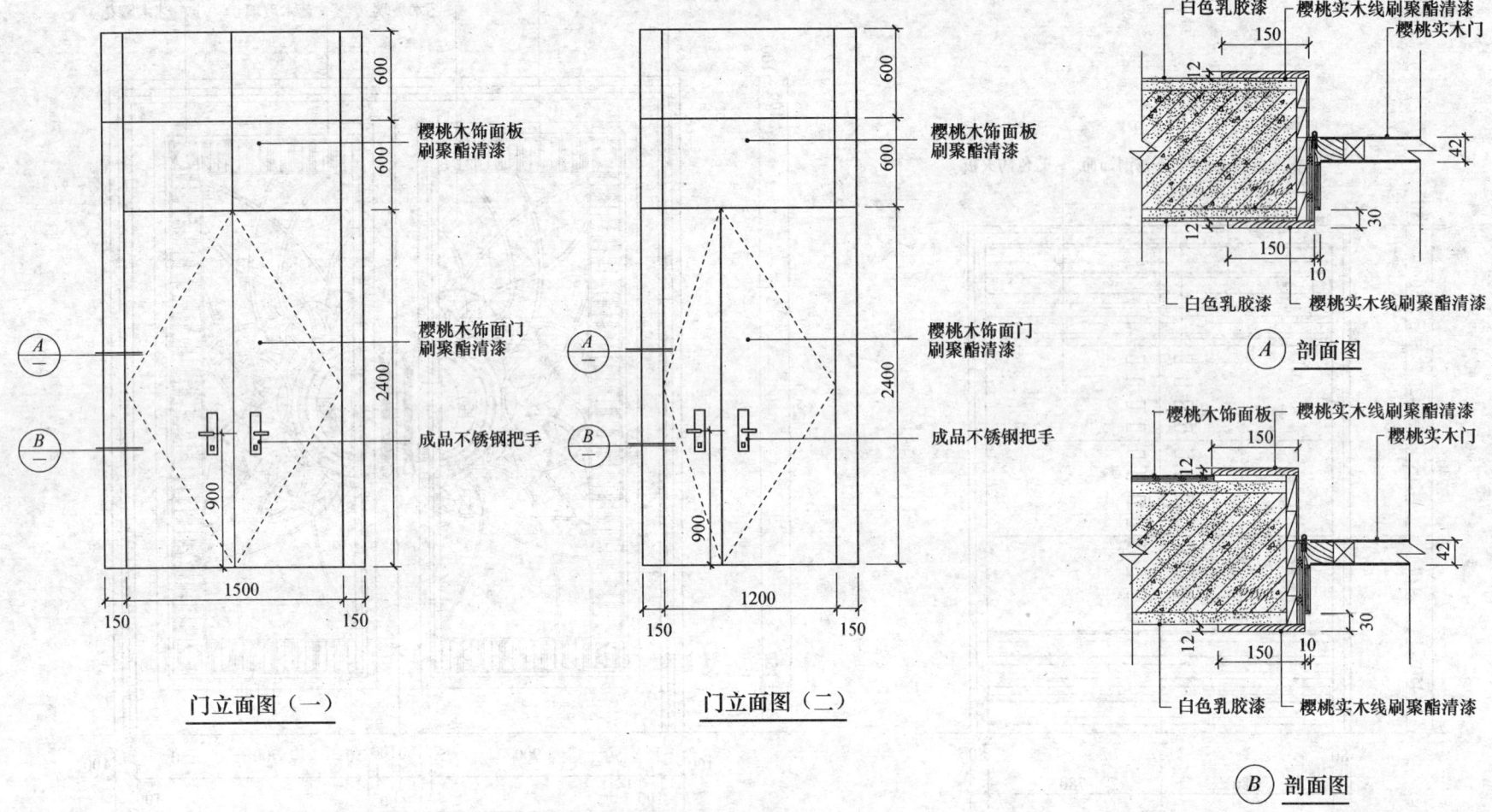

双扇门——方案02

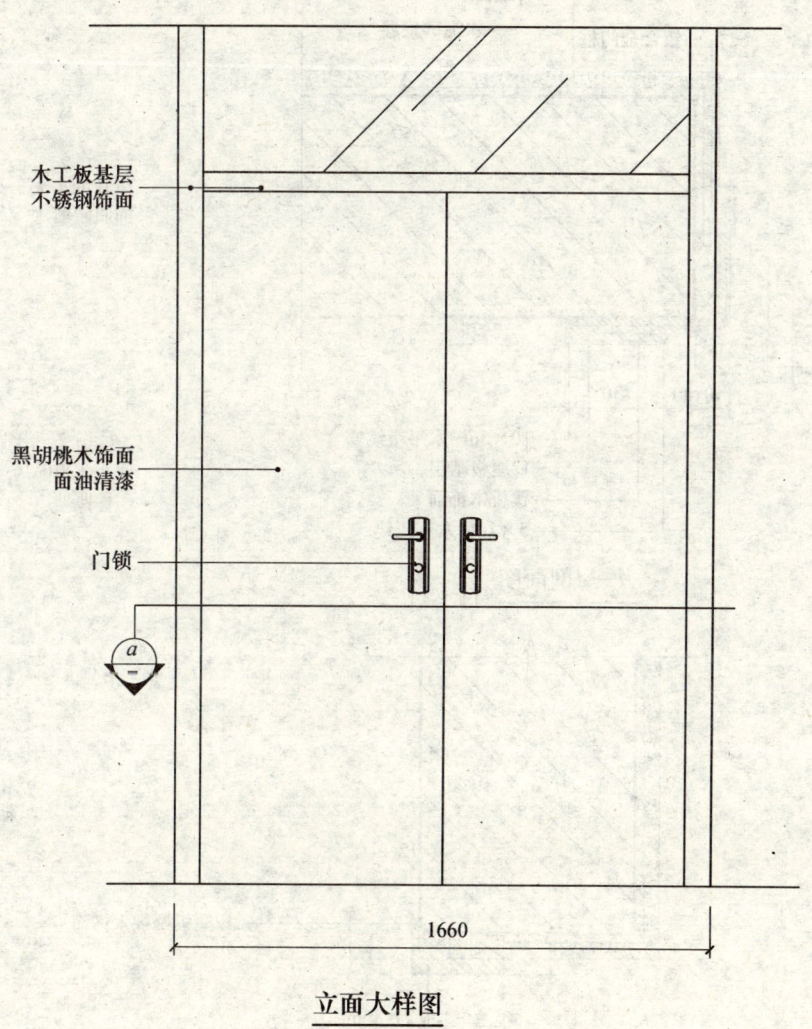

立面大样图

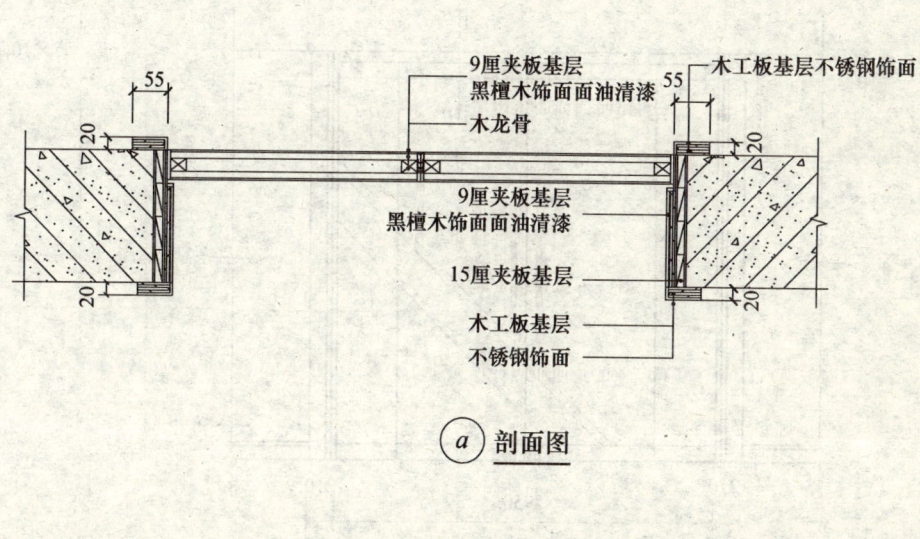

ⓐ 剖面图

双扇门——方案03

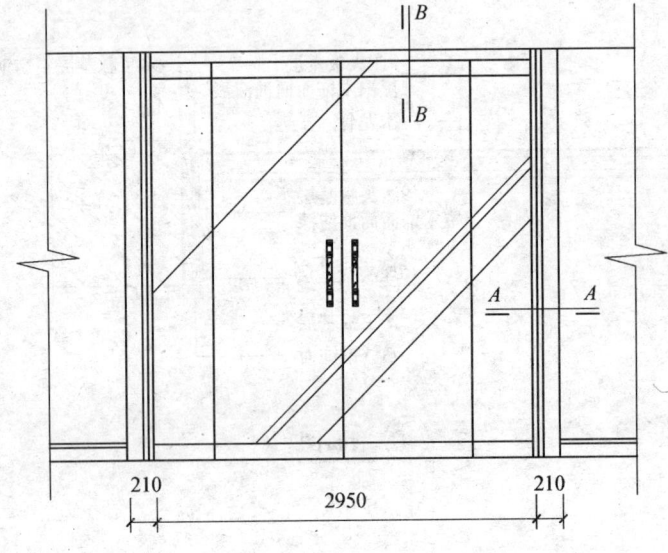

双开门立面图

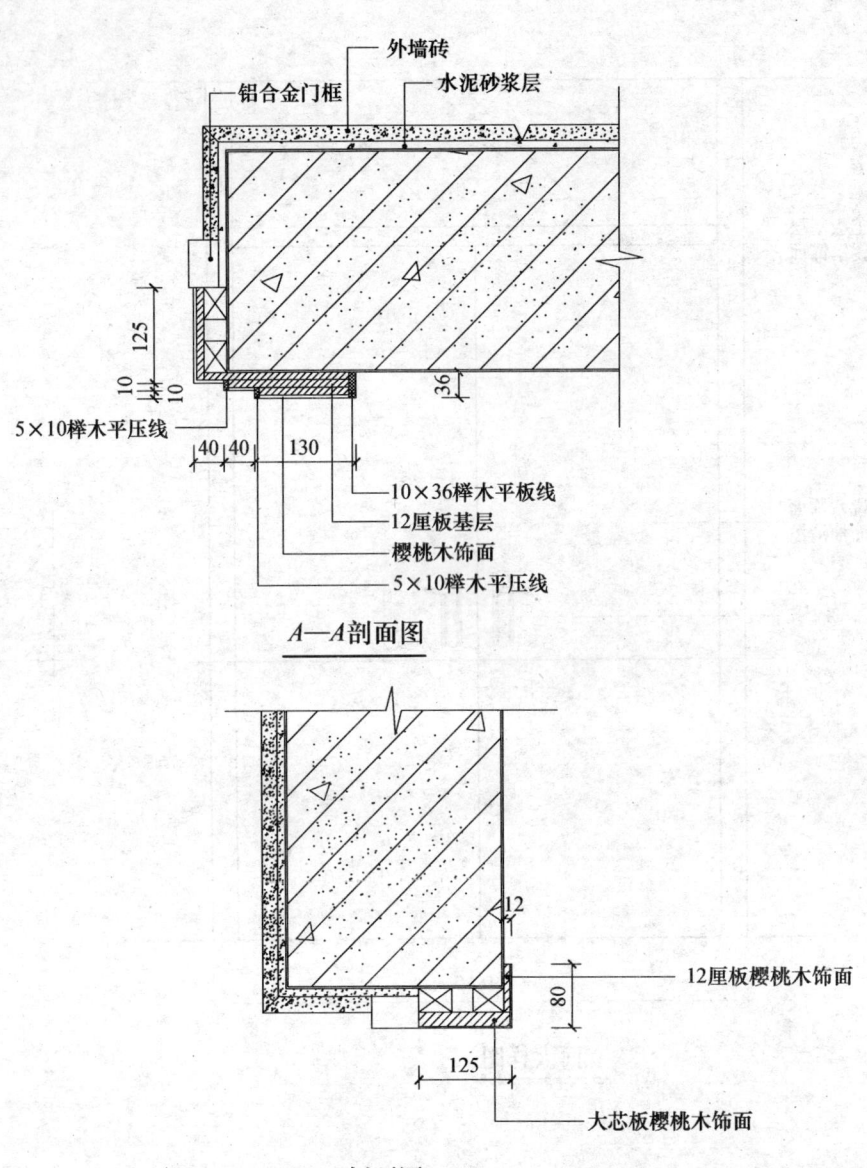

A—A剖面图

B—B剖面图

双扇门——方案04

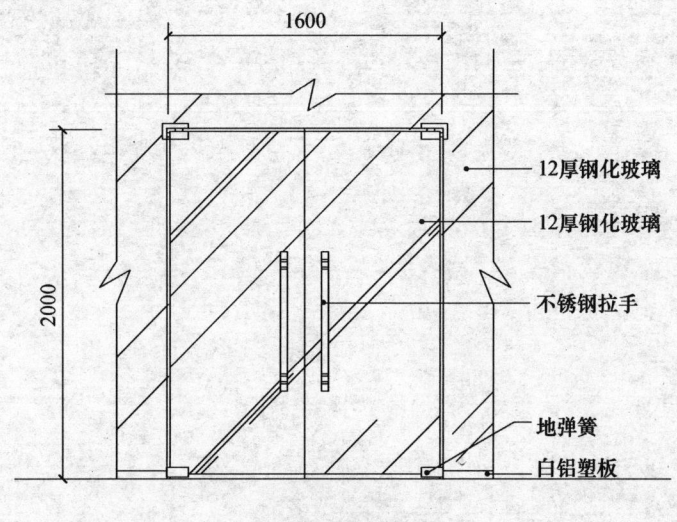

无框玻璃门

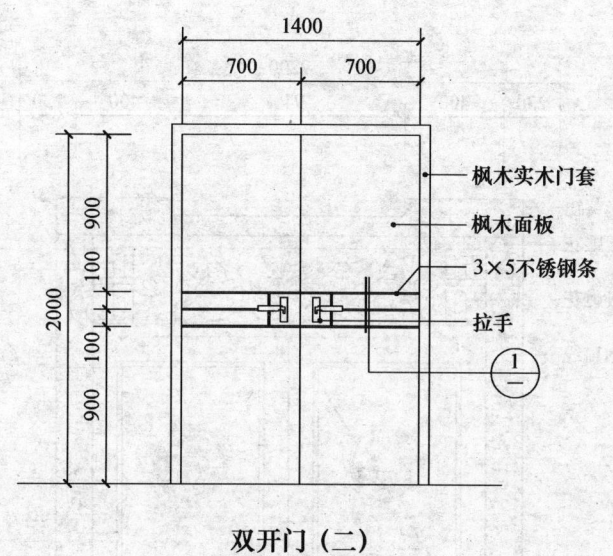

双开门（二）

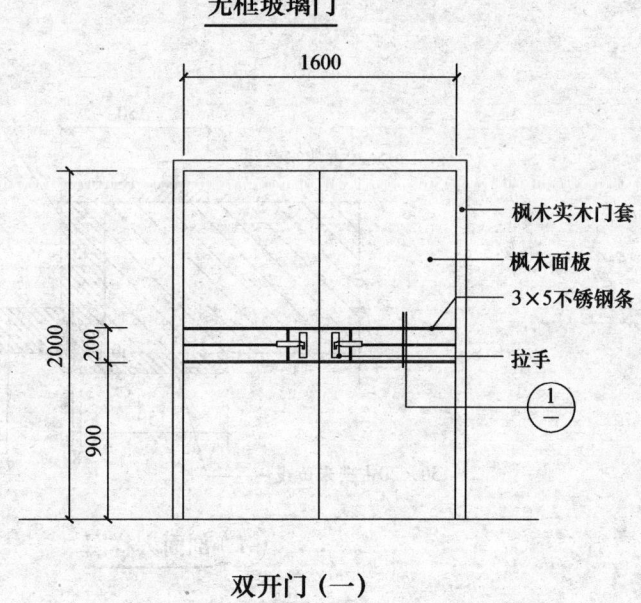

双开门（一）

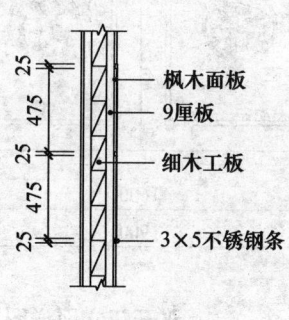

① 剖面图

双扇门——方案 05

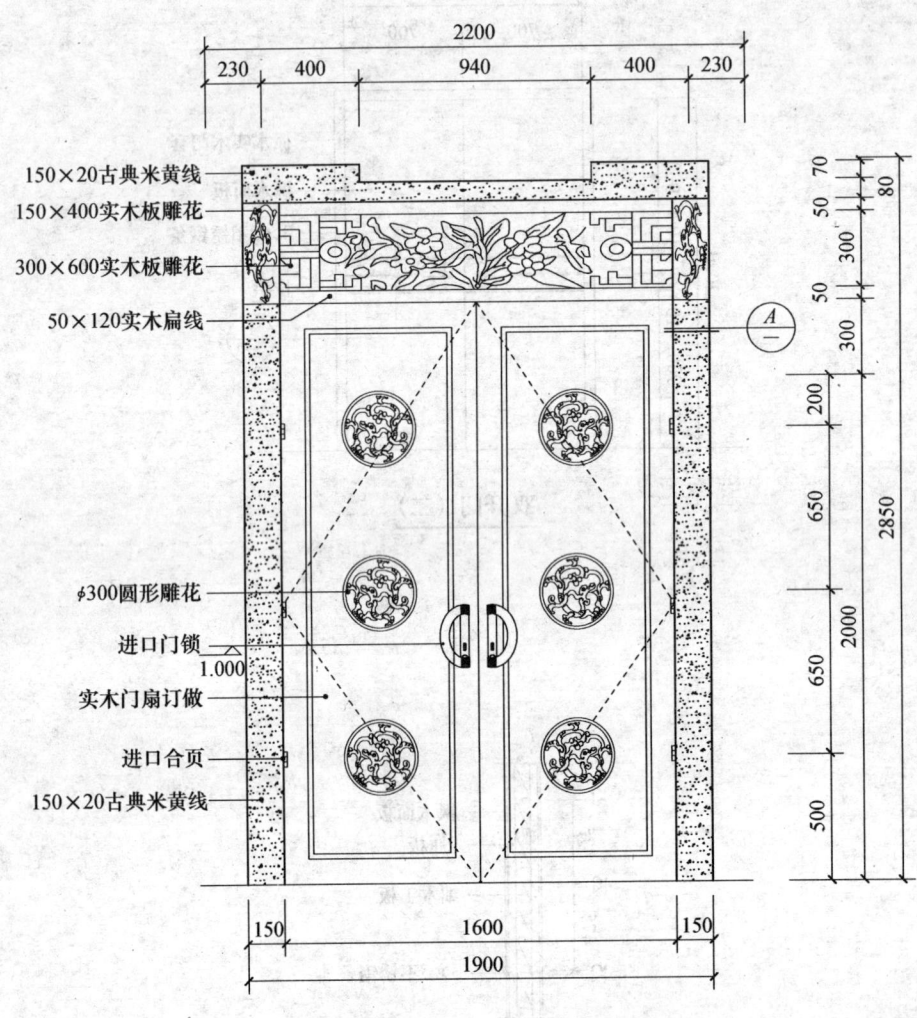

双开门立面详图

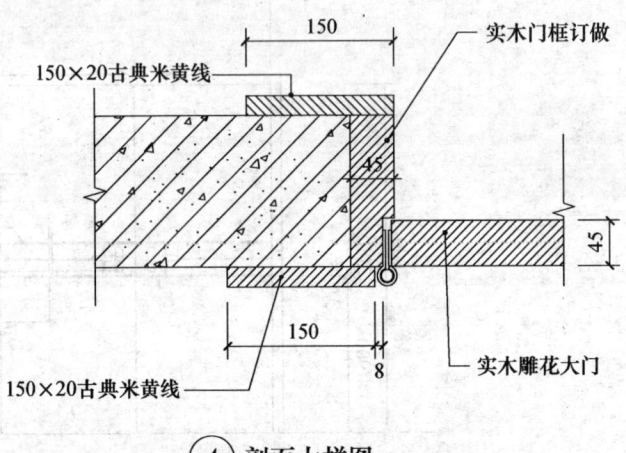

A 剖面大样图

双扇门——方案06

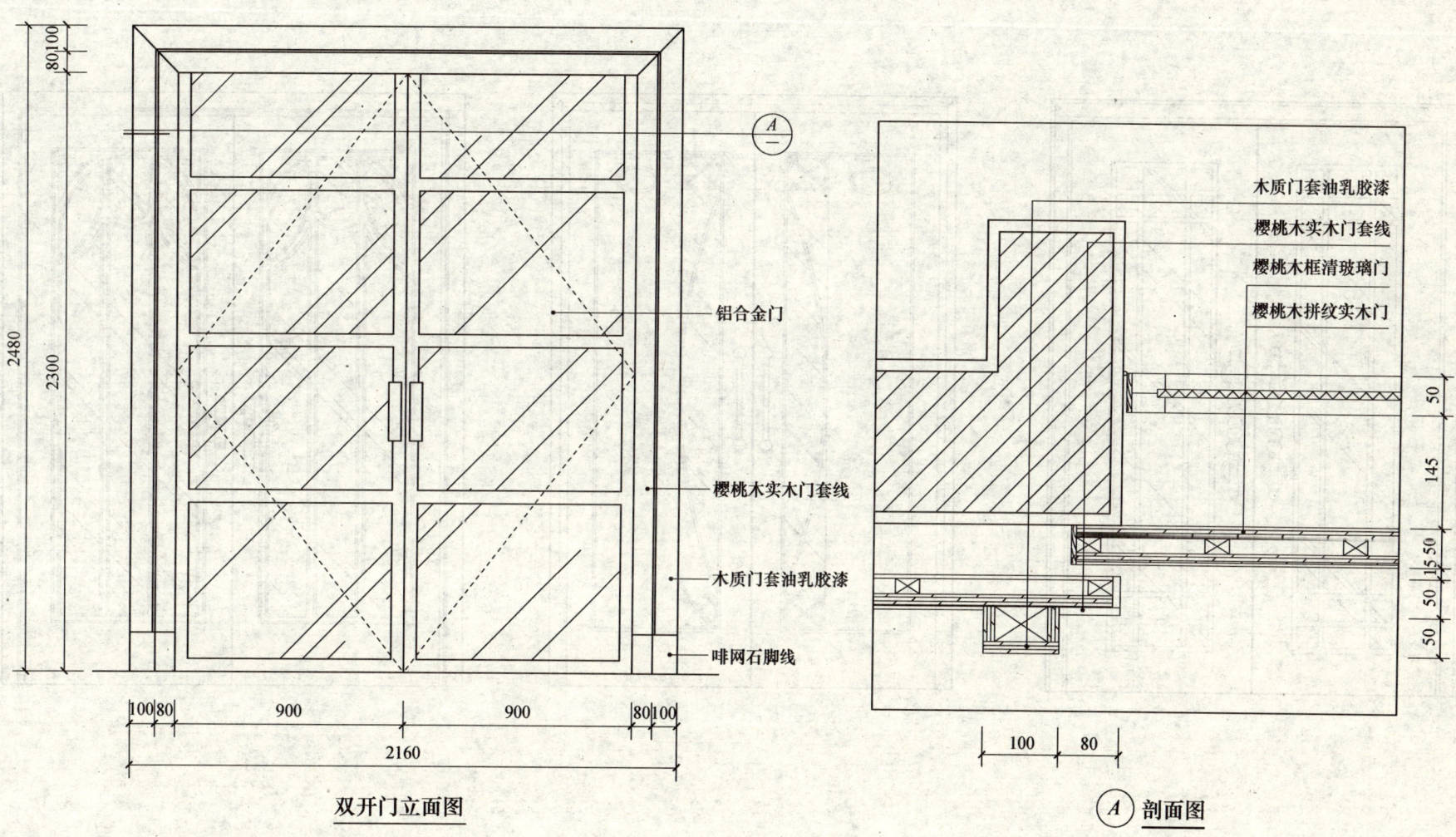

第四节　双扇门图块

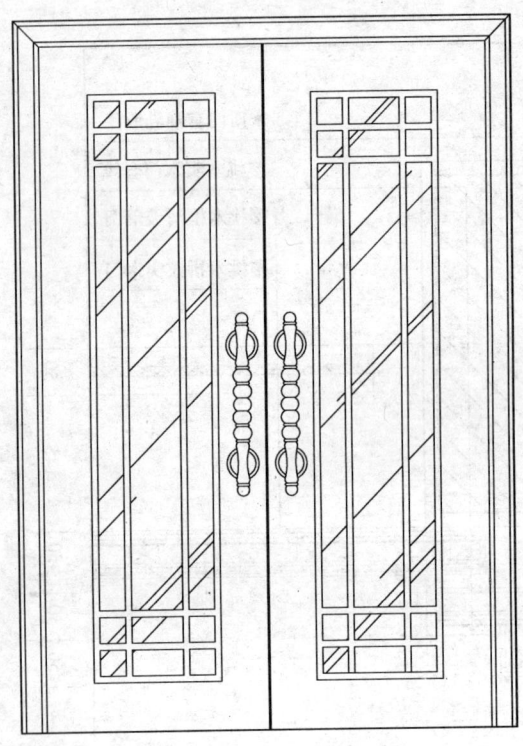
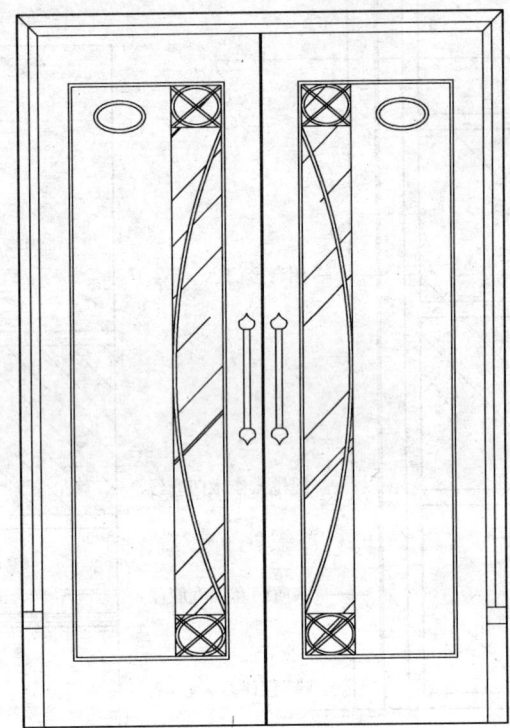
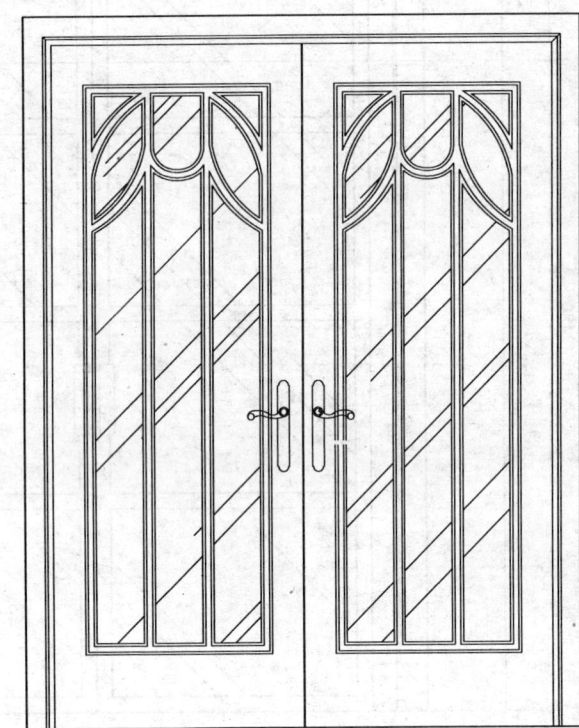

第一篇 门 窗 篇

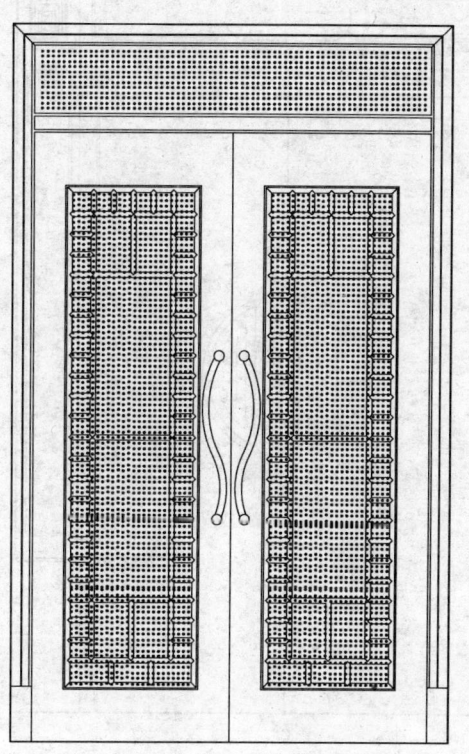

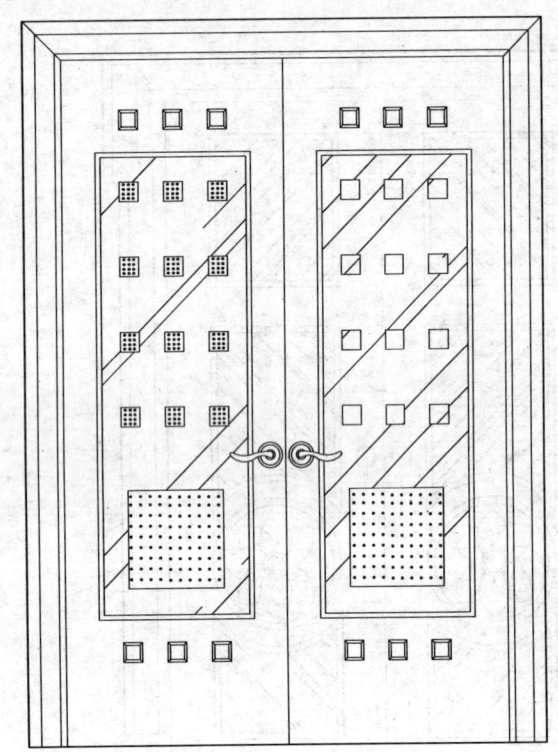

第一篇 门窗篇

第五节 推拉门

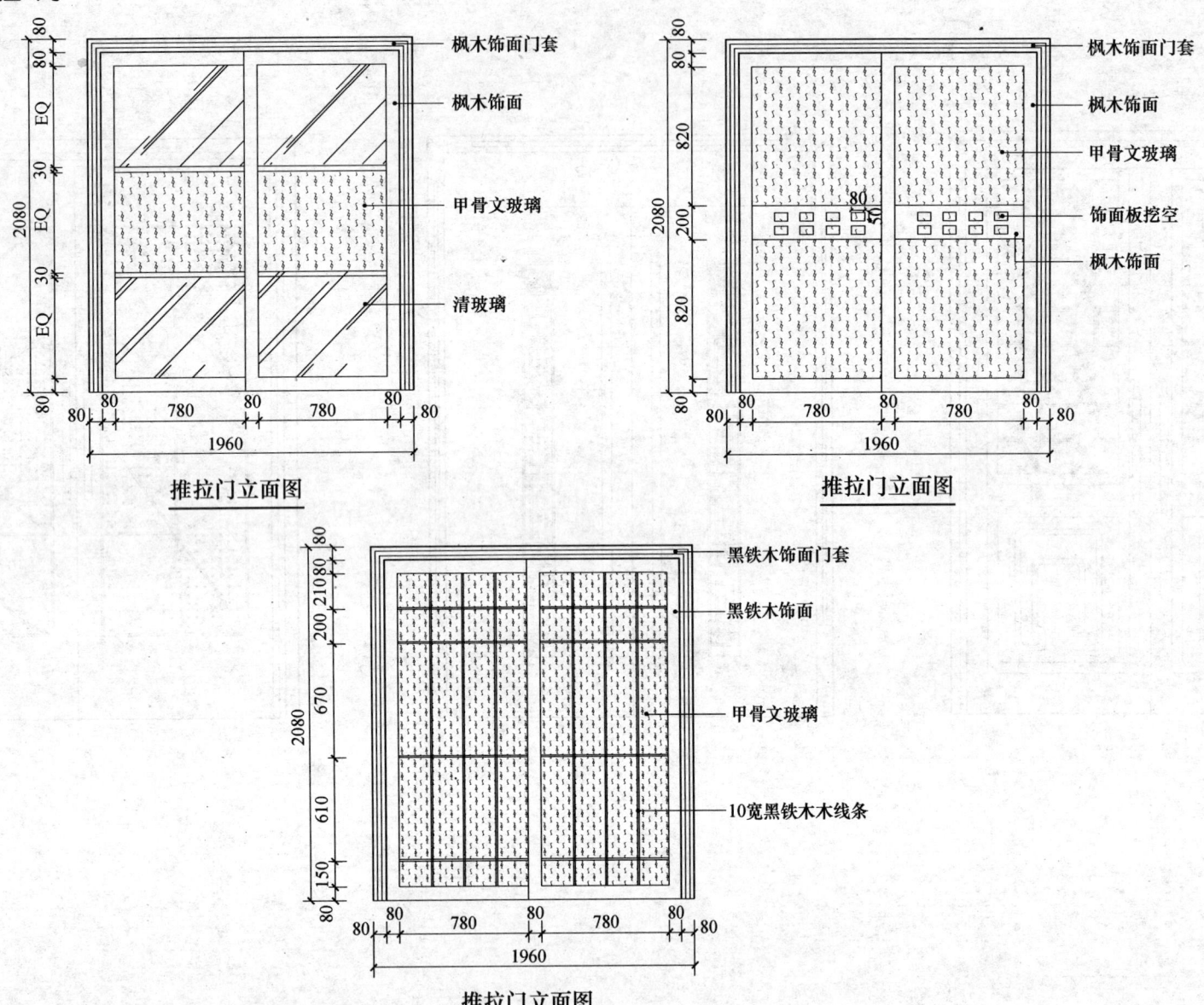

推拉门立面图

推拉门——方案01

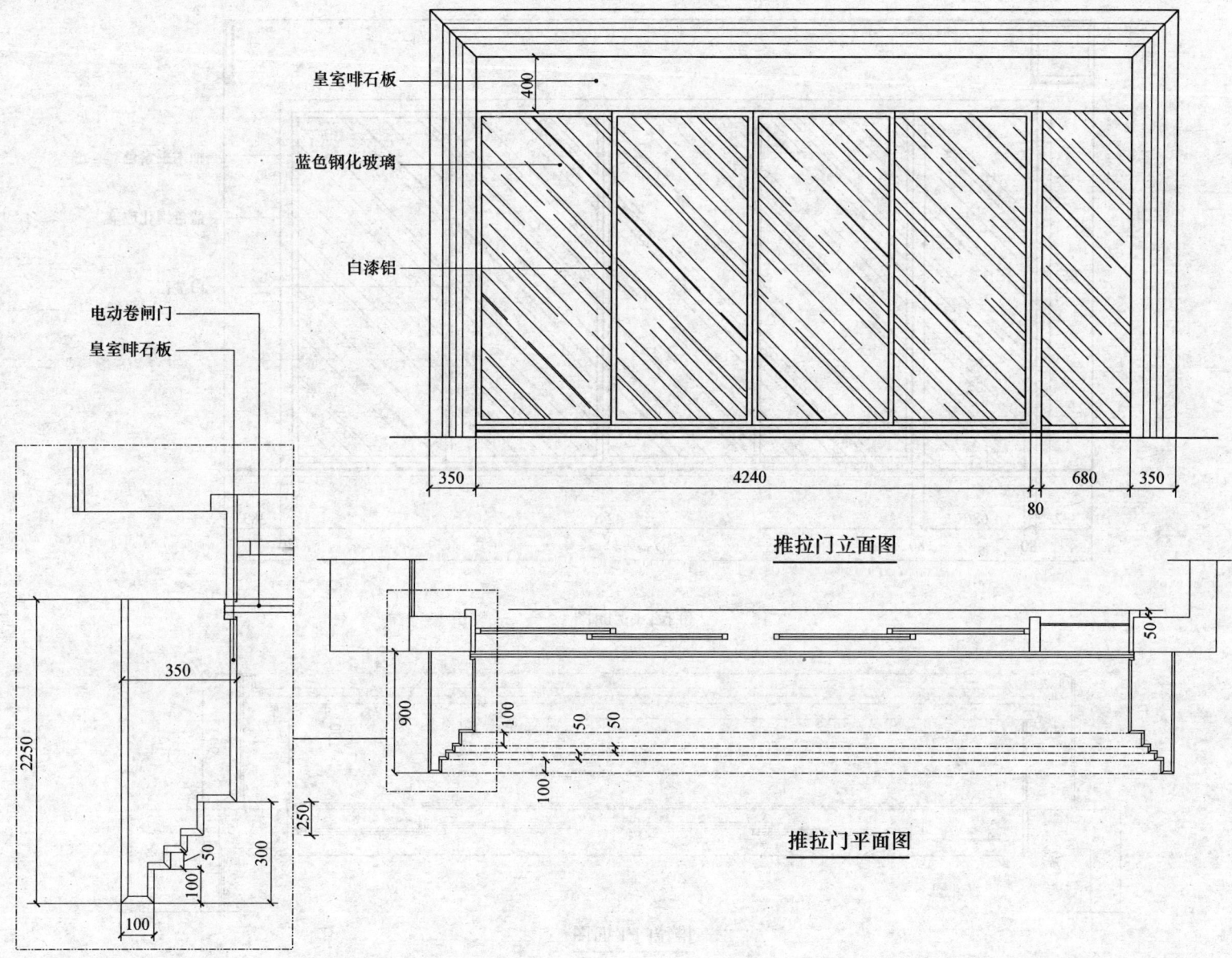

推拉门立面图

推拉门平面图

推拉门——方案02

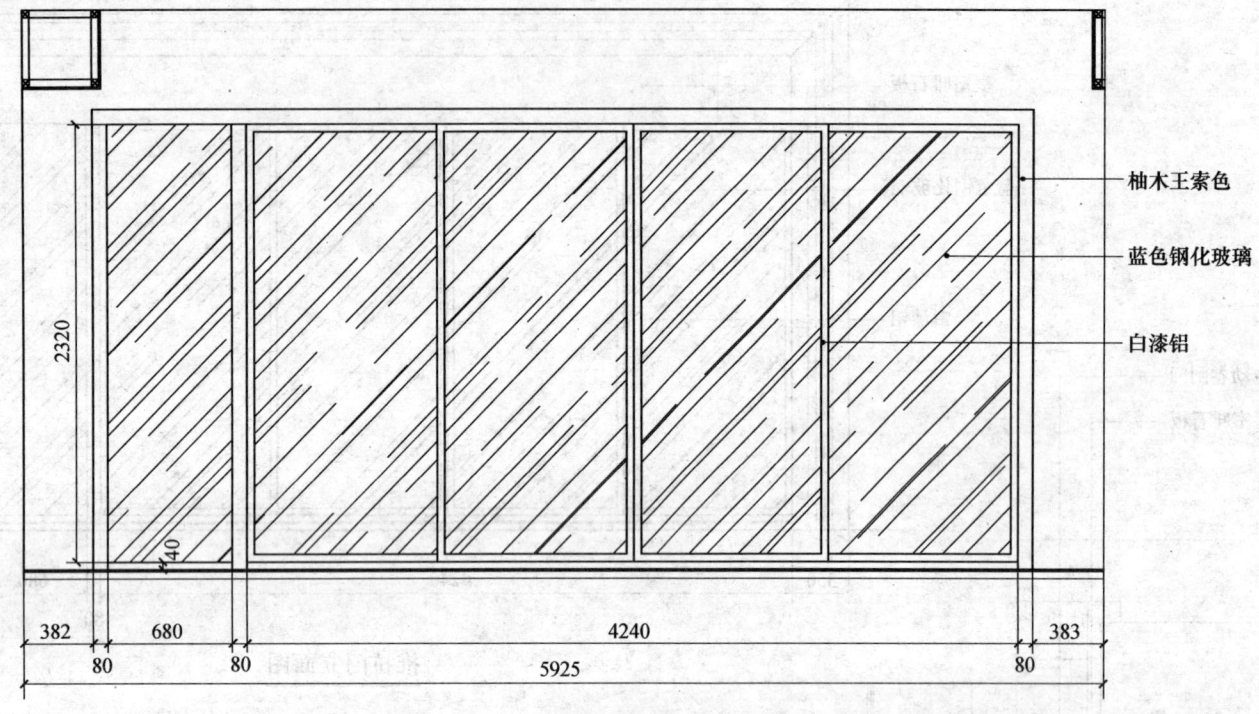

推拉门立面图

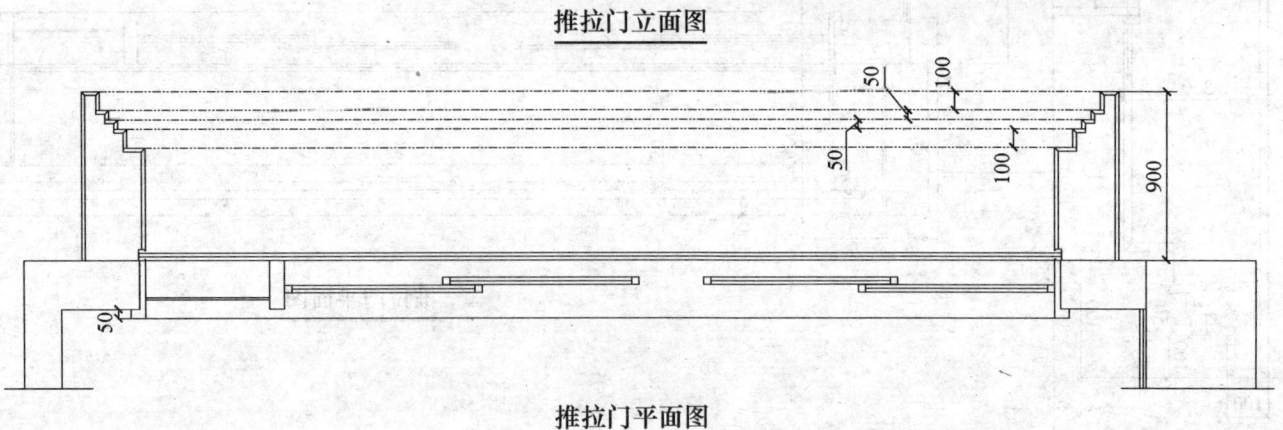

推拉门平面图

推拉门——方案03

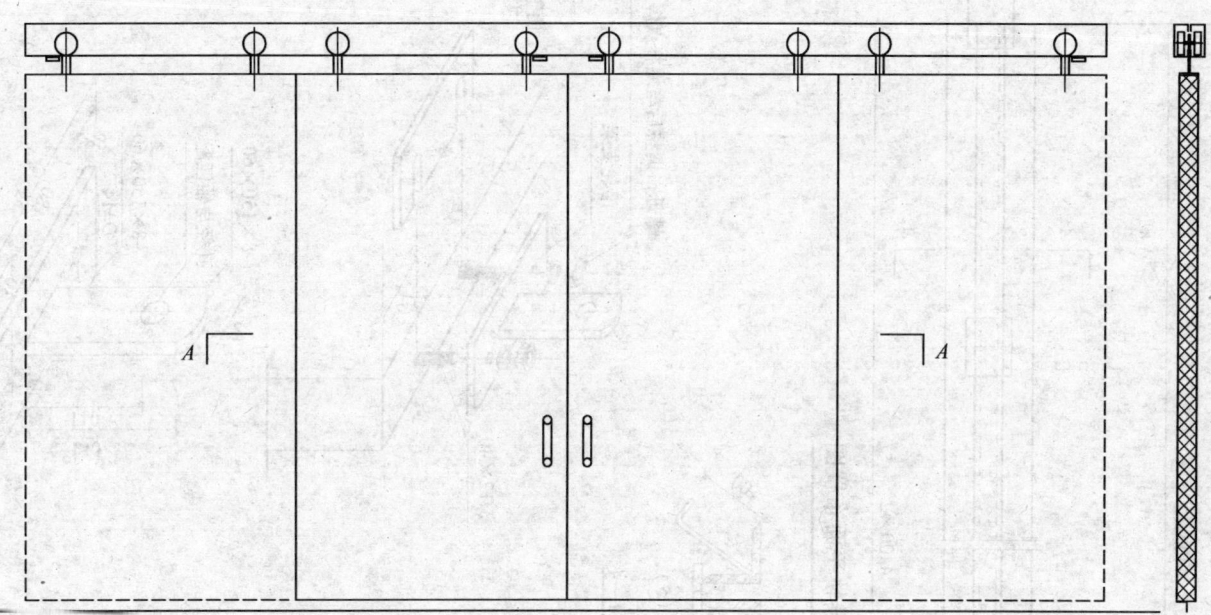

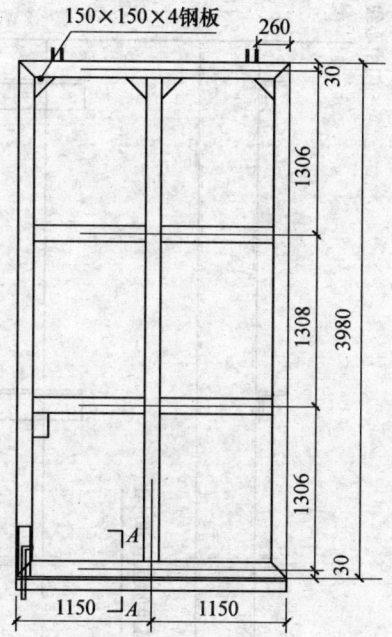

推拉门立面图

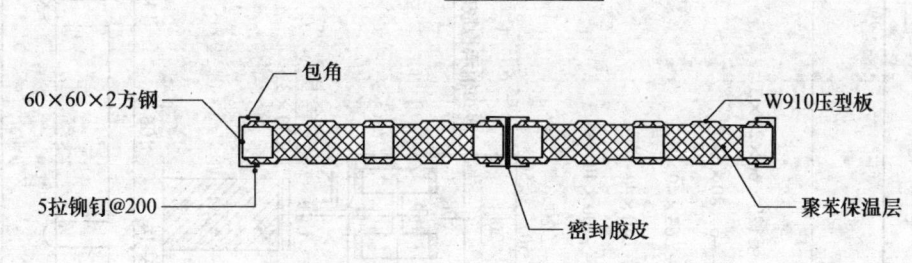

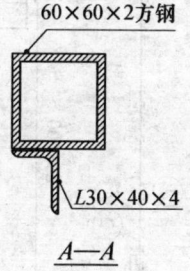

A—A

推拉门——方案04

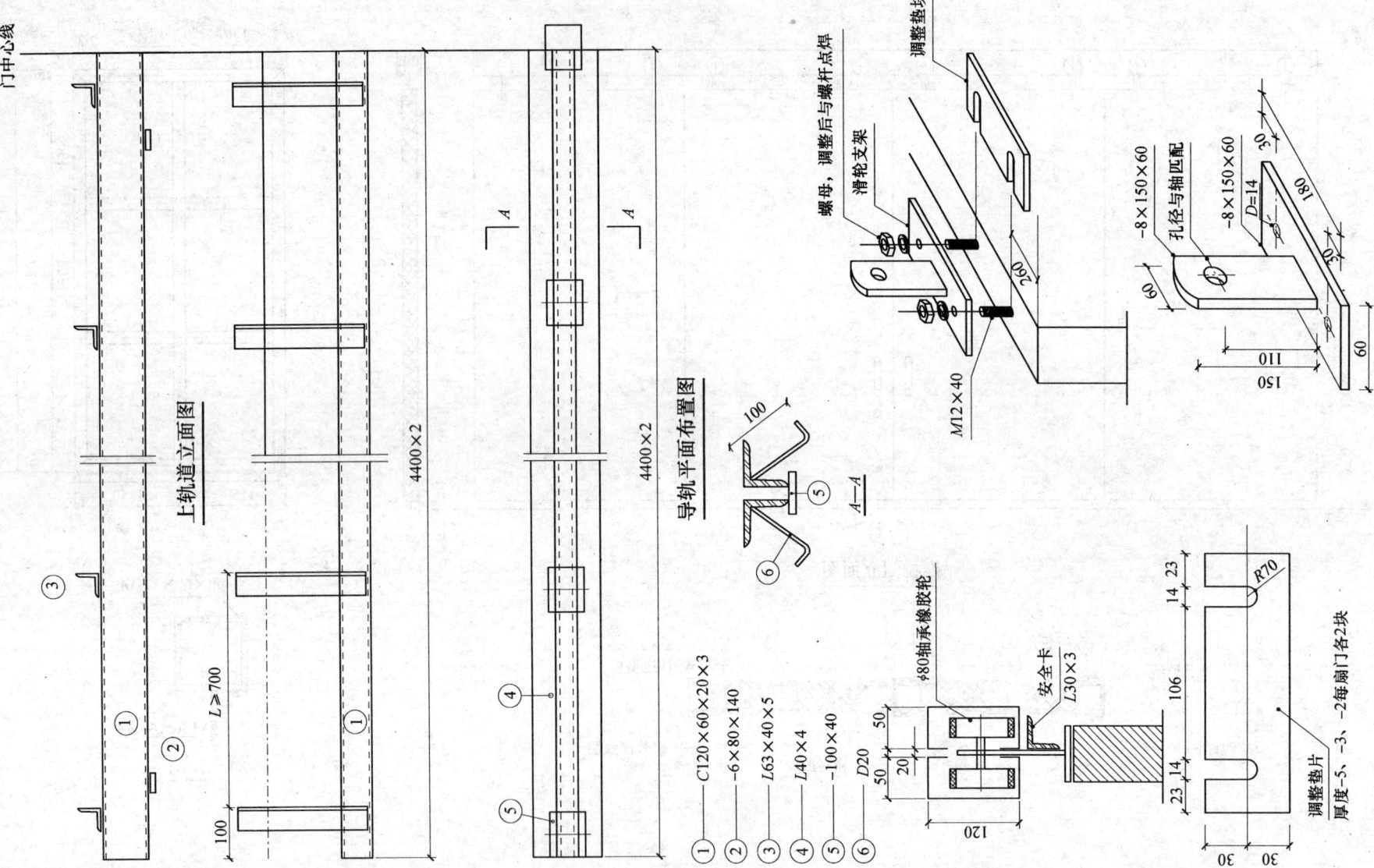

第二章 窗

第一节 中式窗

中式窗——方案01

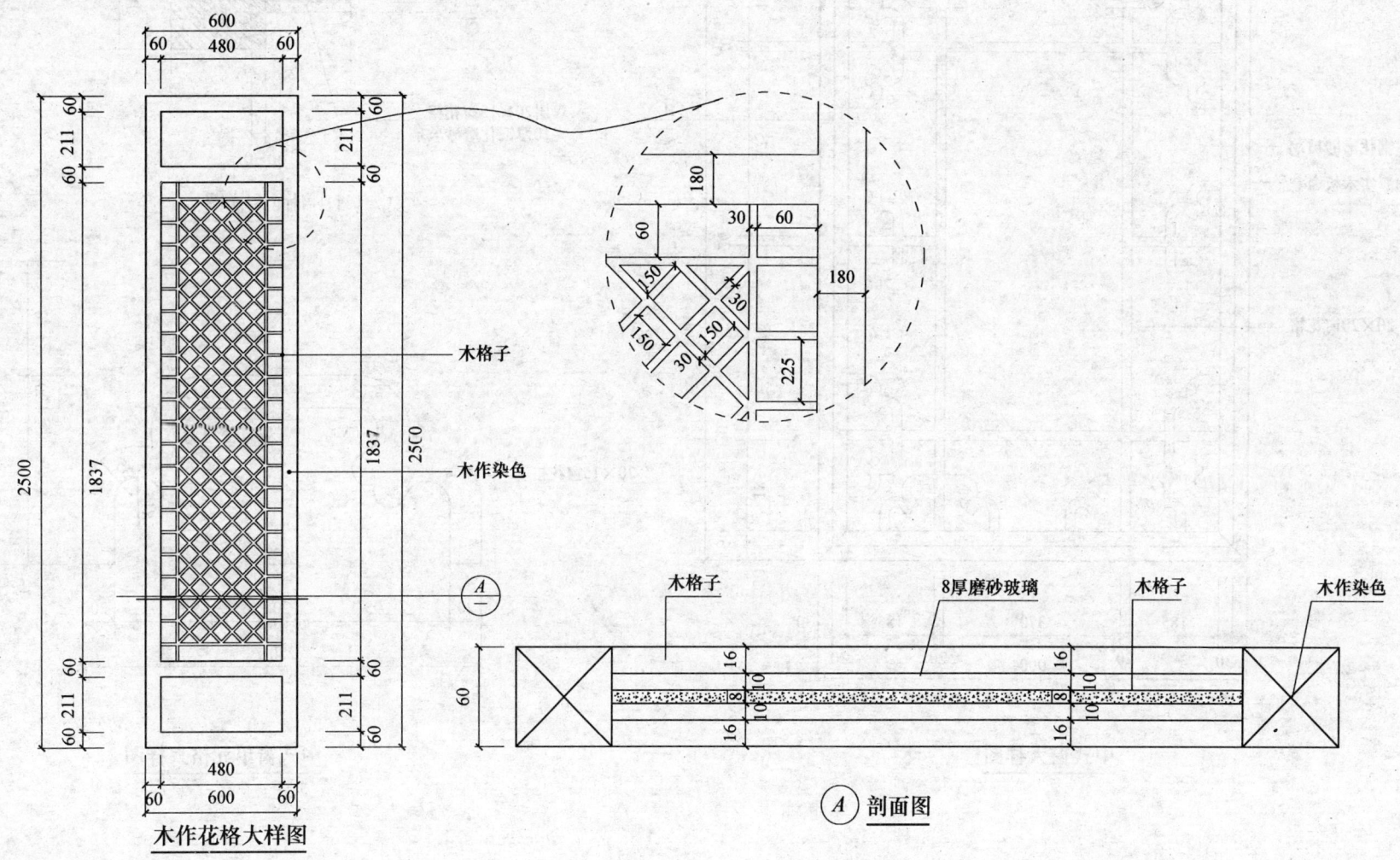

木作花格大样图

$\underline{A}$ 剖面图

中式窗——方案02

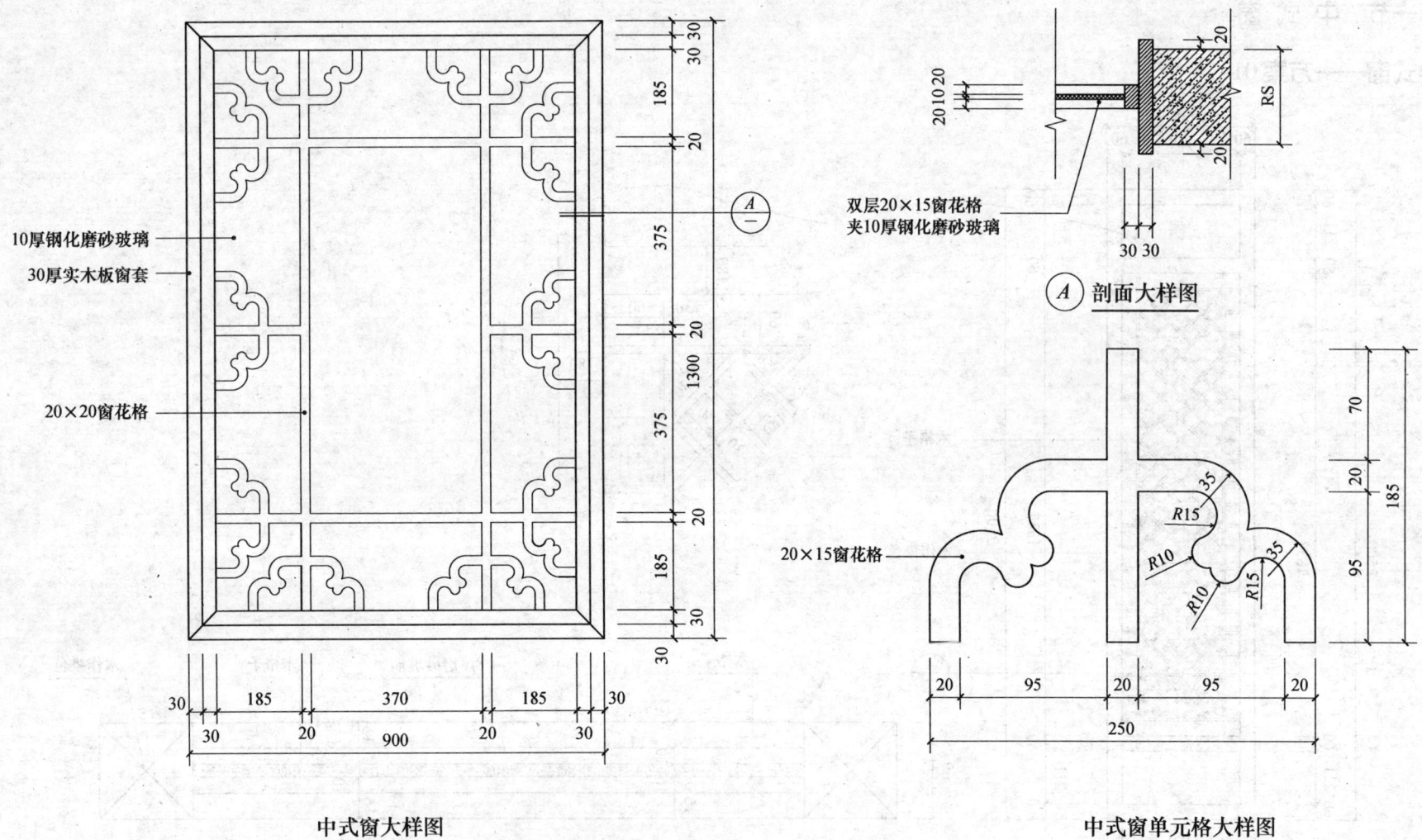

中式窗大样图

A 剖面大样图

中式窗单元格大样图

中式窗——方案03

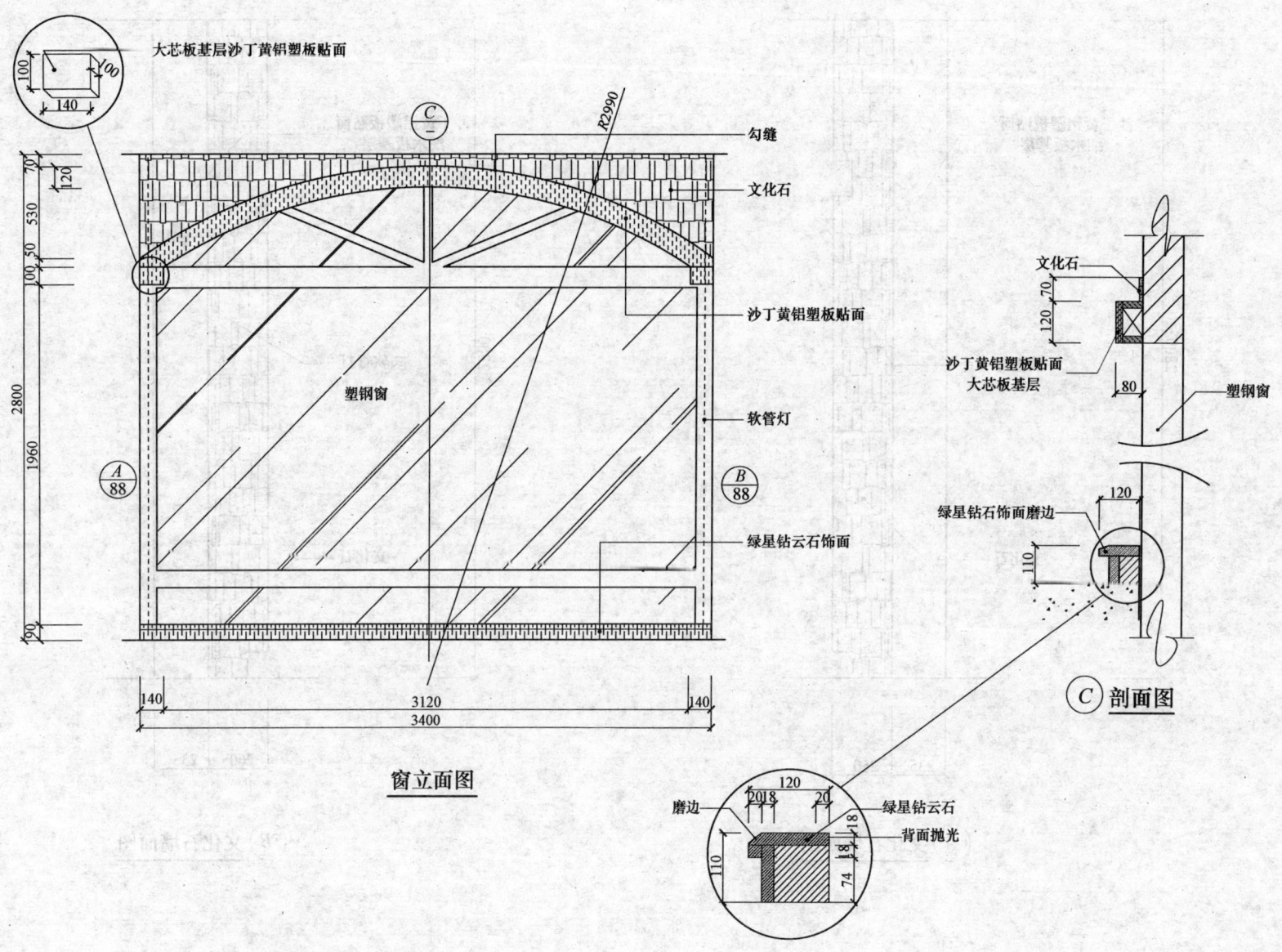

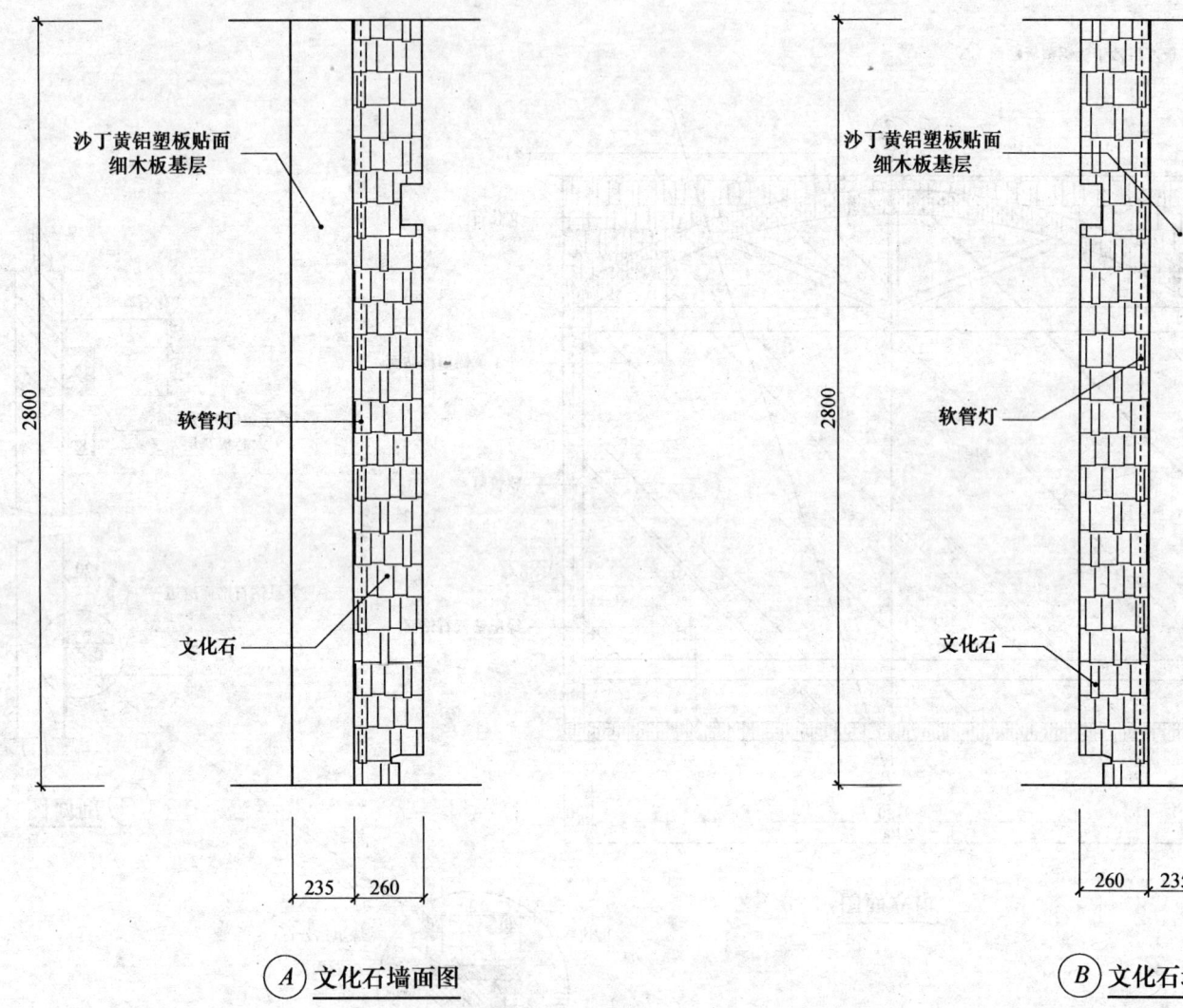

第二节 中式窗图块

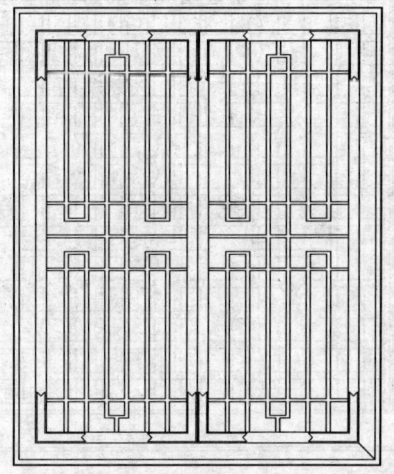

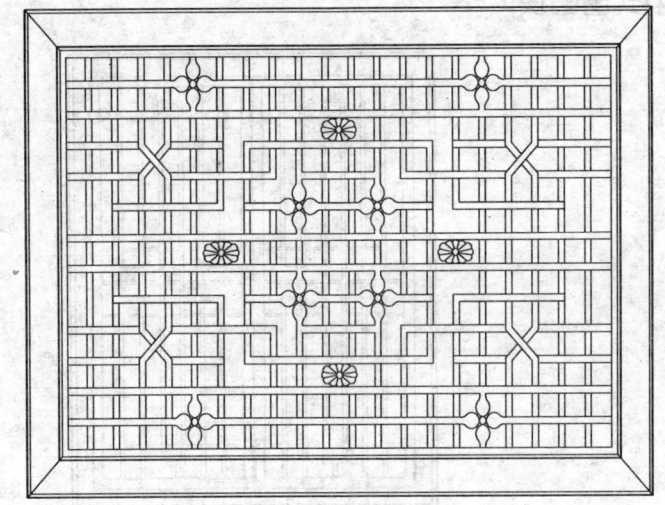

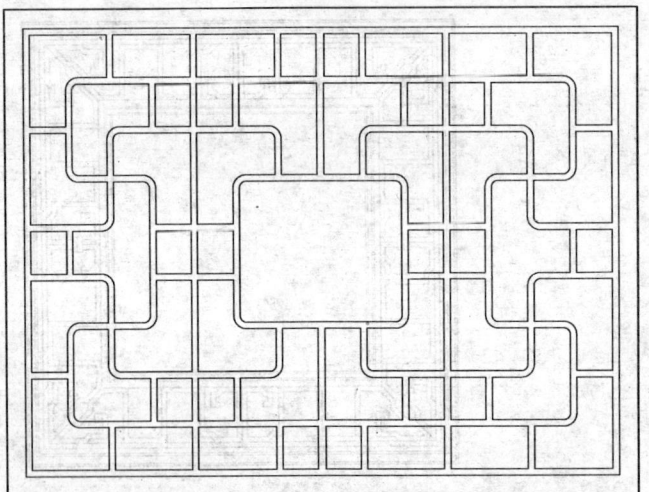

第一篇 门 窗 篇

 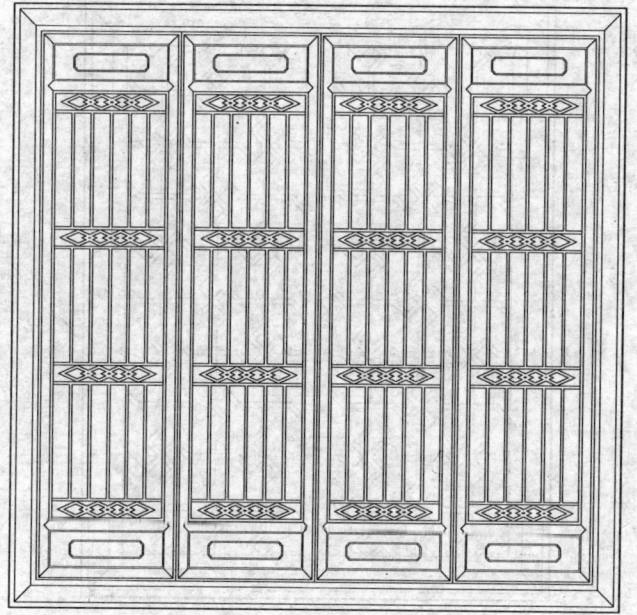 

装饰装修构造快速设计 CAD 图集

第一篇 门窗篇

93

  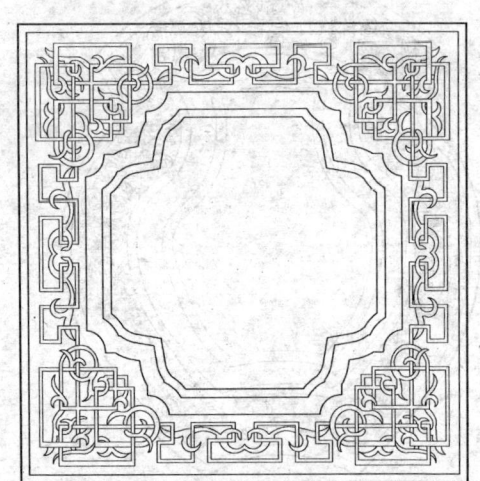

第一篇 门窗篇

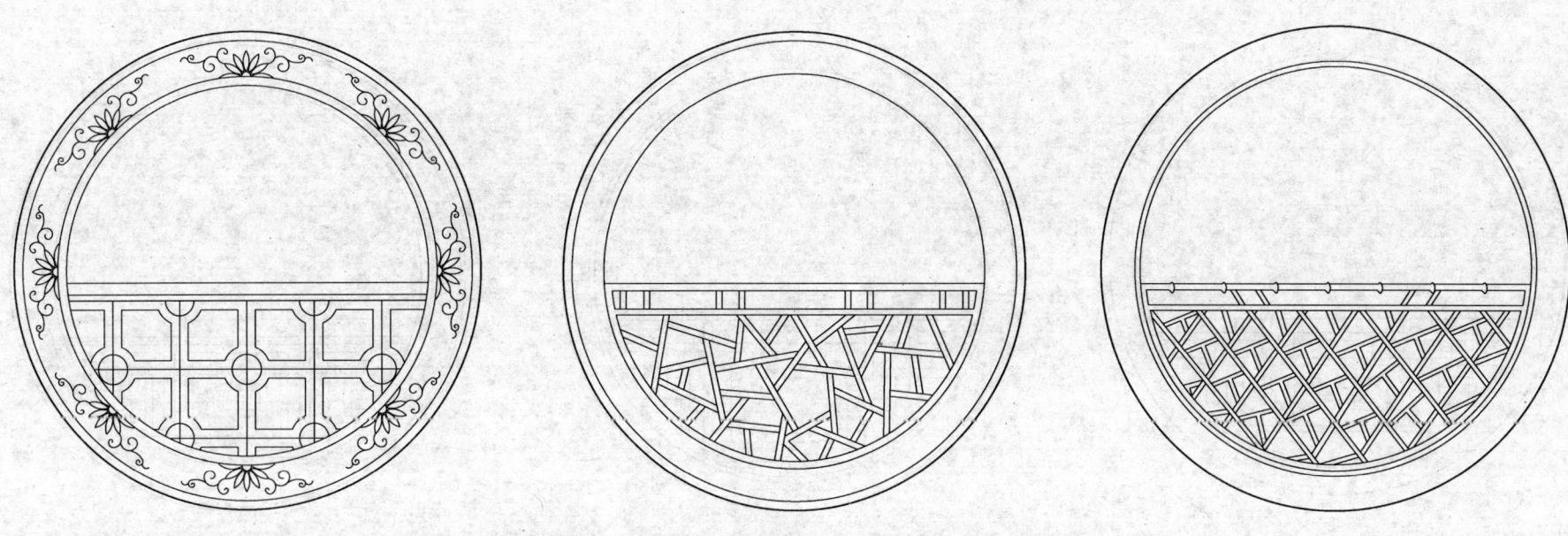

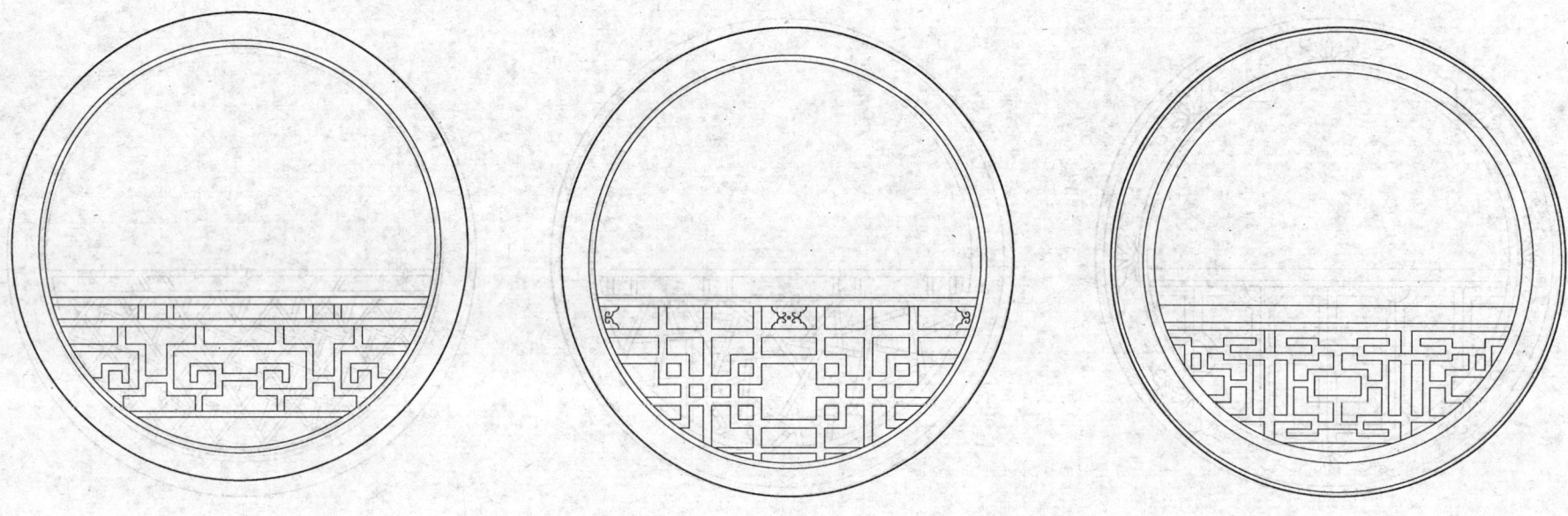

第三节 西式窗

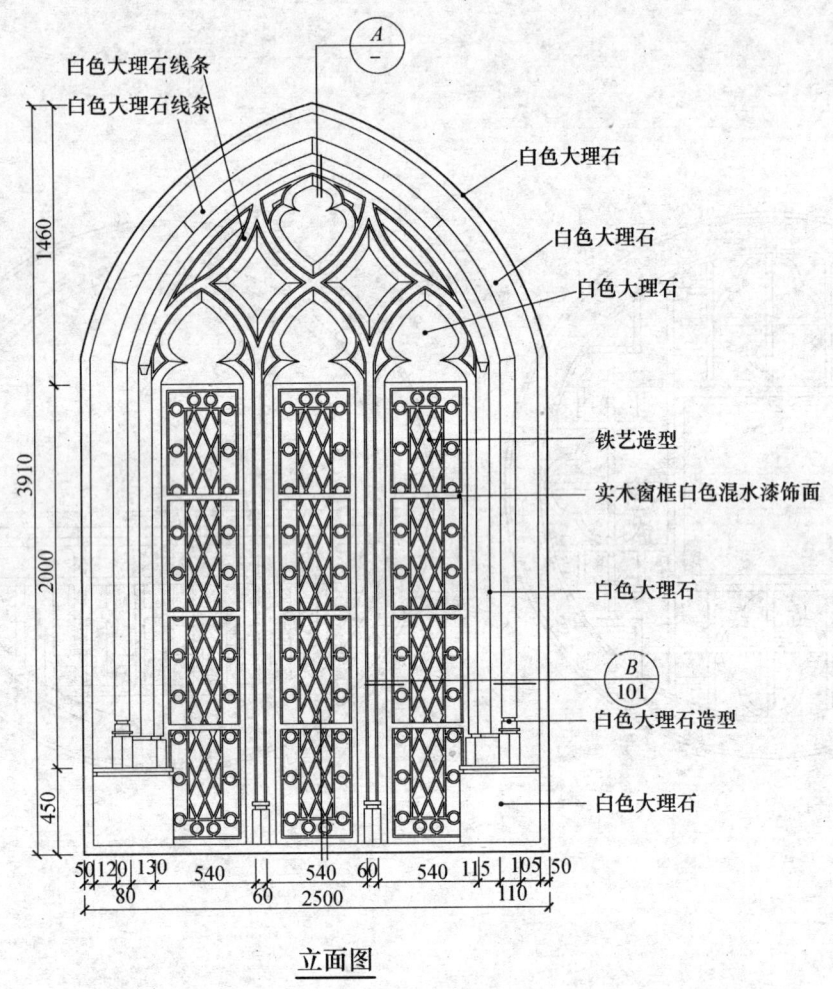

立面图

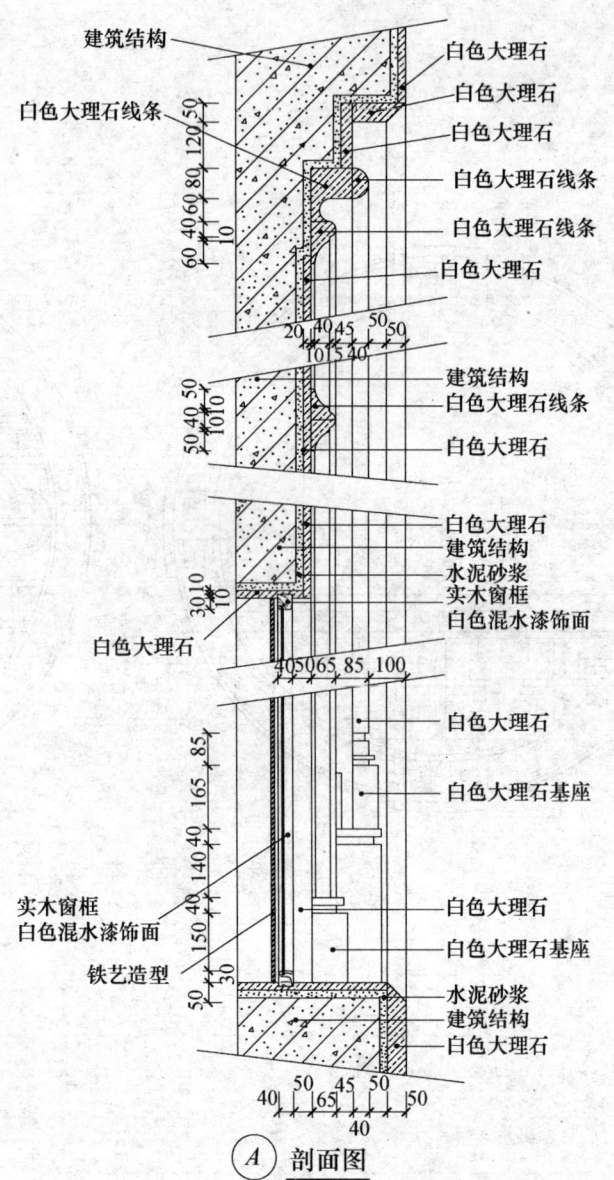

A 剖面图

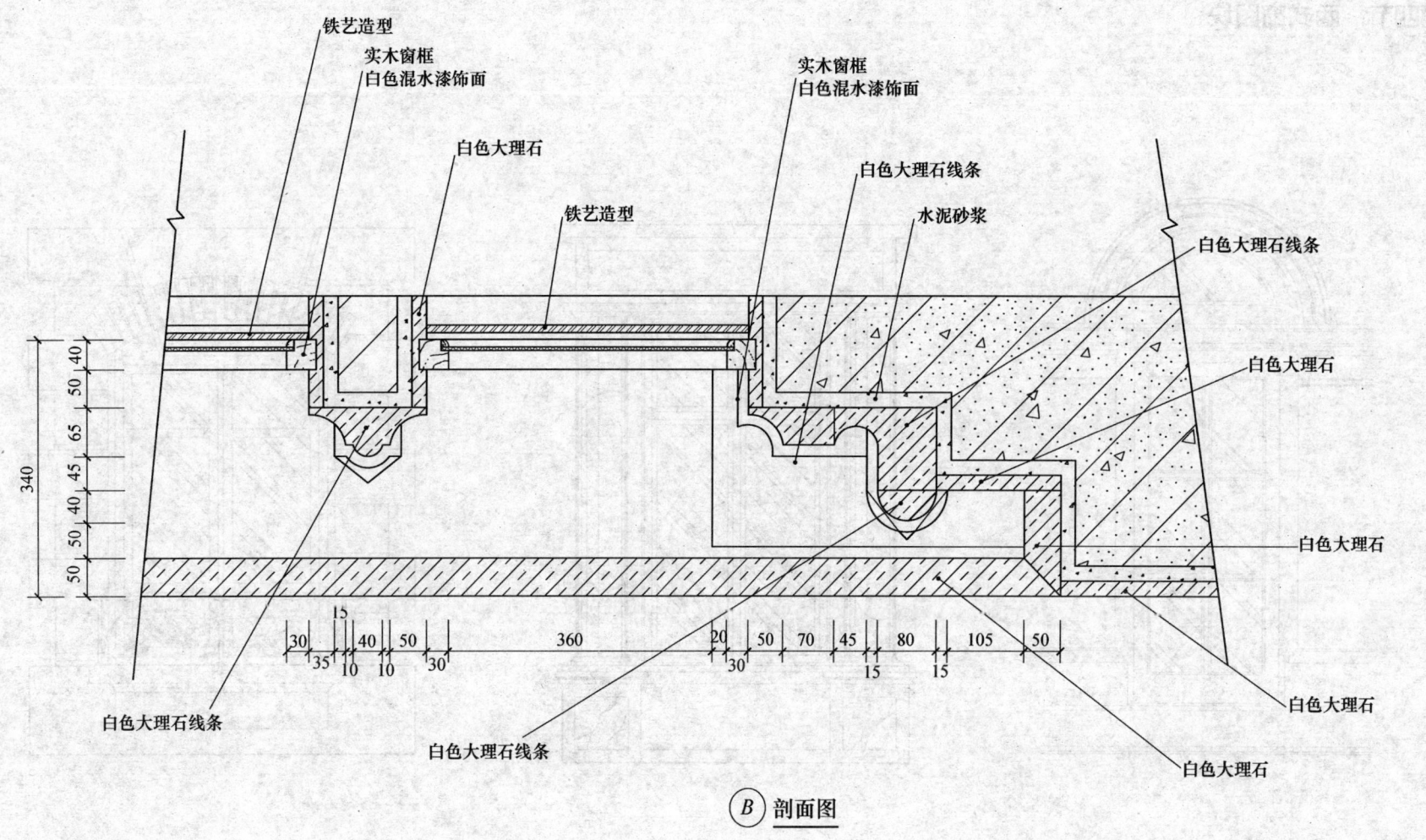

B 剖面图

第四节　西式窗图块

第一篇 门窗篇

第五节 现 代 窗

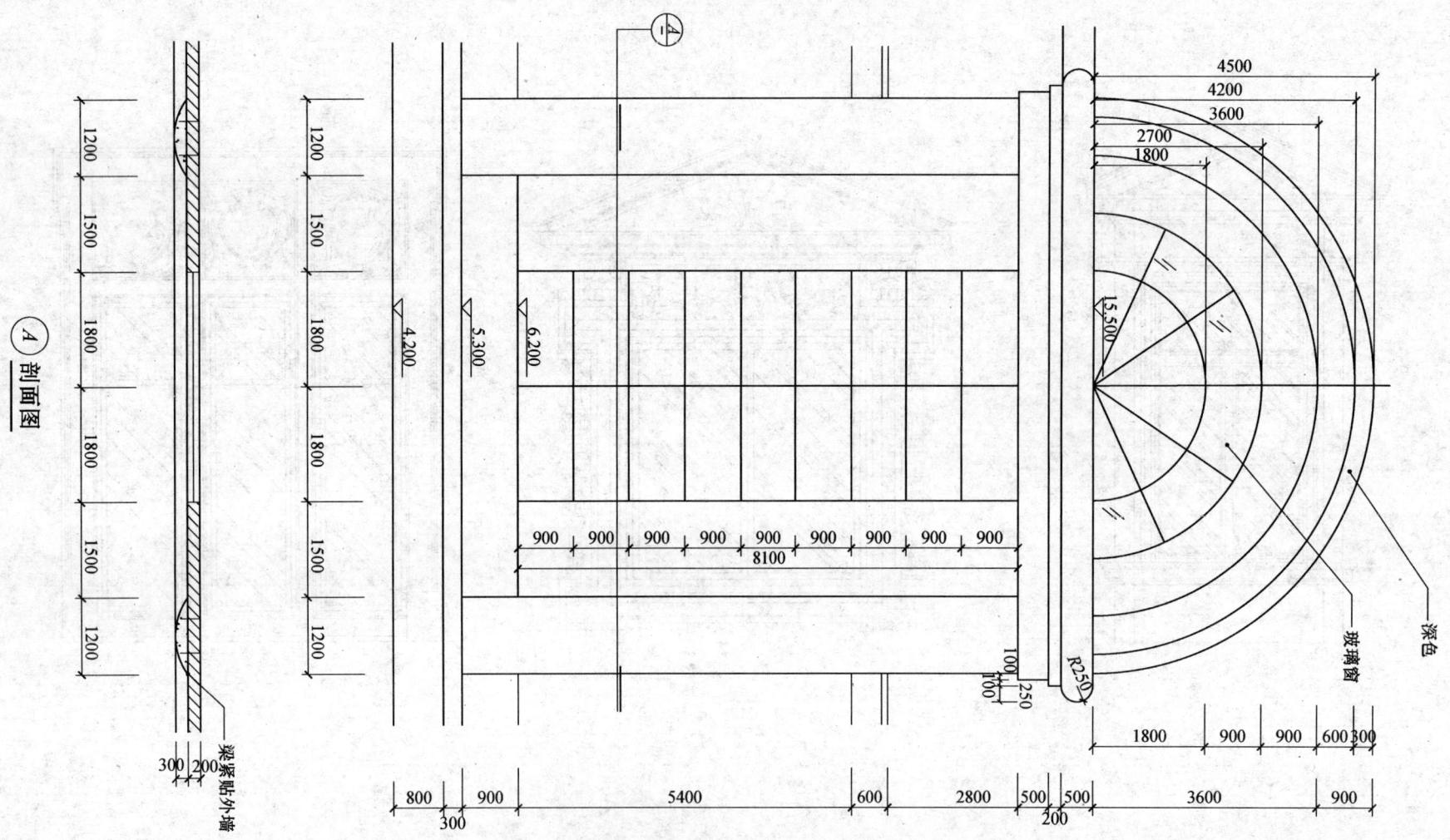

第二篇 楼梯及装饰柱篇

第二篇 机械及机构零件

第三章 楼 梯

第一节 木楼梯

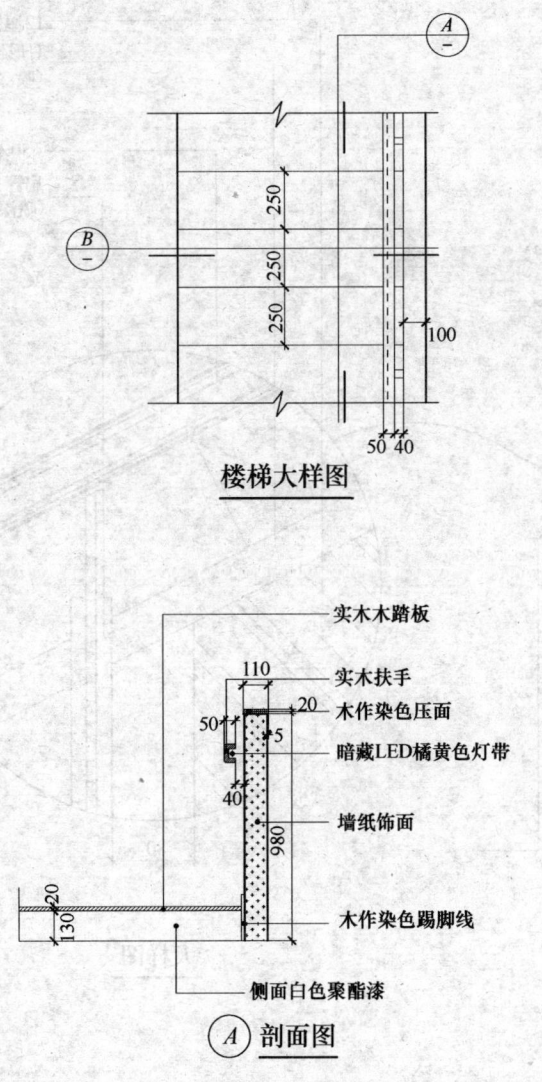

楼梯大样图

Ⓐ 剖面图

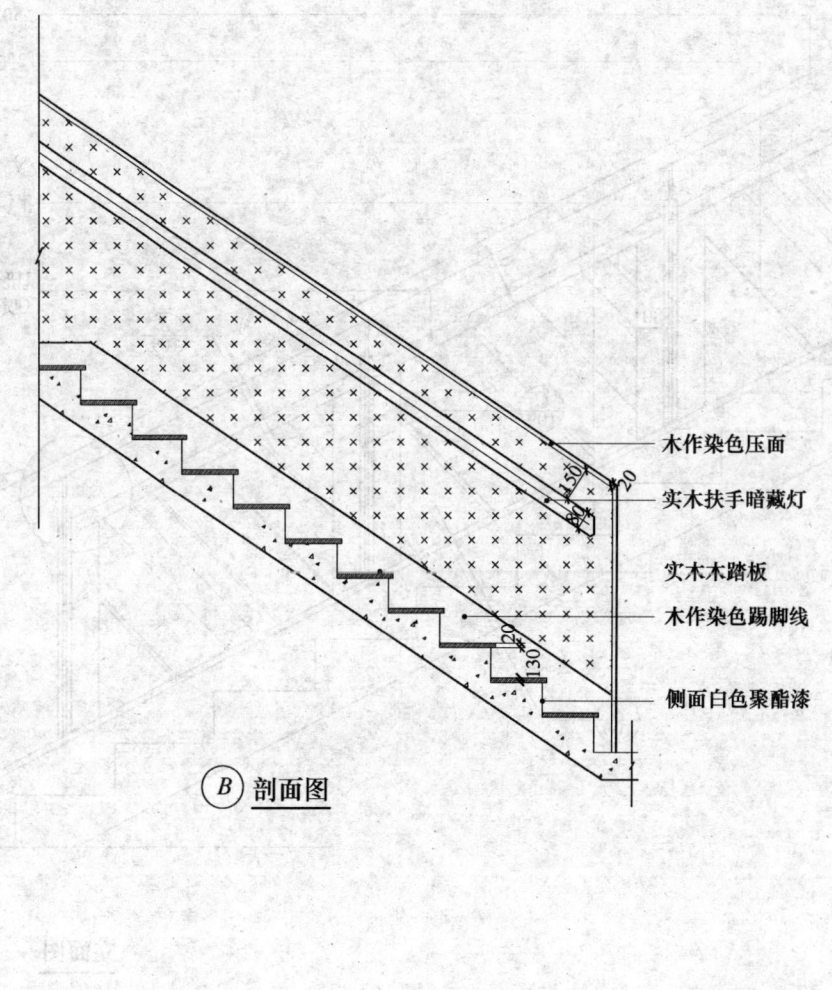

Ⓑ 剖面图

第二节 金属楼梯

金属楼梯——方案01

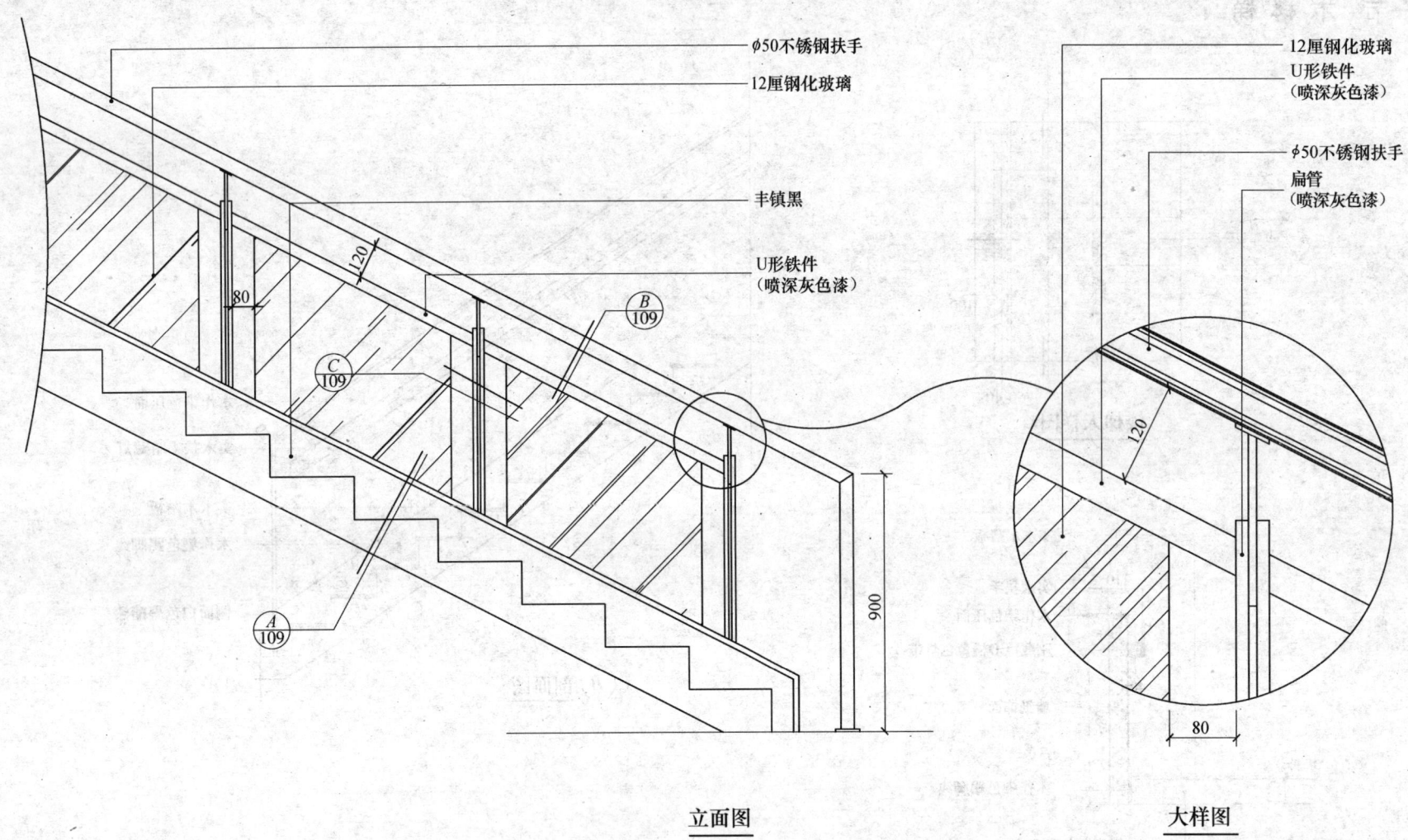

立面图　　　大样图

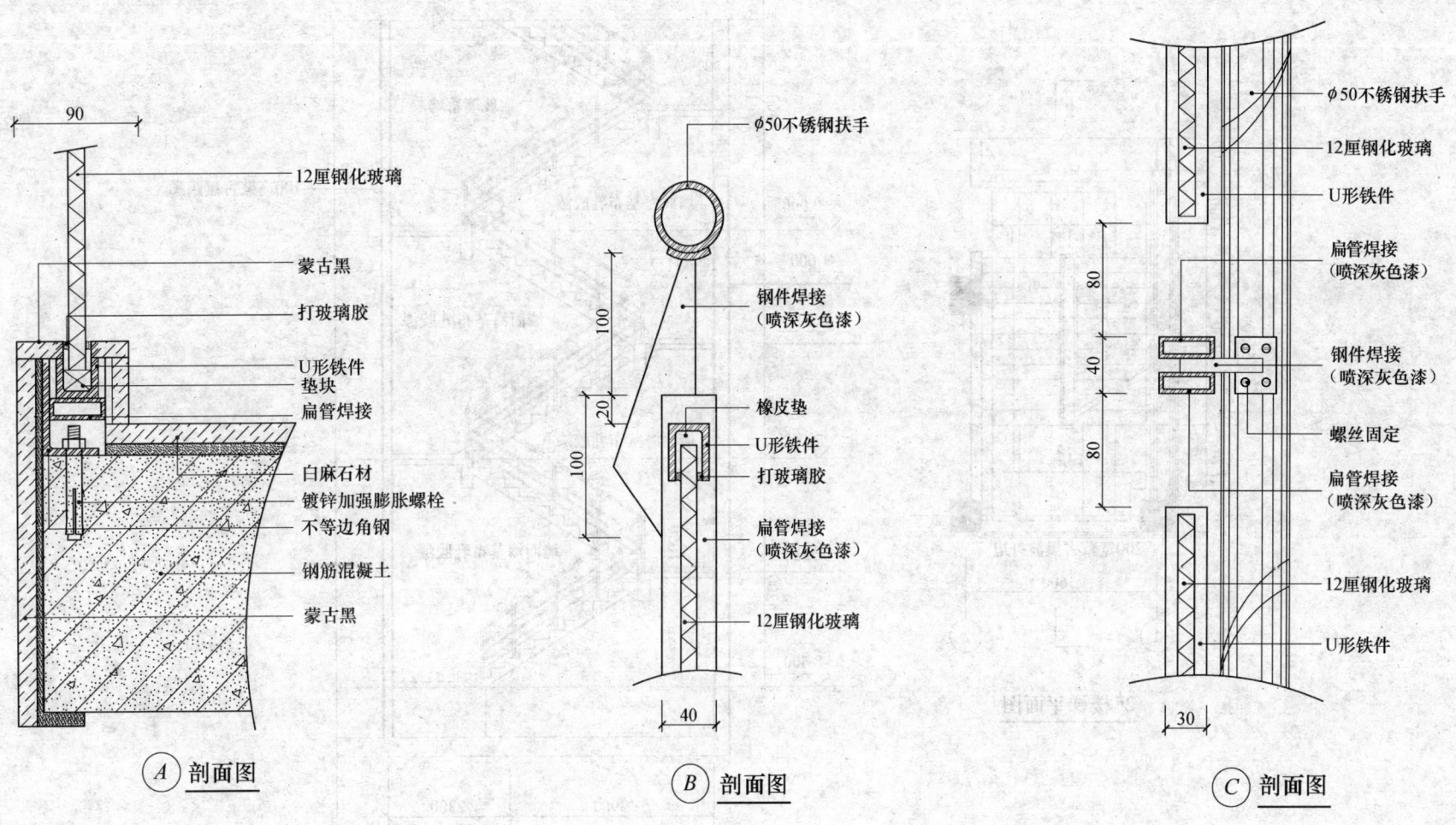

金属楼梯——方案02

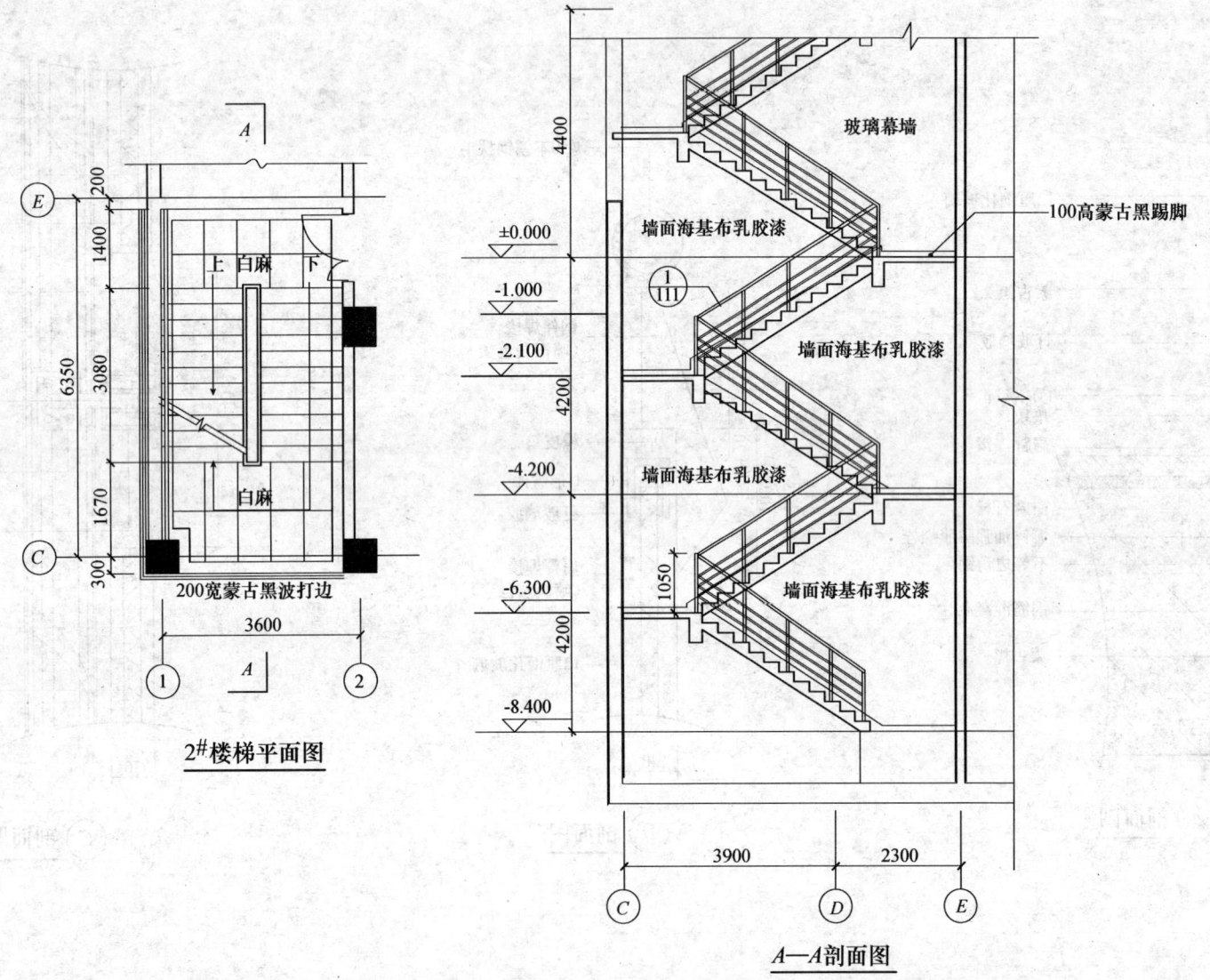

2#楼梯平面图

A—A剖面图

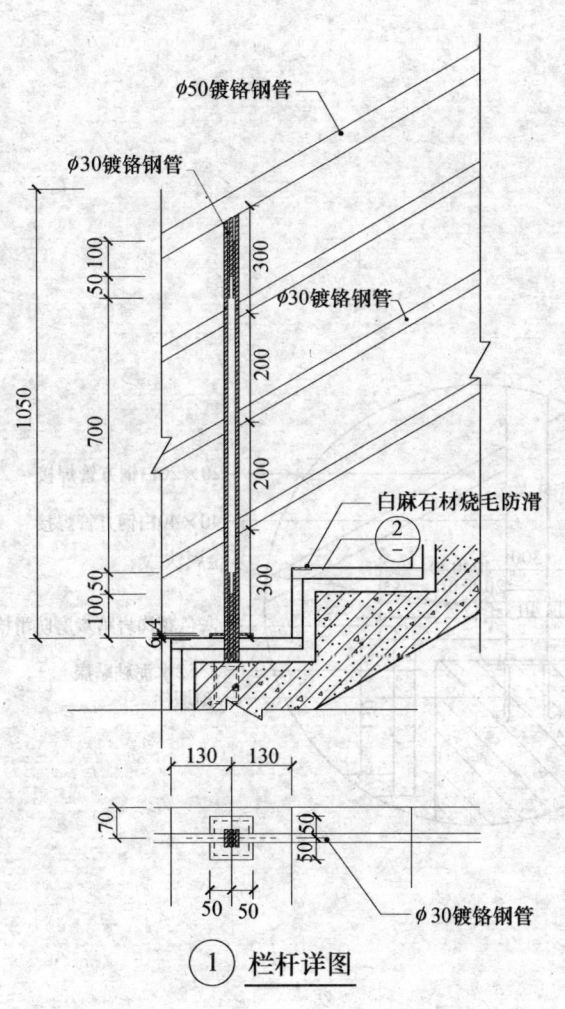

① 栏杆详图

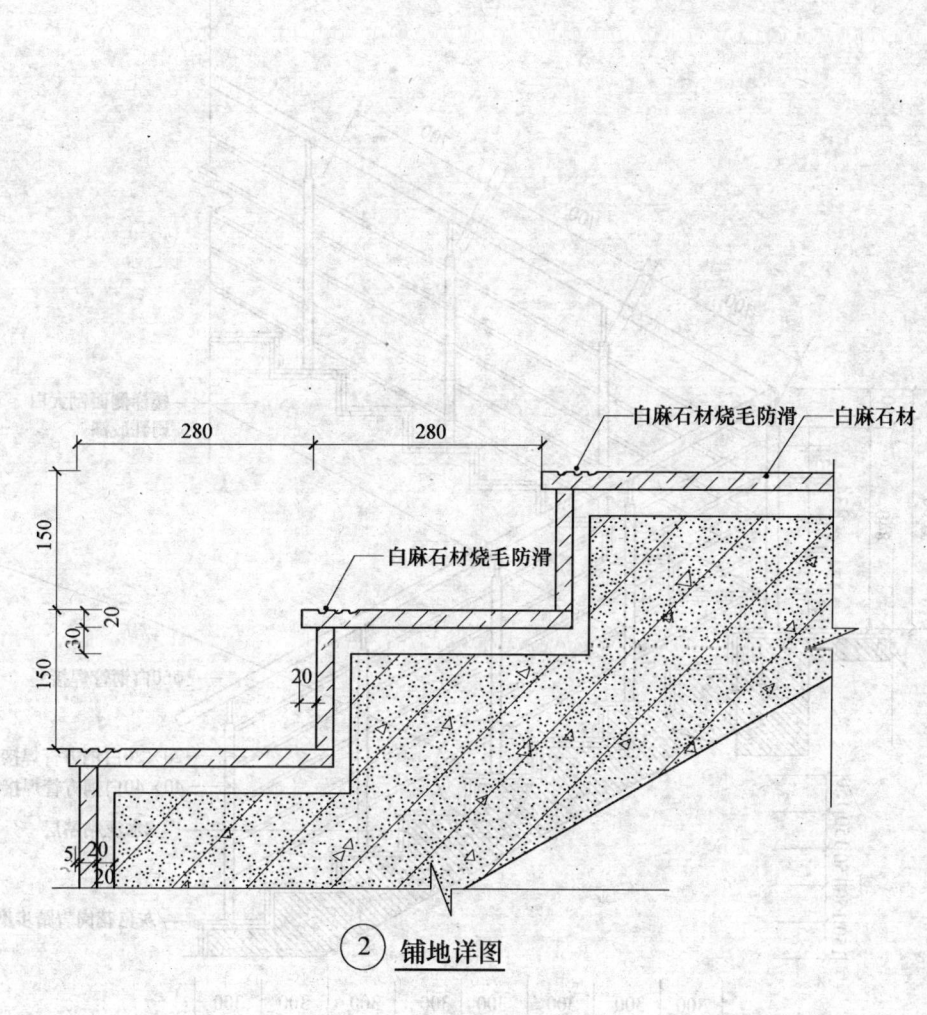

② 铺地详图

金属楼梯——方案03

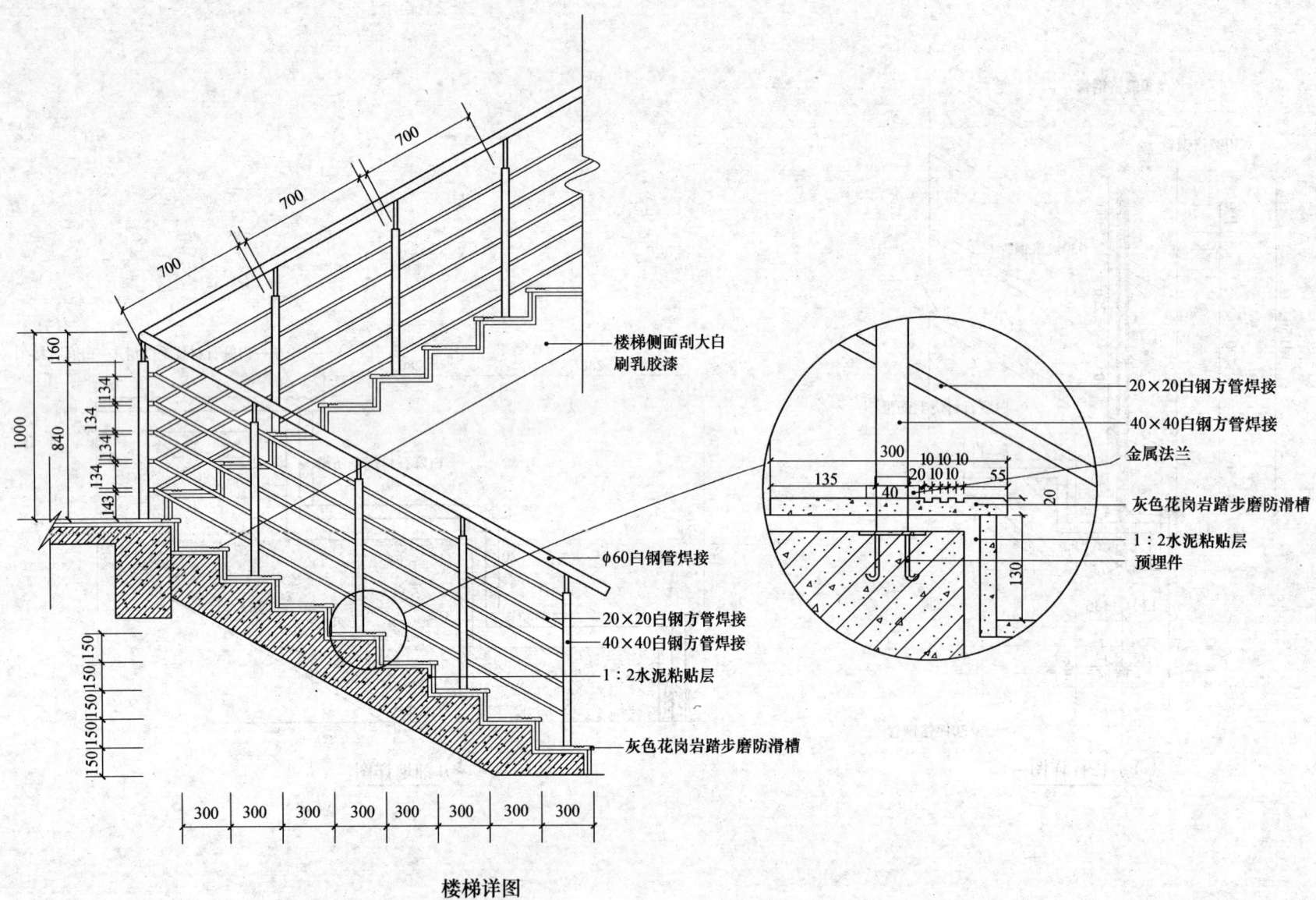

楼梯详图

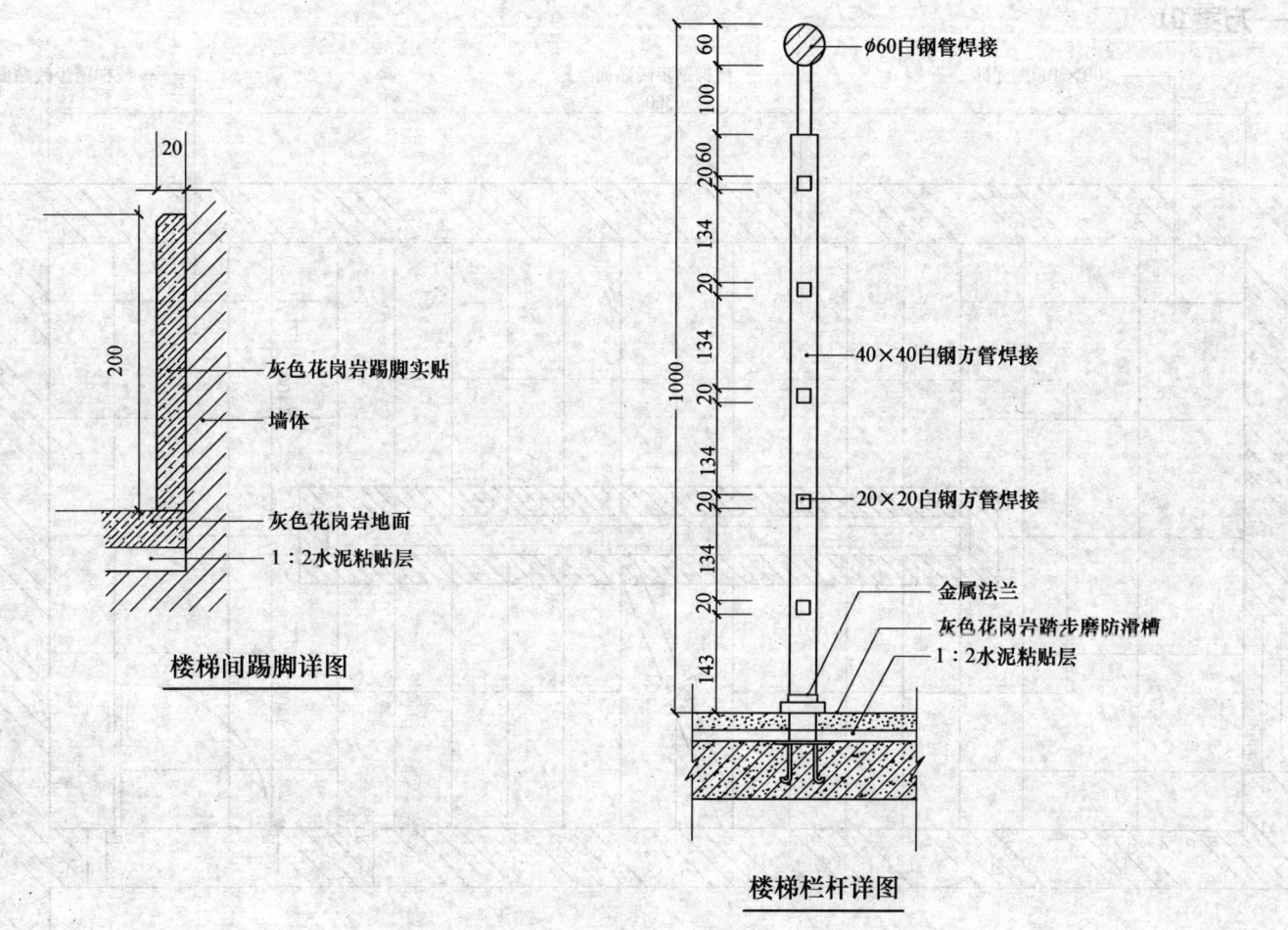

楼梯间踢脚详图

楼梯栏杆详图

第三节 大理石楼梯

大理石楼梯——方案01

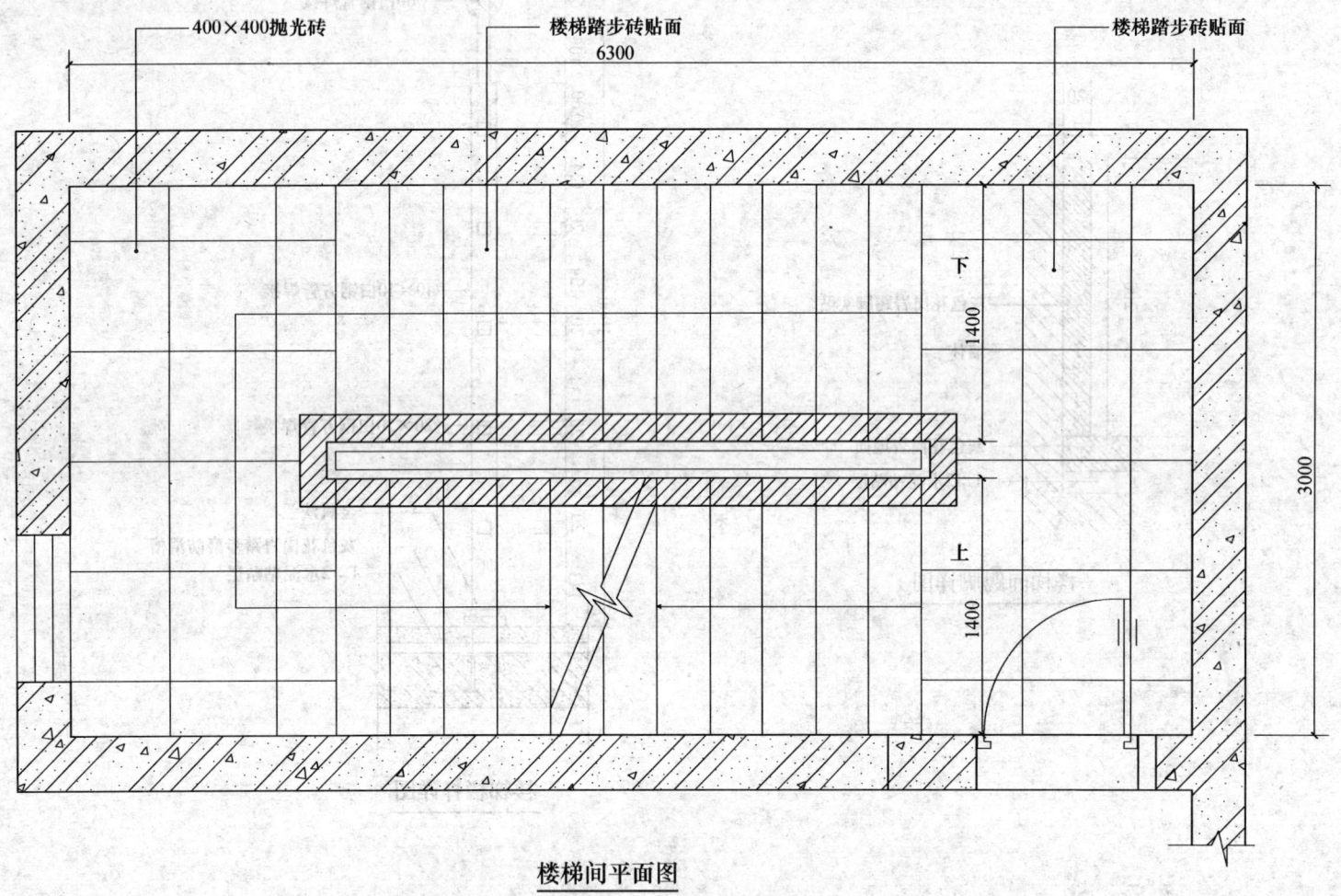

楼梯间平面图

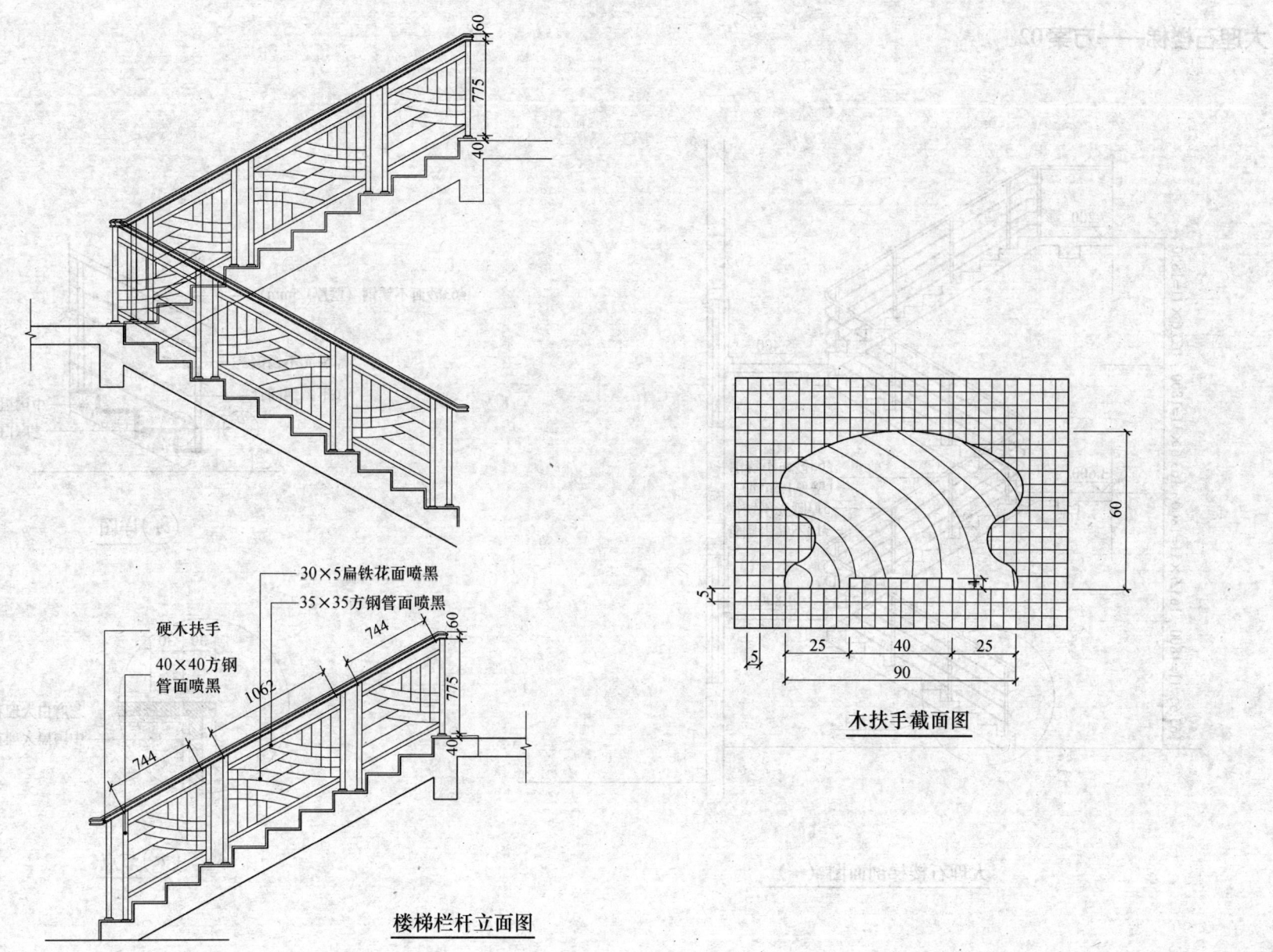

楼梯栏杆立面图

木扶手截面图

大理石楼梯——方案02

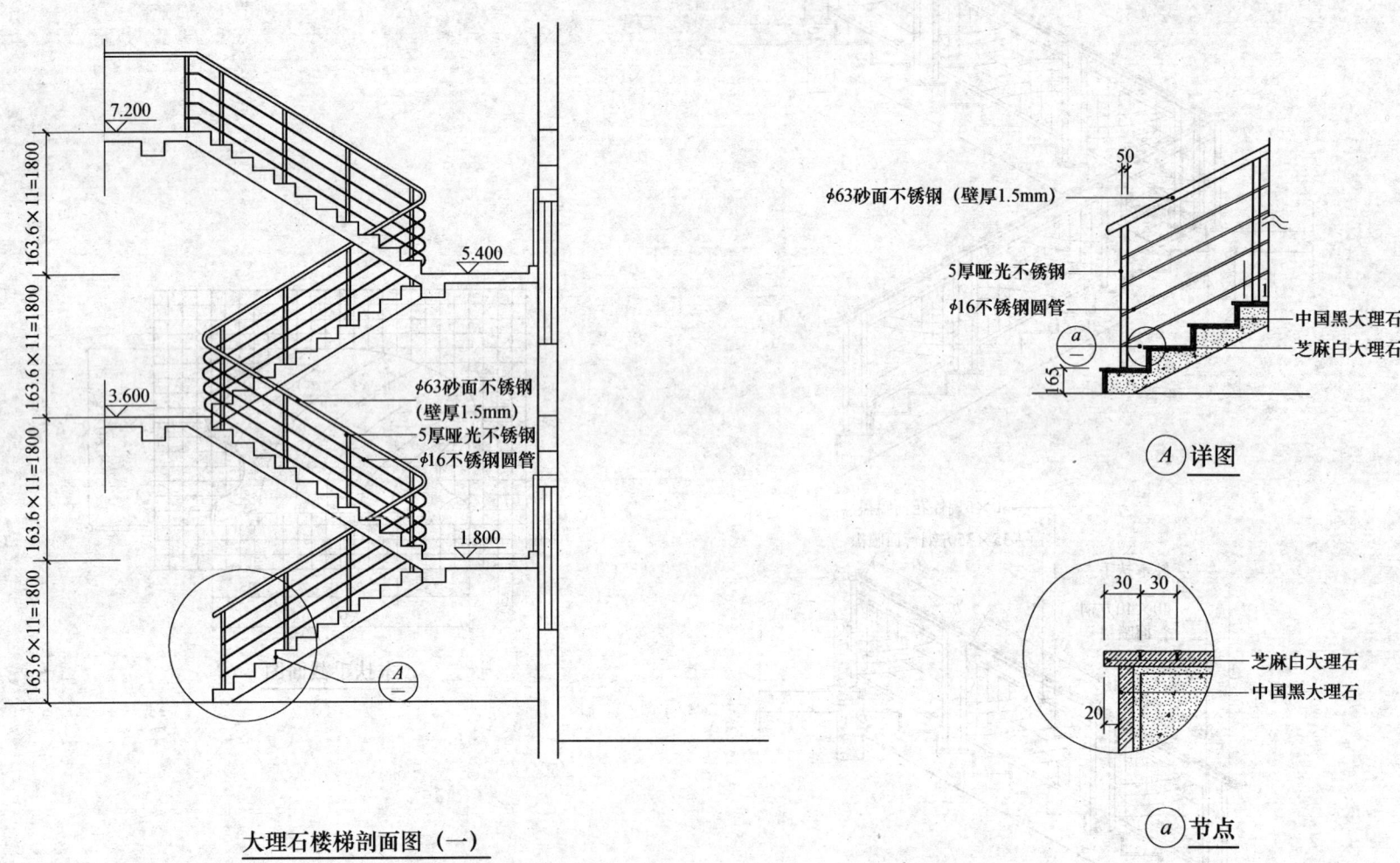

大理石楼梯剖面图（一）

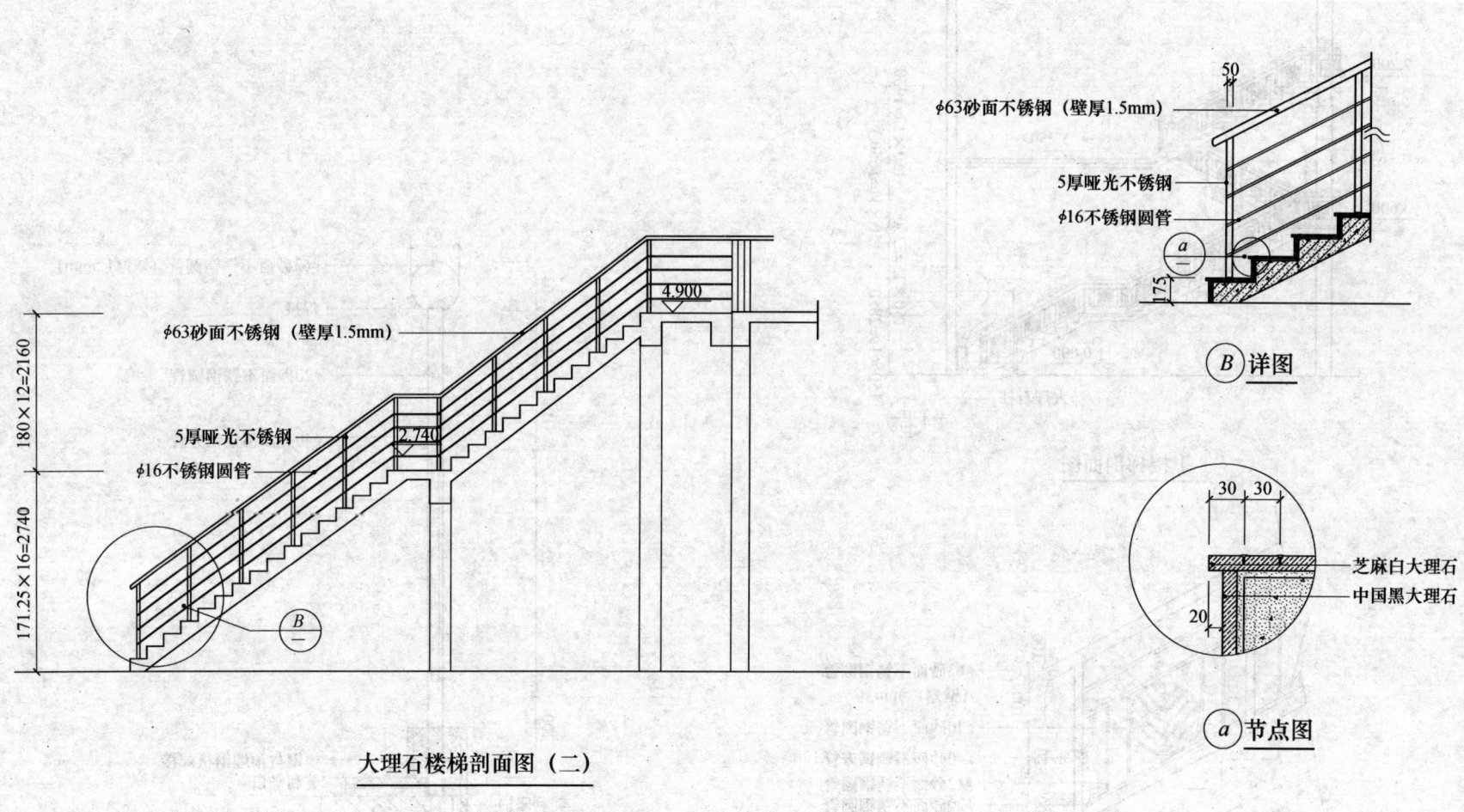

大理石楼梯剖面图（二）

大理石楼梯——方案03

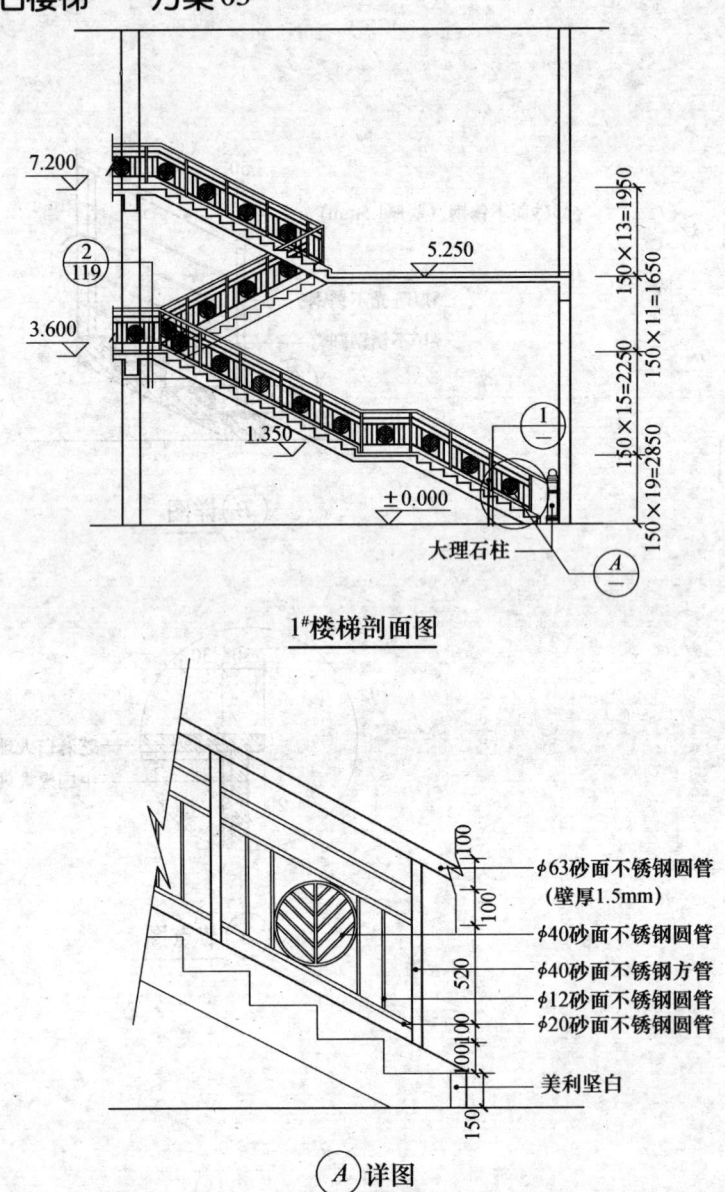

1#楼梯剖面图

A 详图

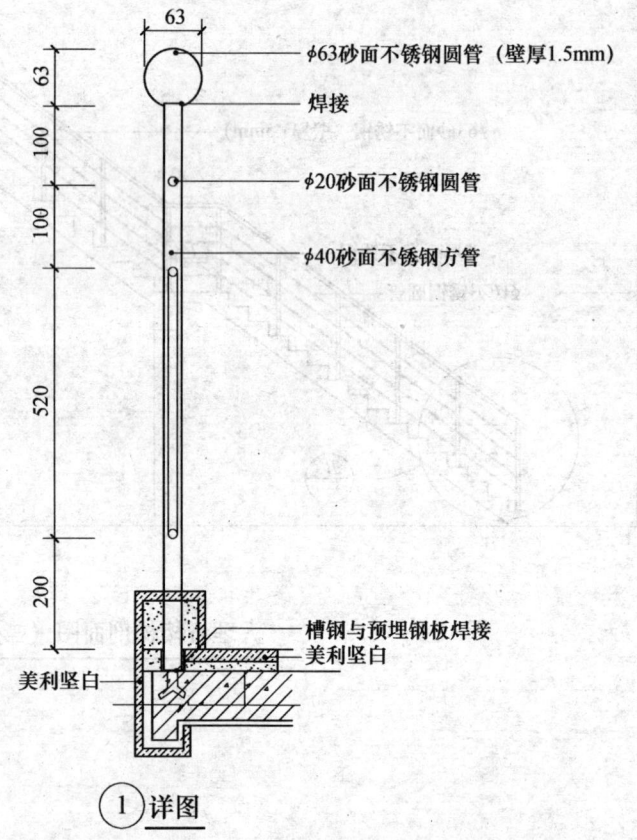

① 详图

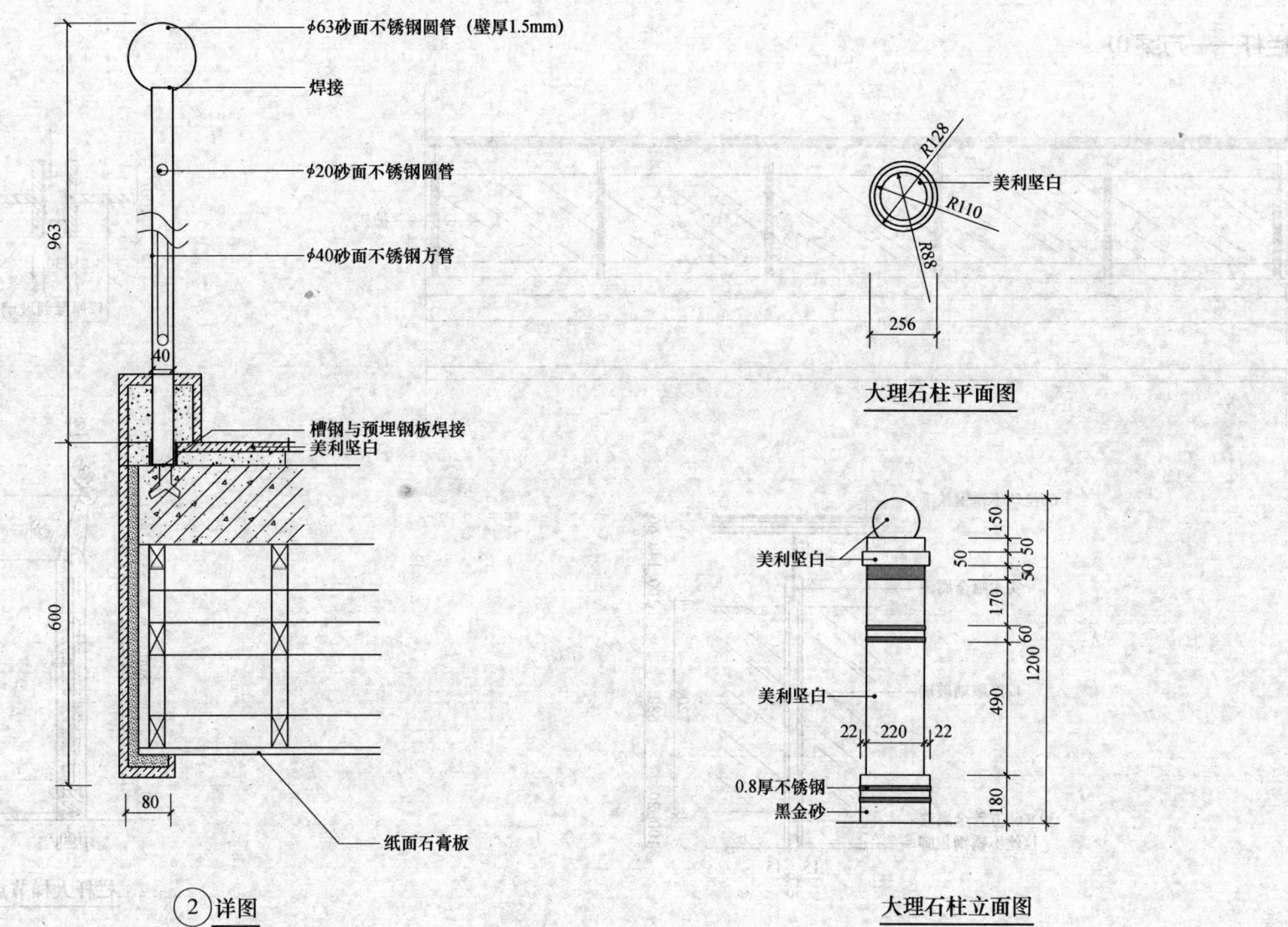

第四节 栏 杆

栏杆——方案01

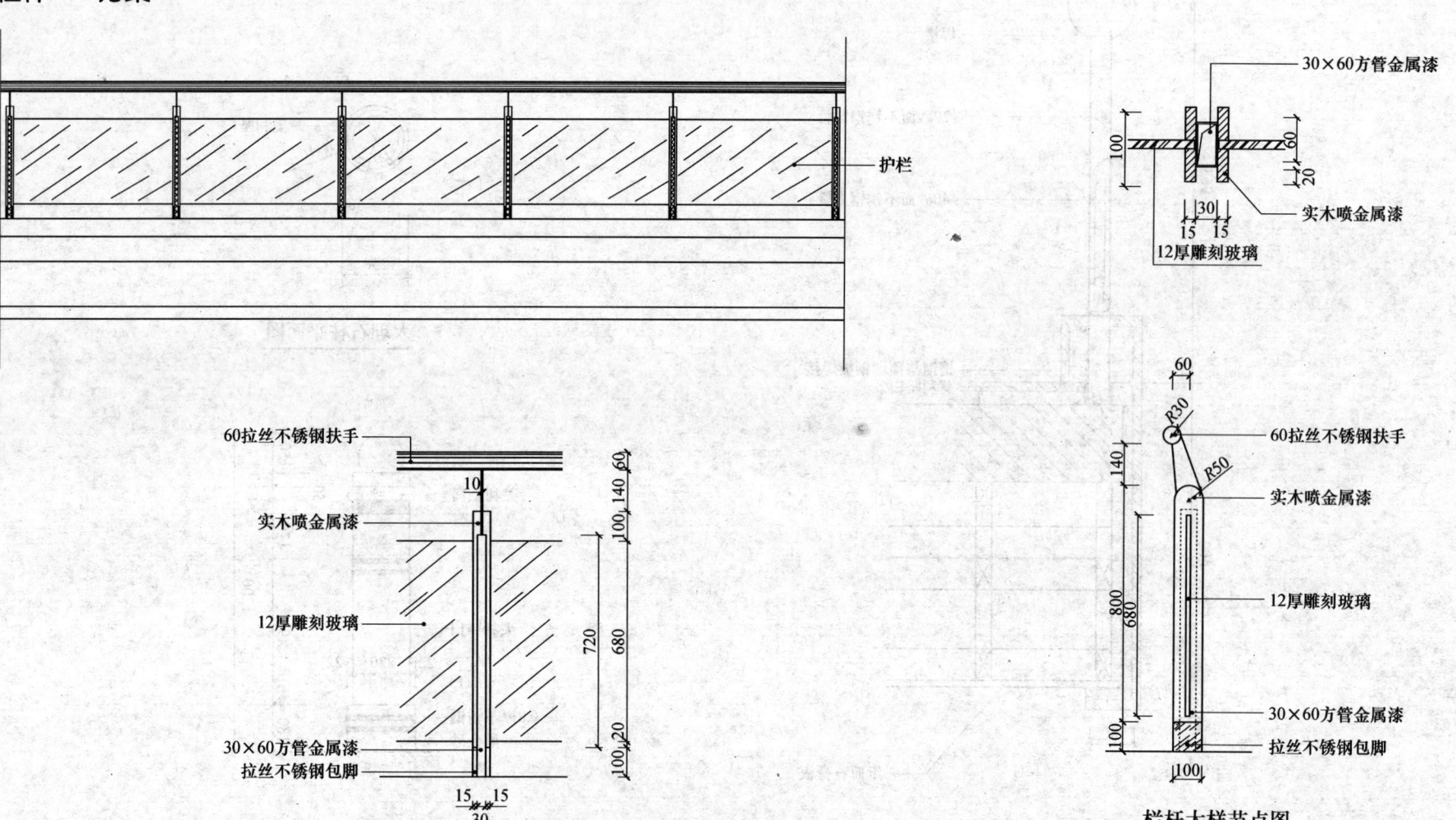

栏杆大样节点图

栏杆——方案02

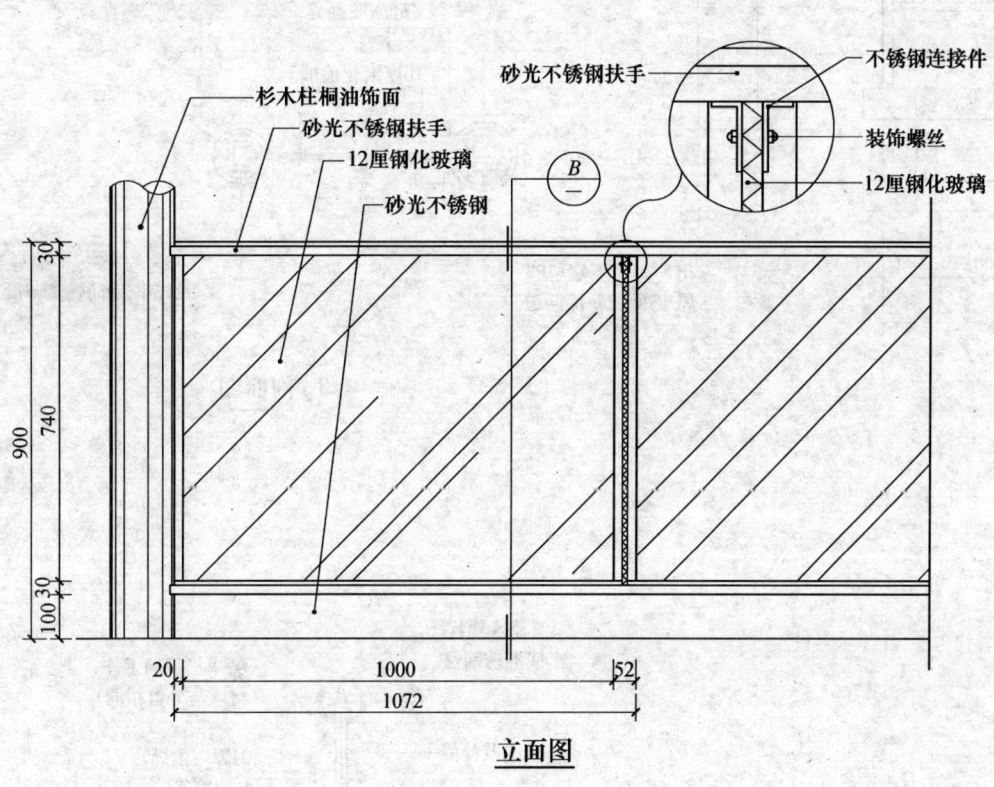

立面图

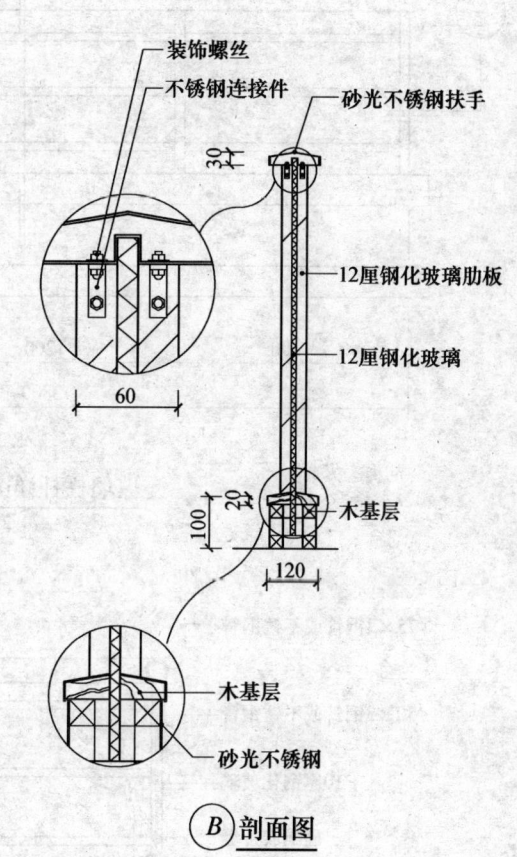

B 剖面图

栏杆——方案03

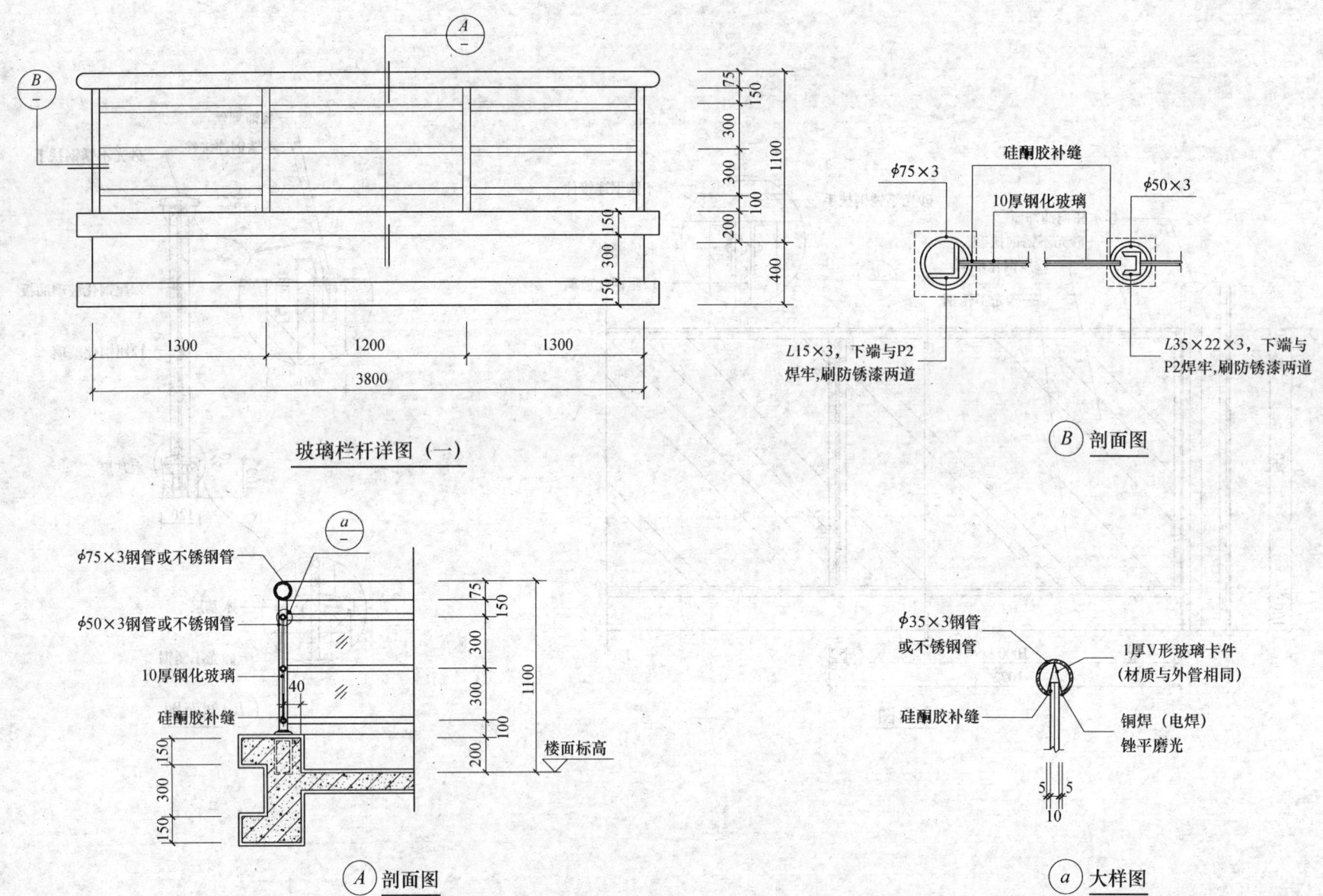

玻璃栏杆详图（一）

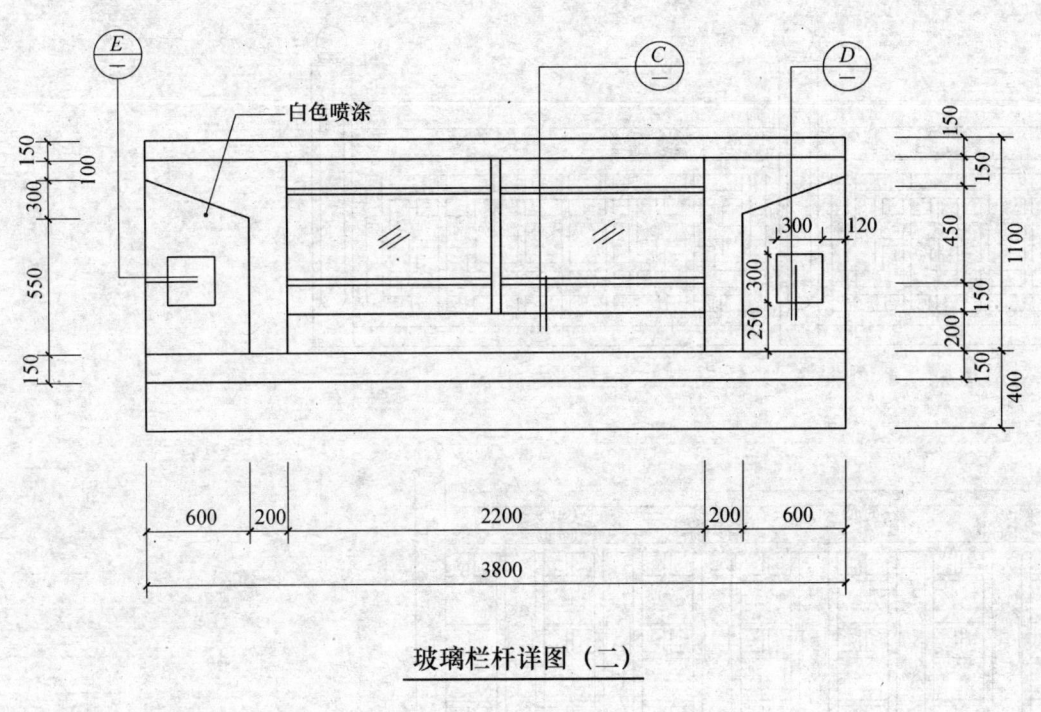

玻璃栏杆详图（二）

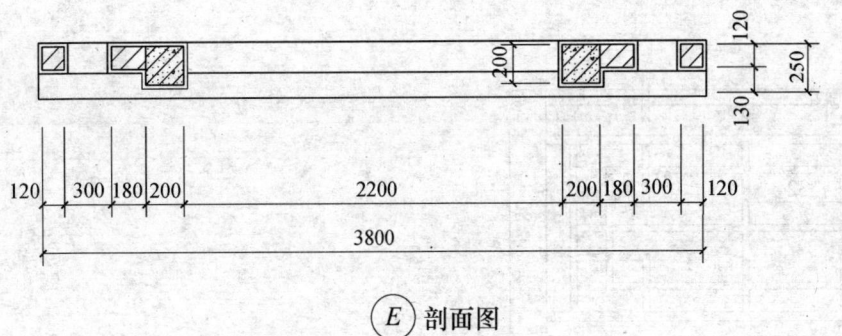

E 剖面图

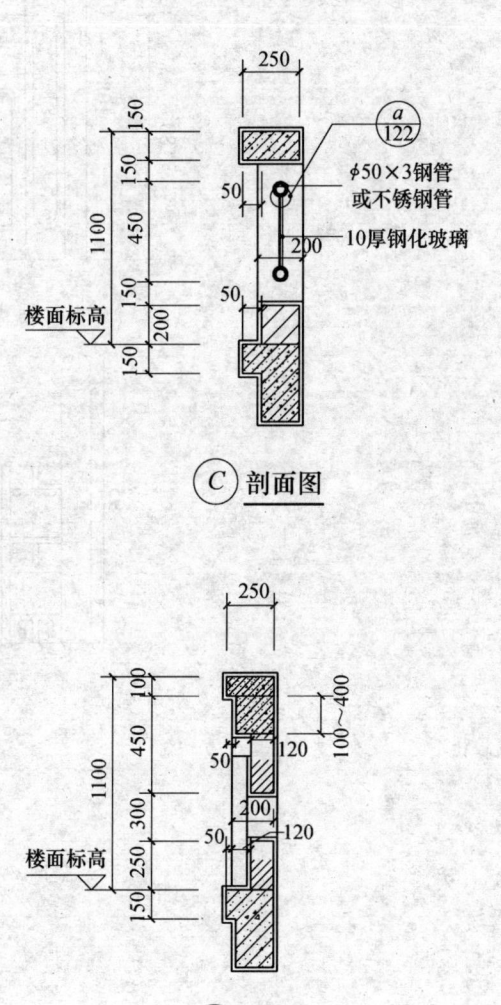

C 剖面图

D 剖面图

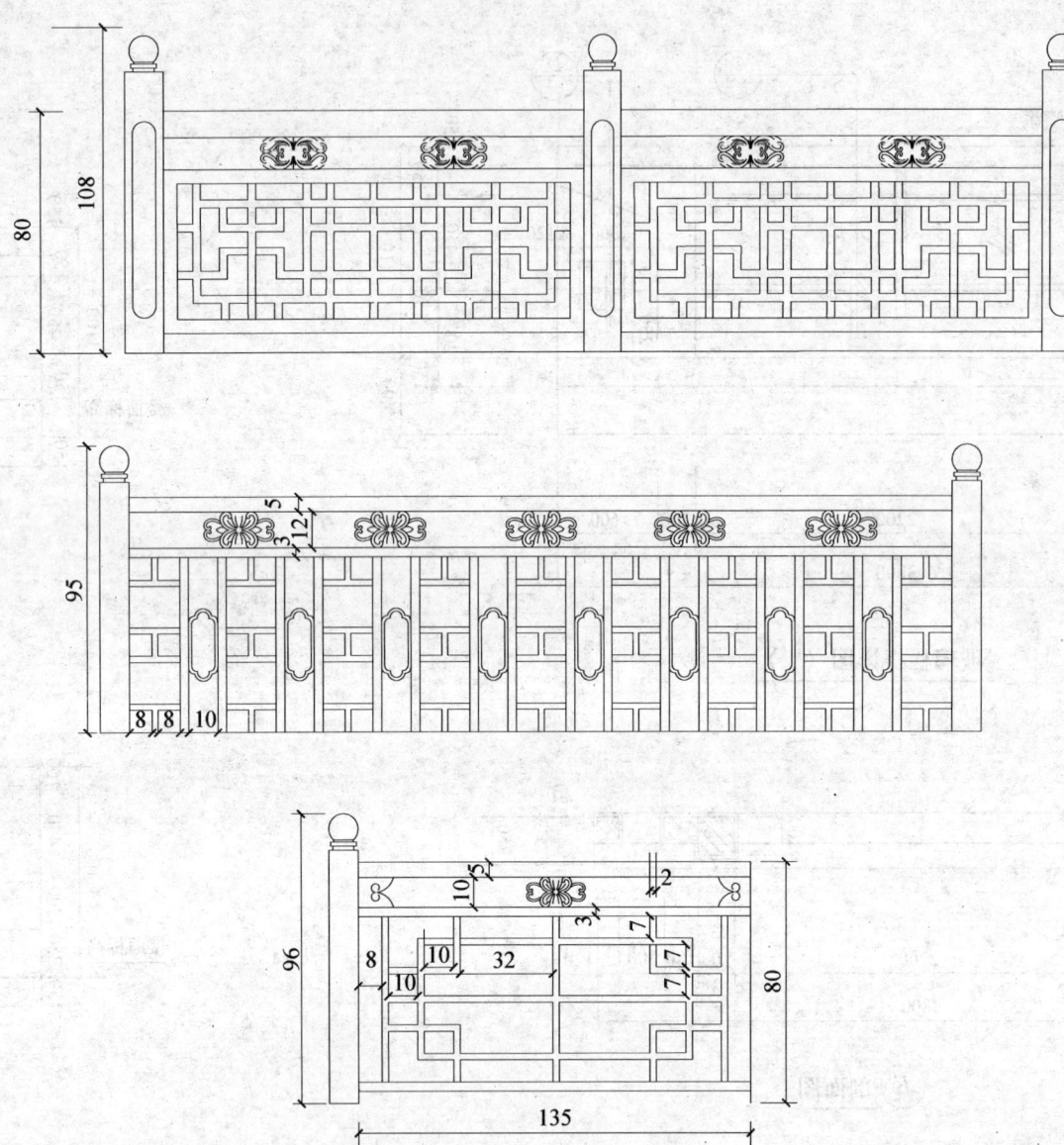

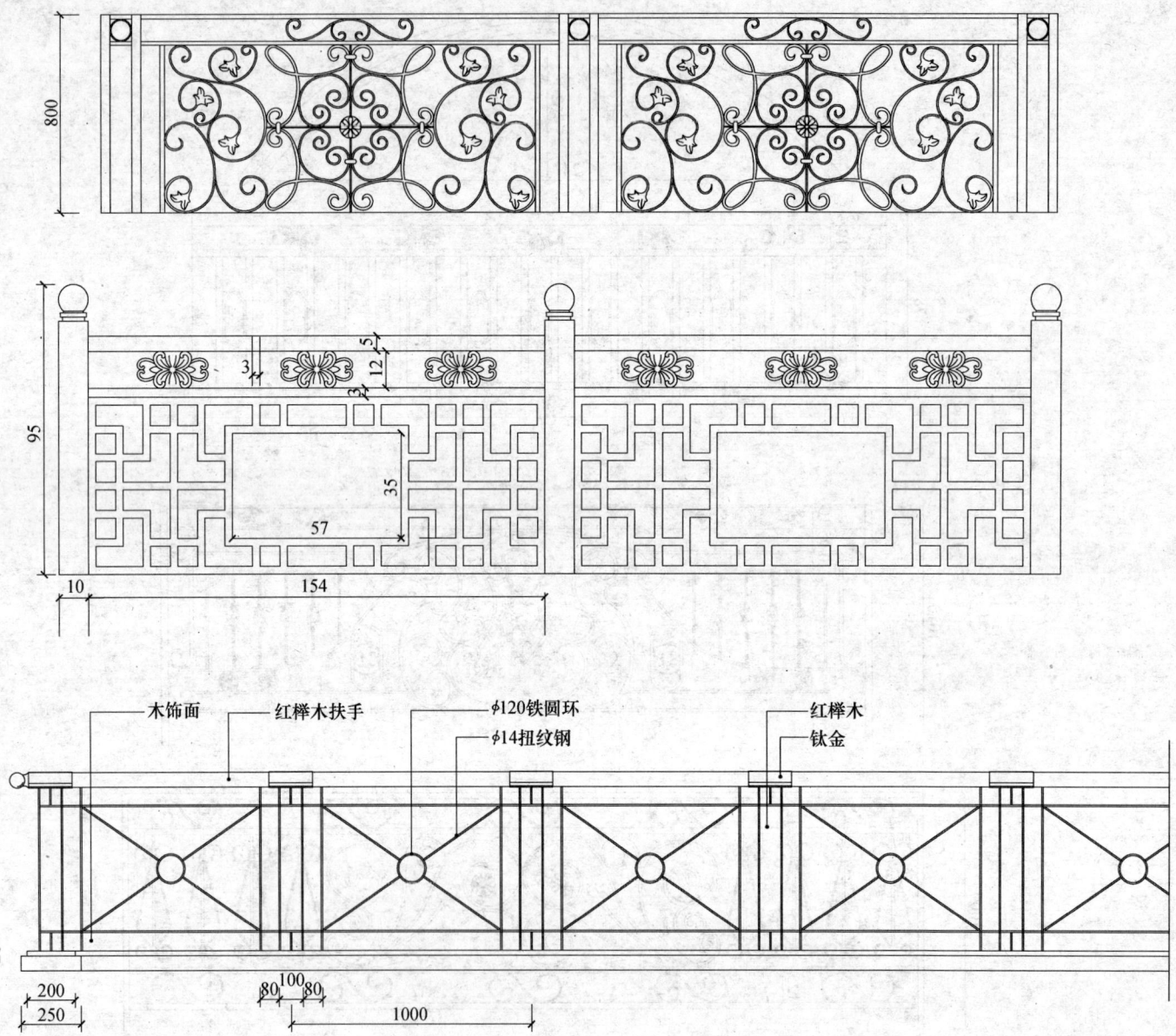

第二篇 楼梯及装饰柱篇

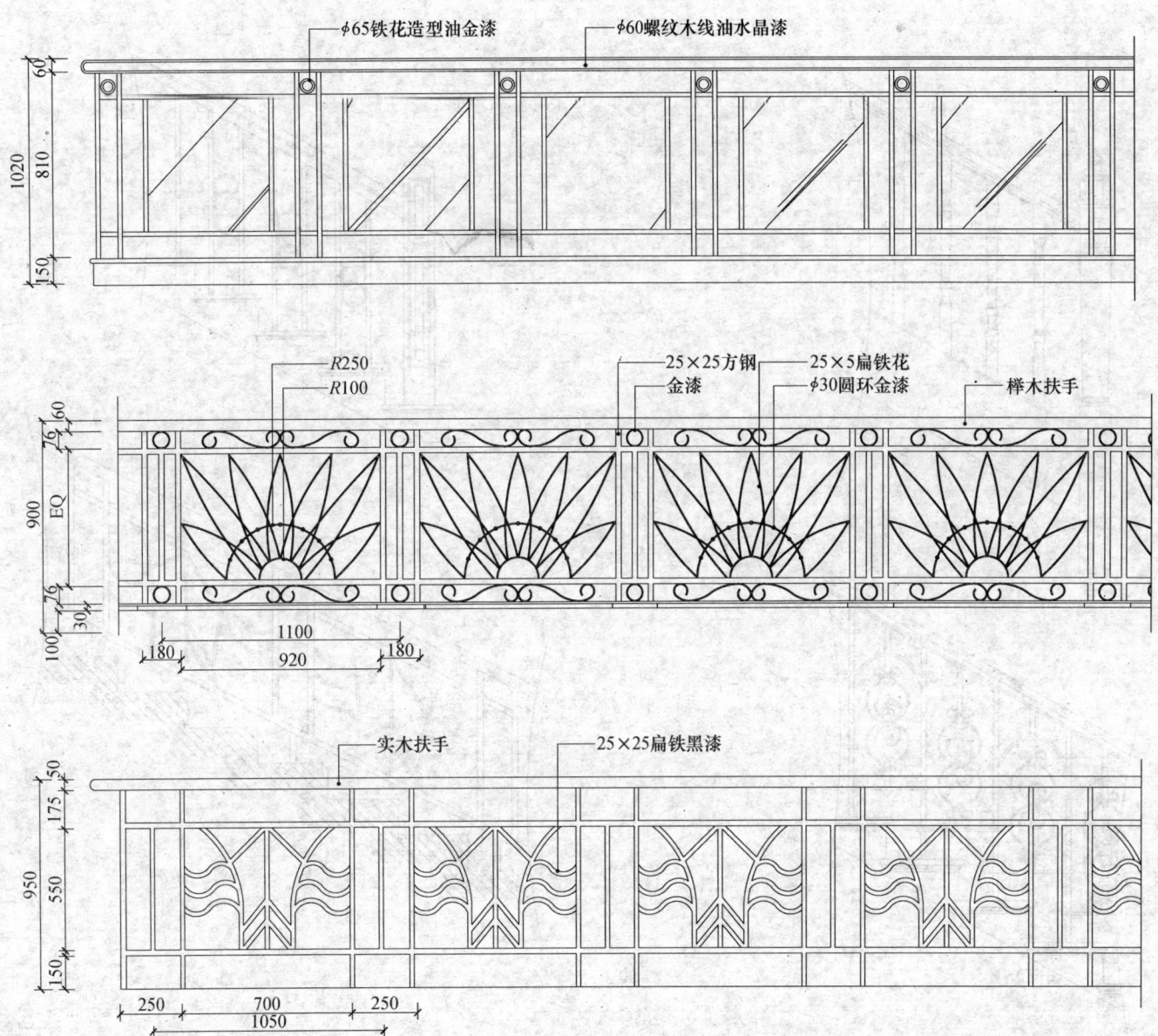

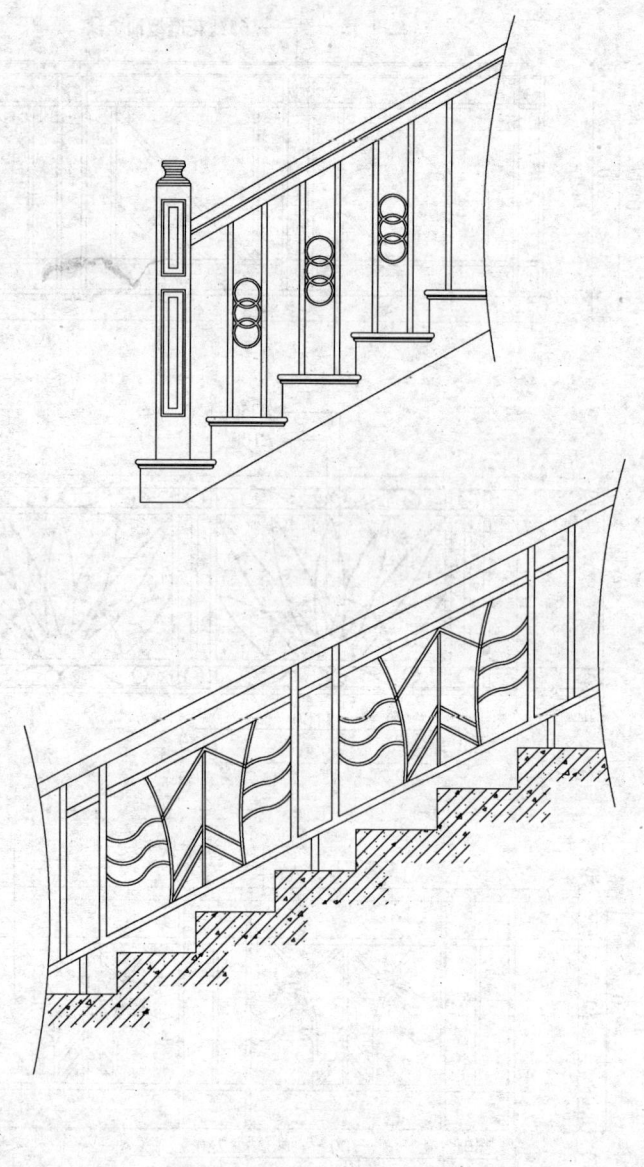

第二篇　楼梯及装饰柱篇

第四章 装饰柱

第一节 常用柱

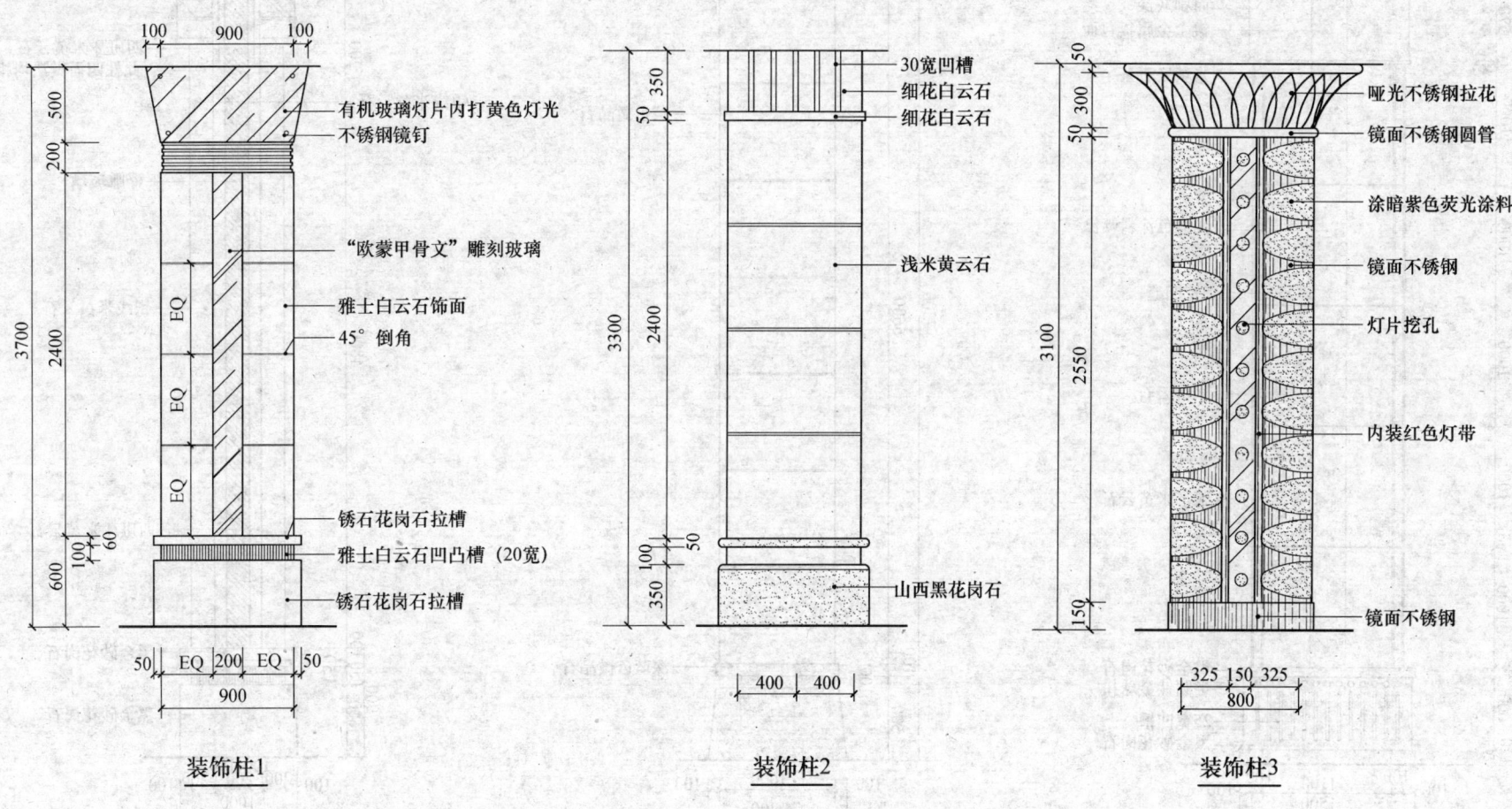

装饰柱1　　　　　装饰柱2　　　　　装饰柱3

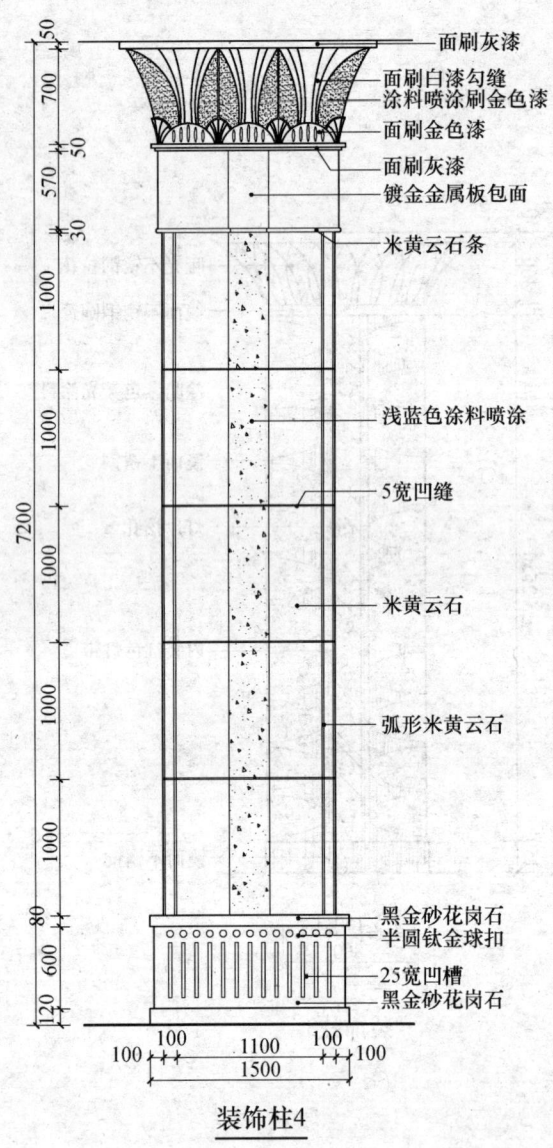

装饰柱4

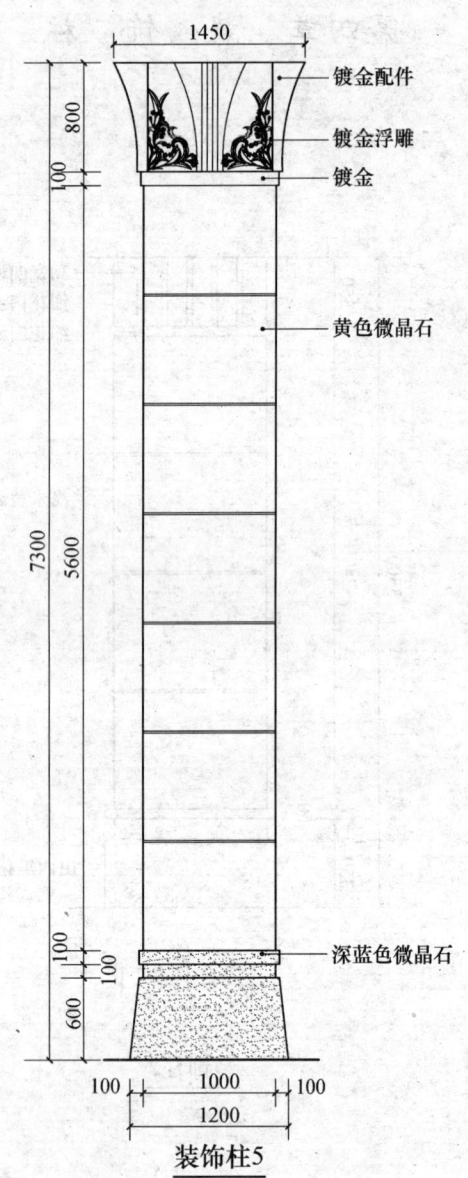

装饰柱5

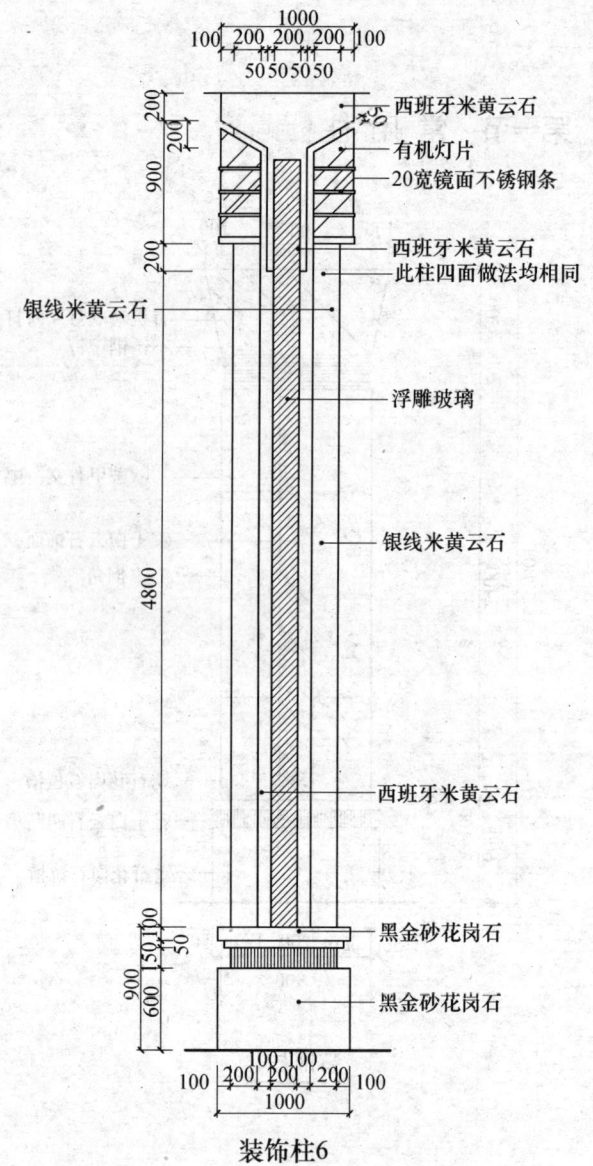

装饰柱6

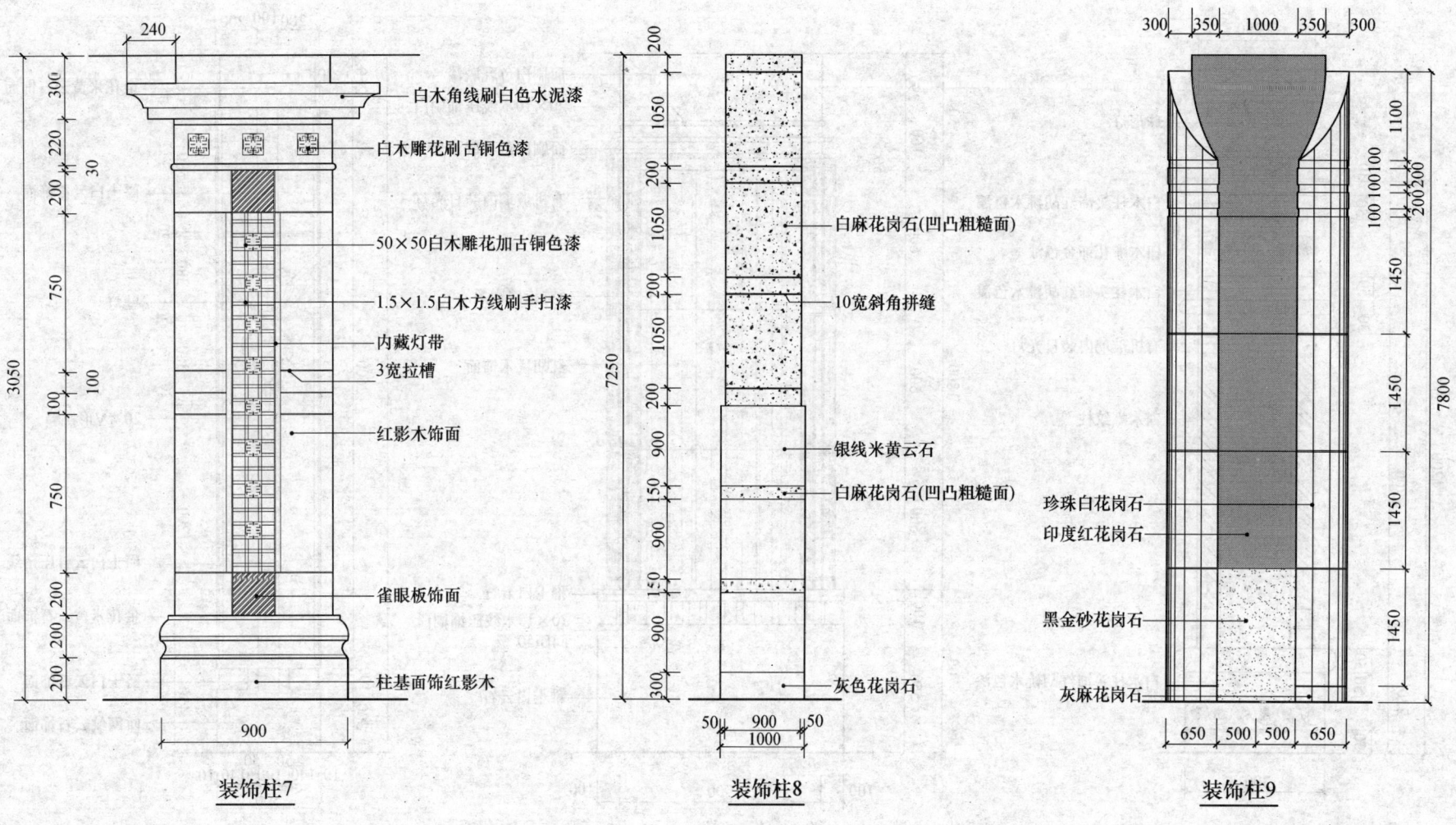

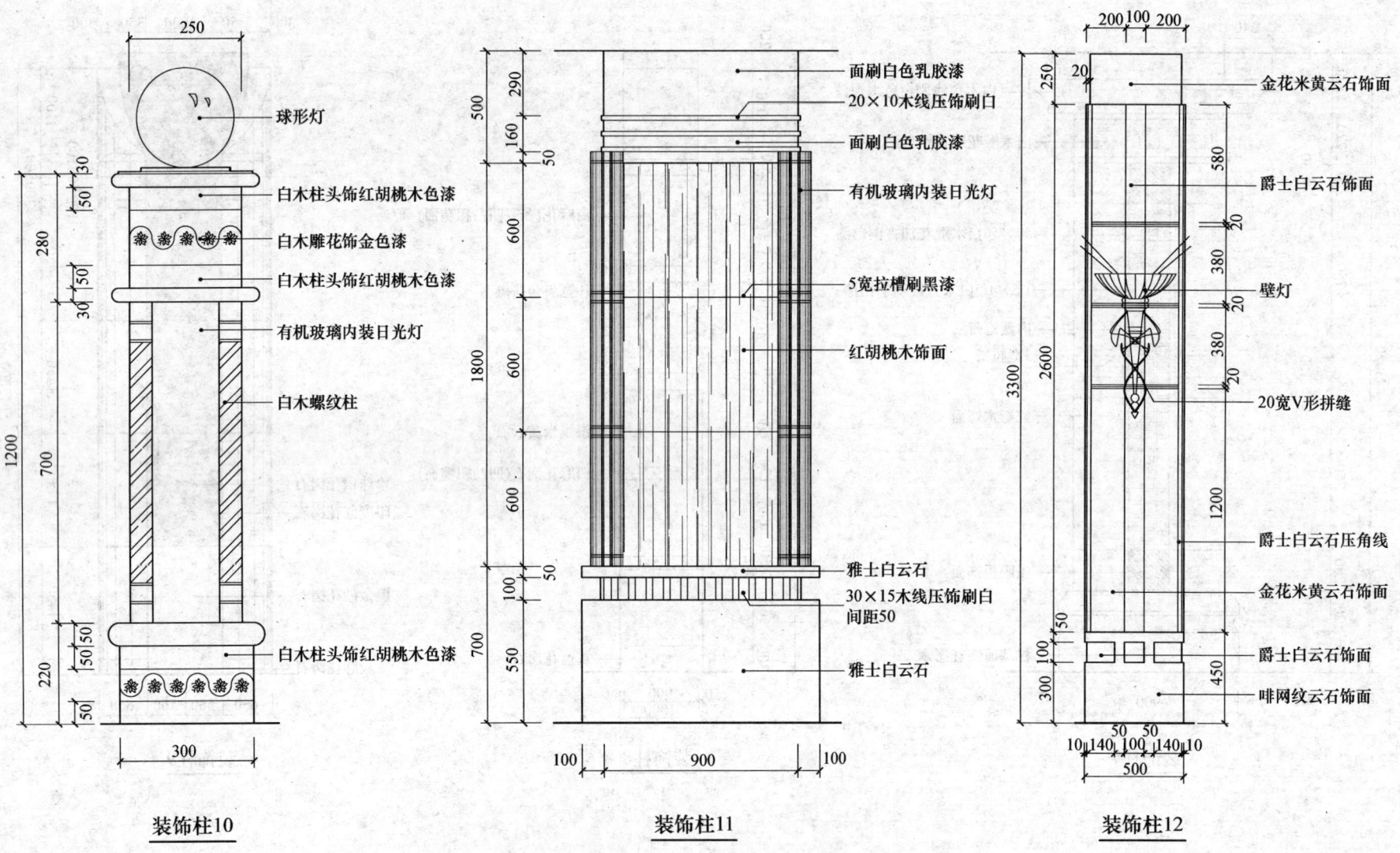

装饰柱10　　　　　　装饰柱11　　　　　　装饰柱12

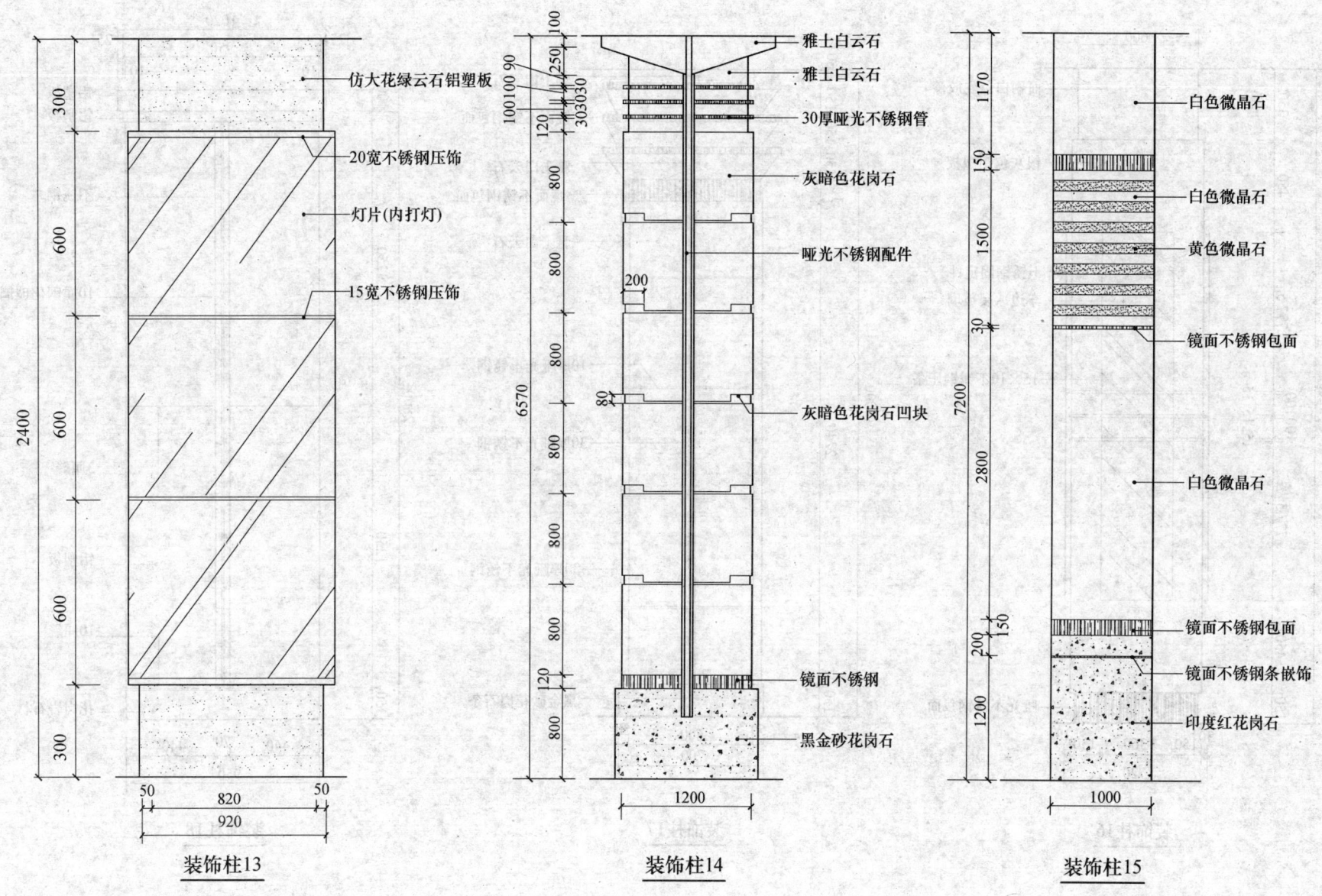

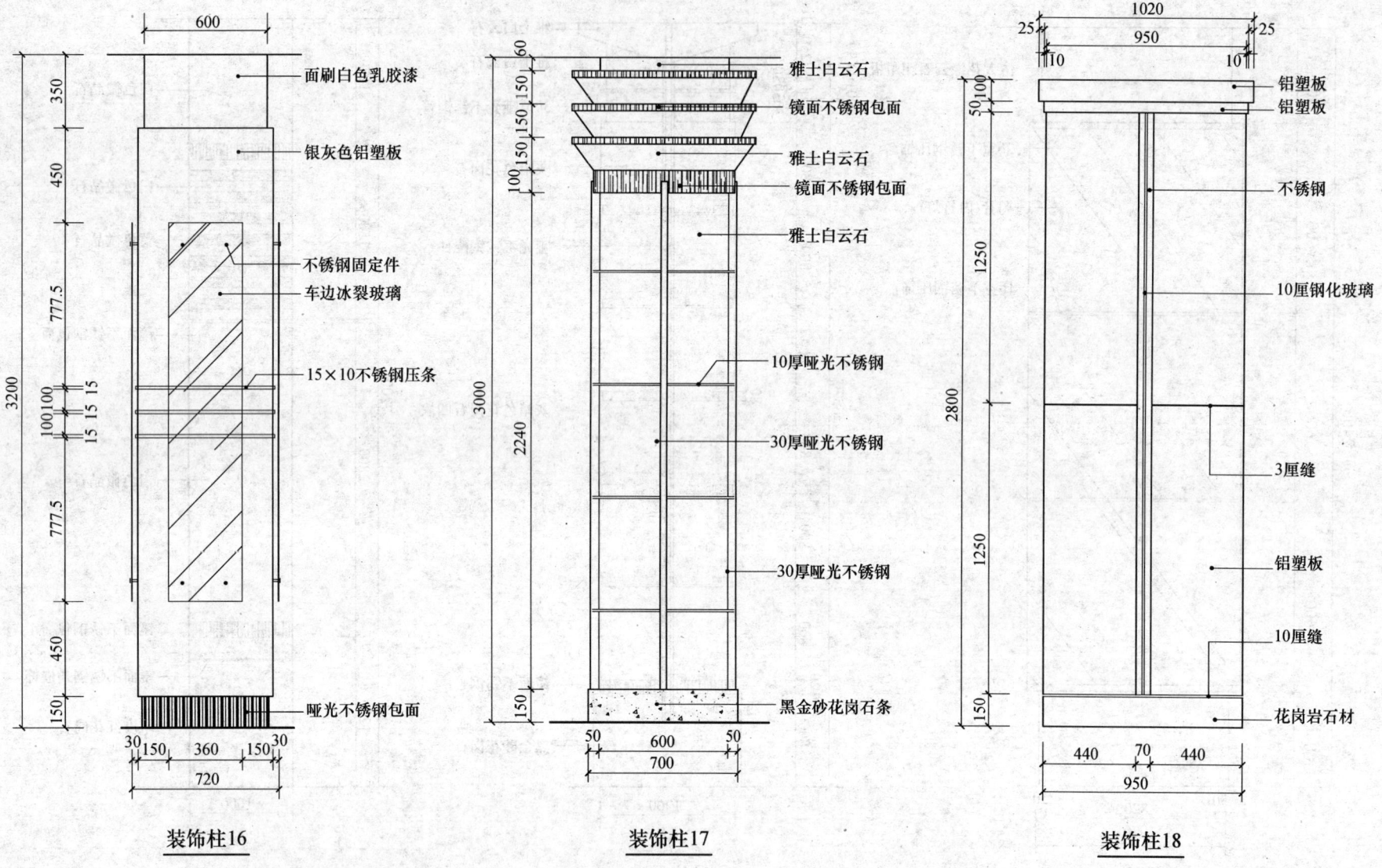

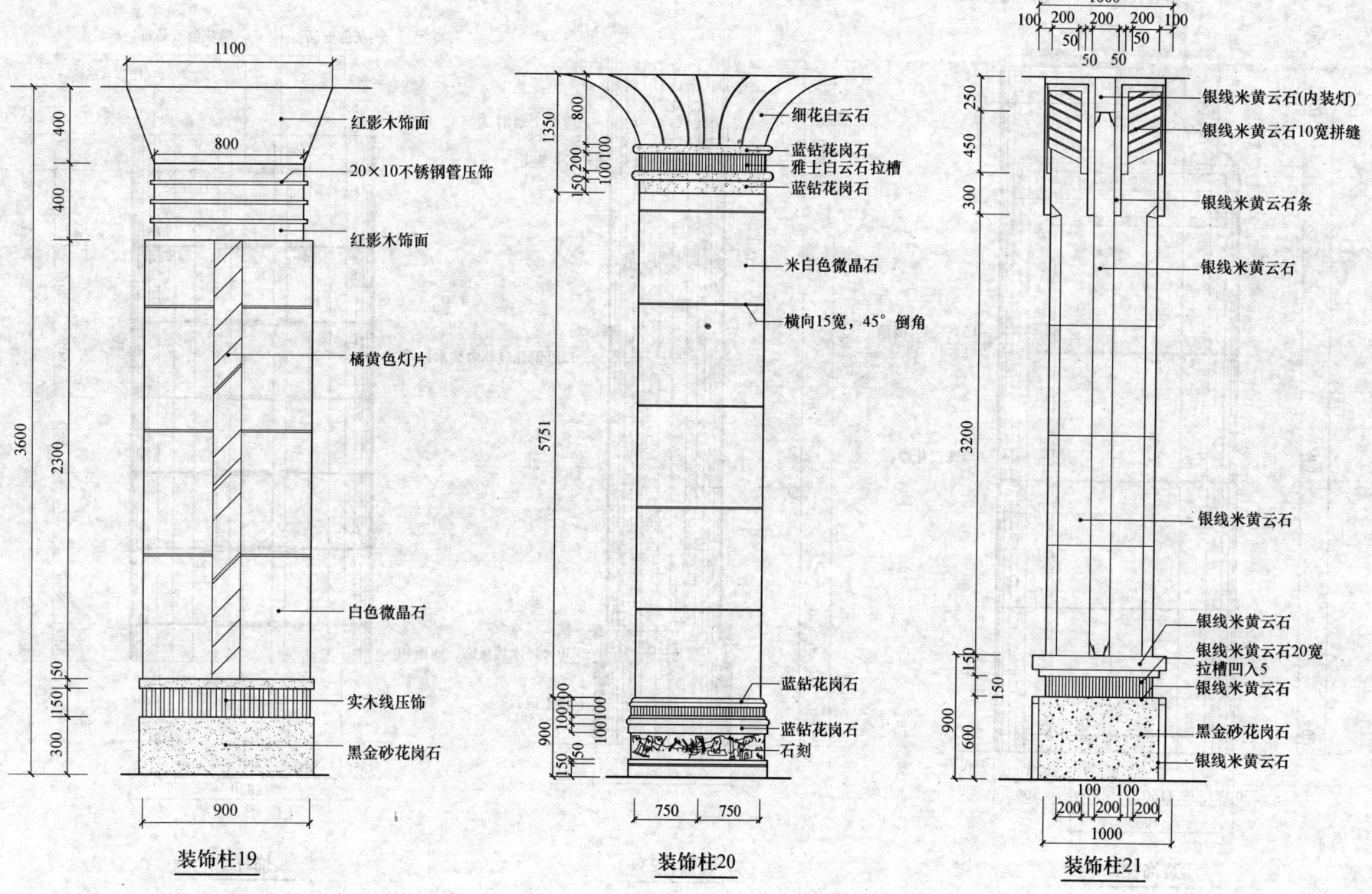

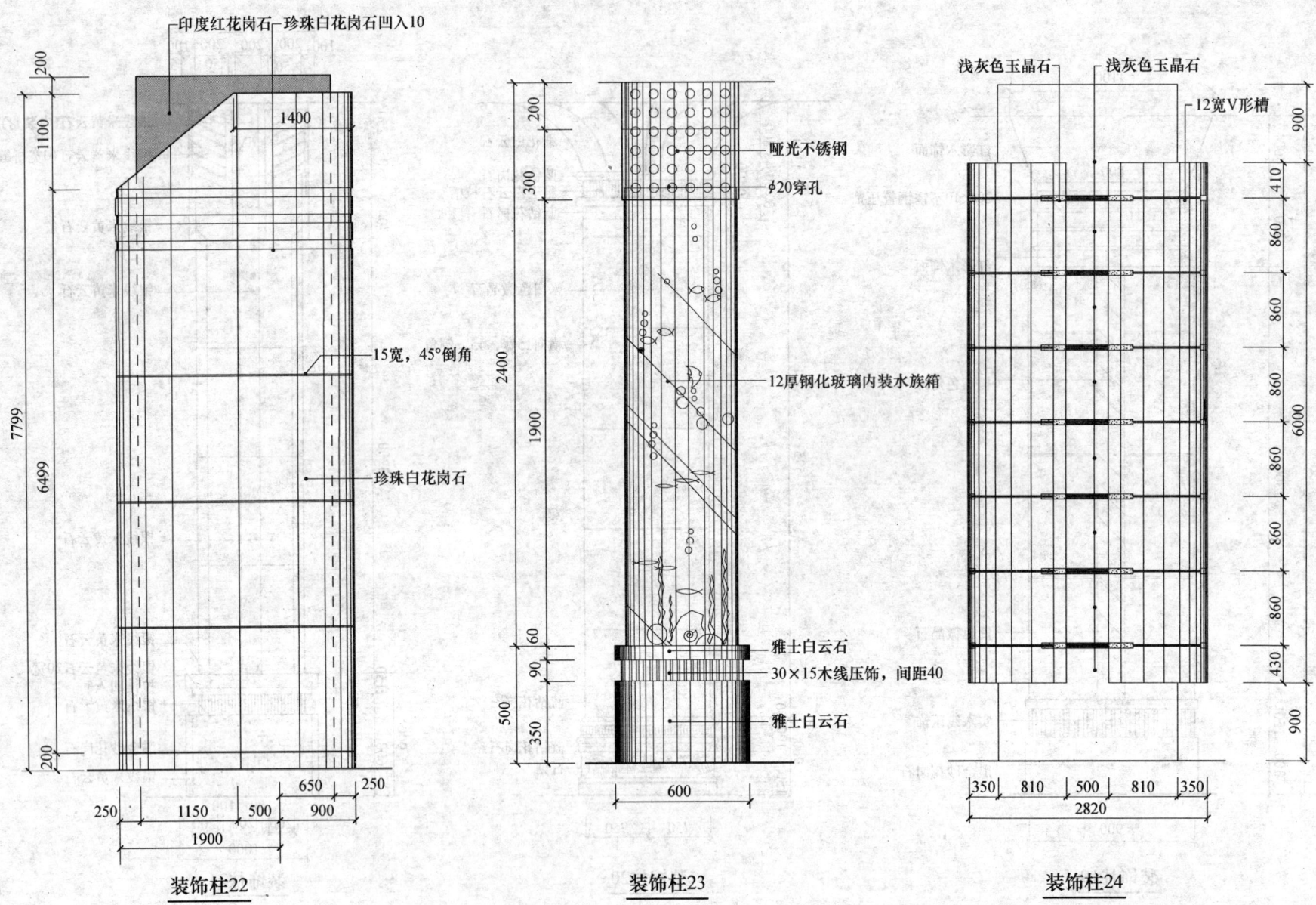

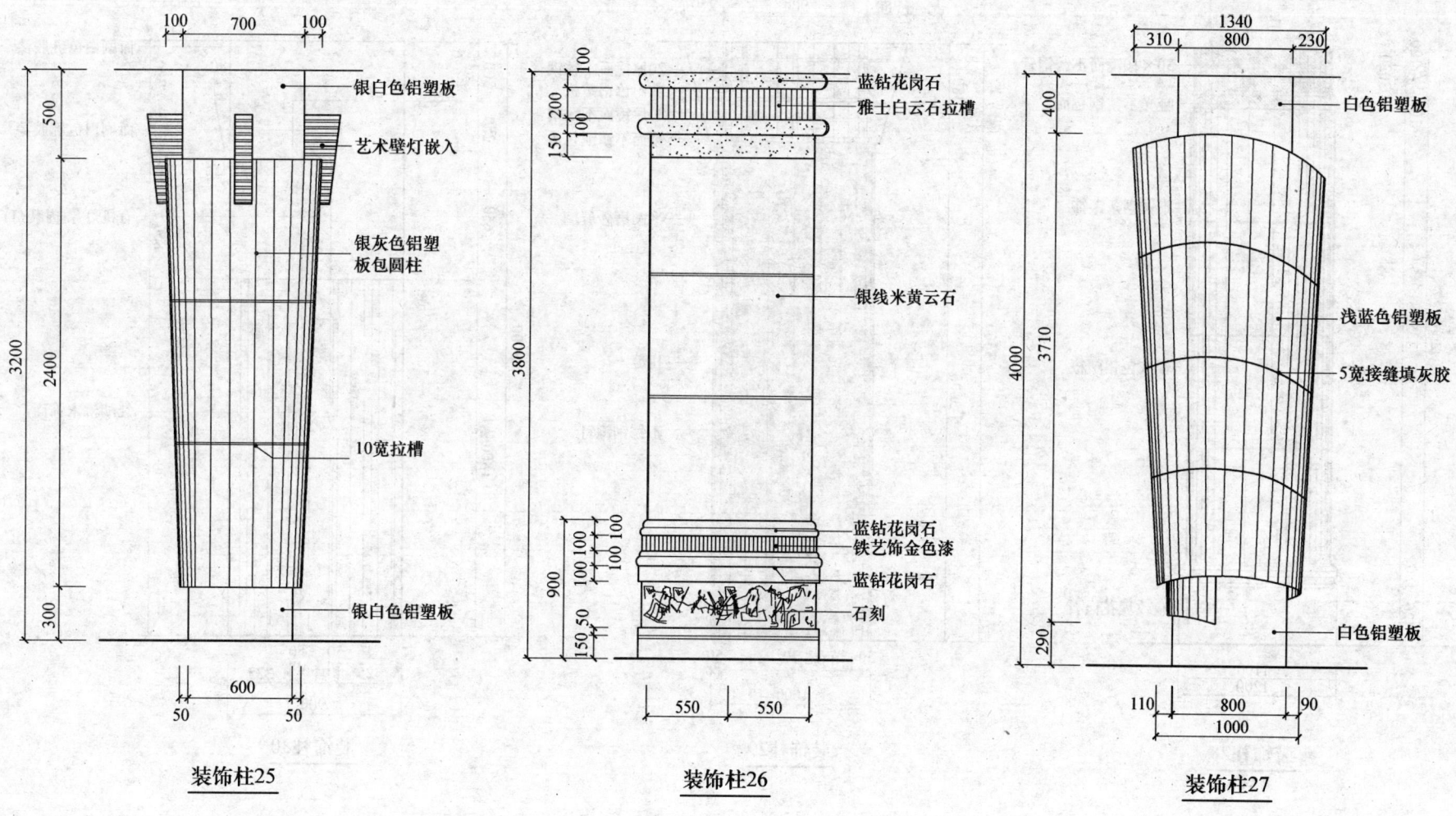

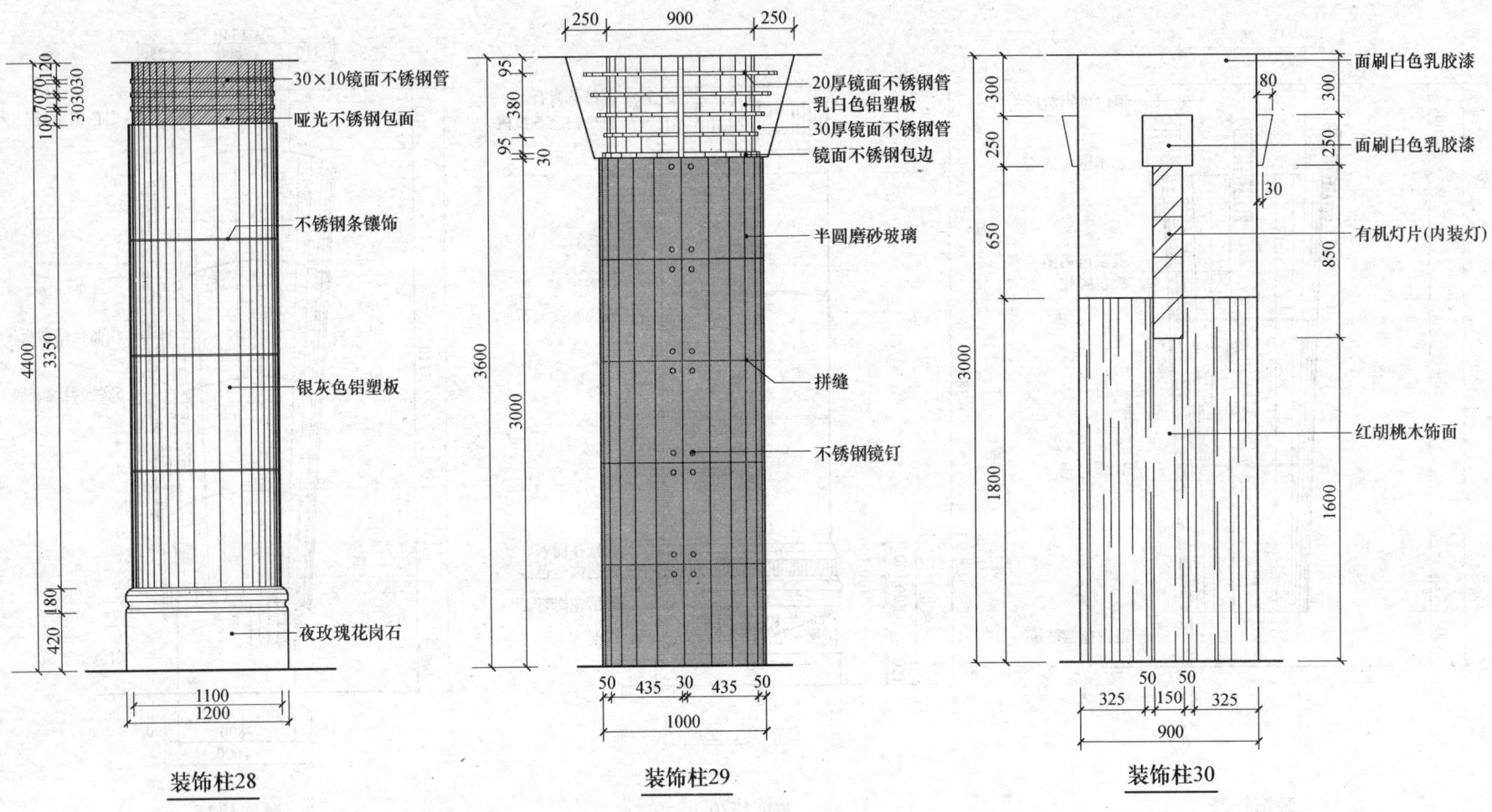

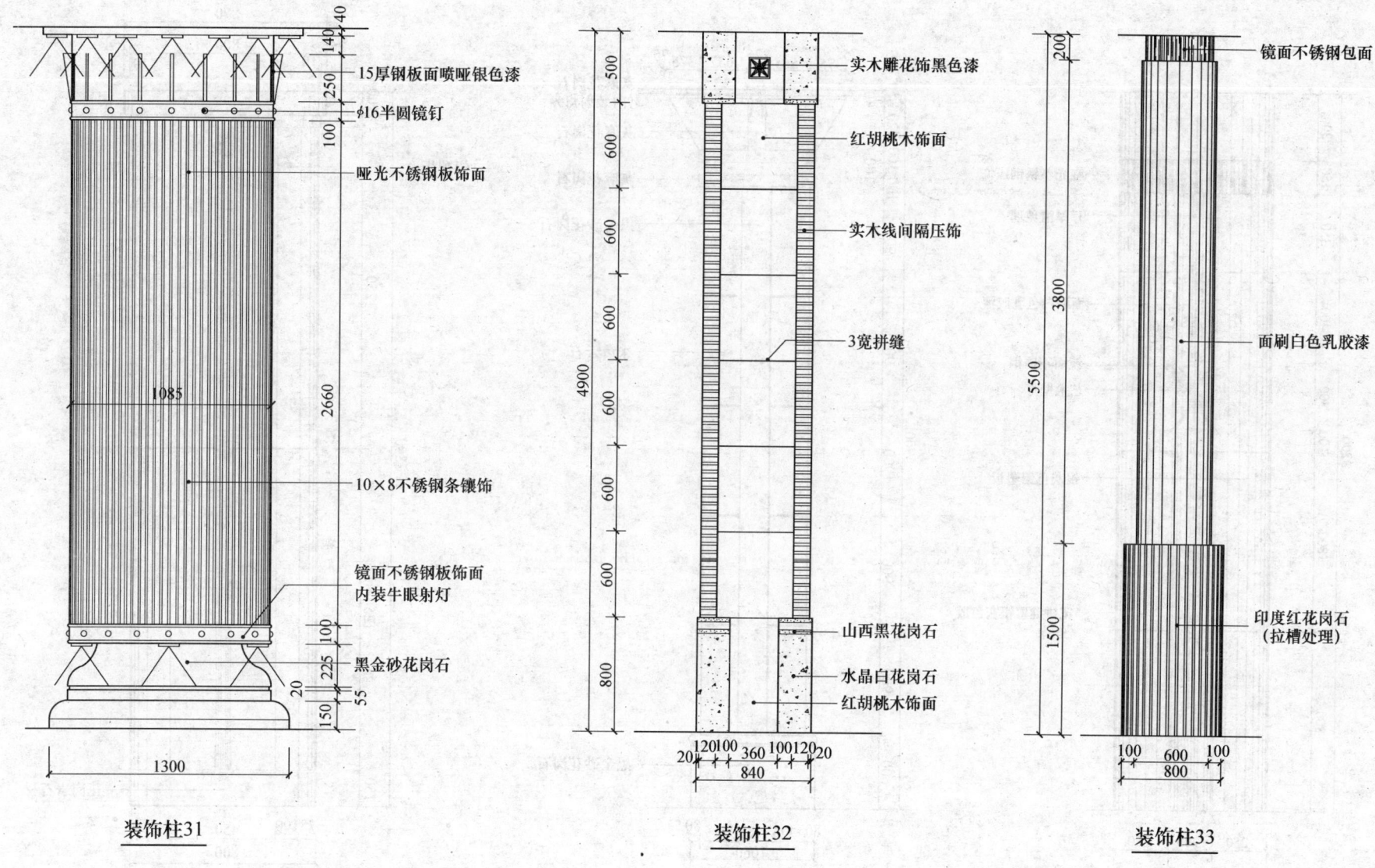

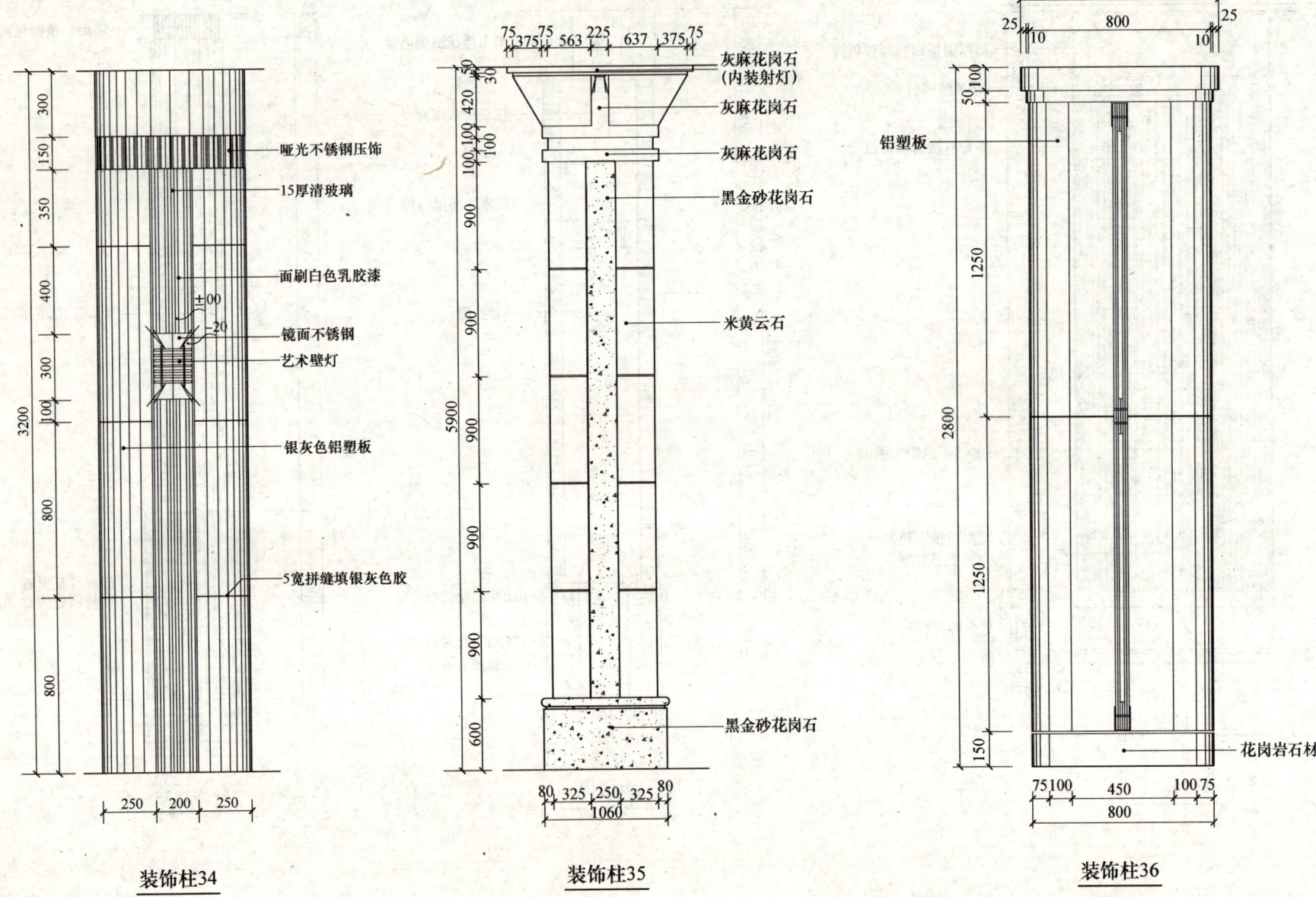

装饰柱34　　　　装饰柱35　　　　装饰柱36

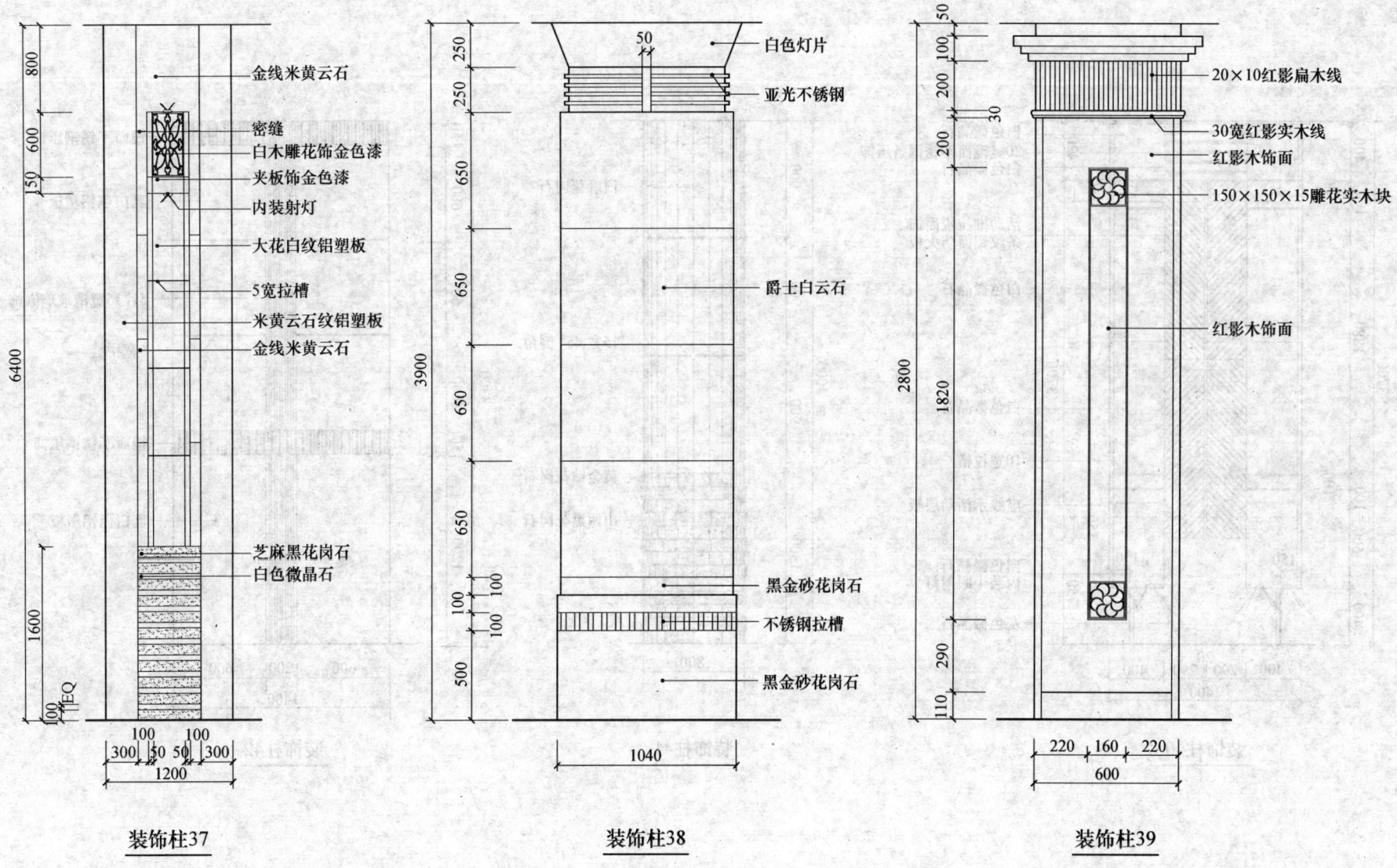

装饰柱37　　　　　装饰柱38　　　　　装饰柱39

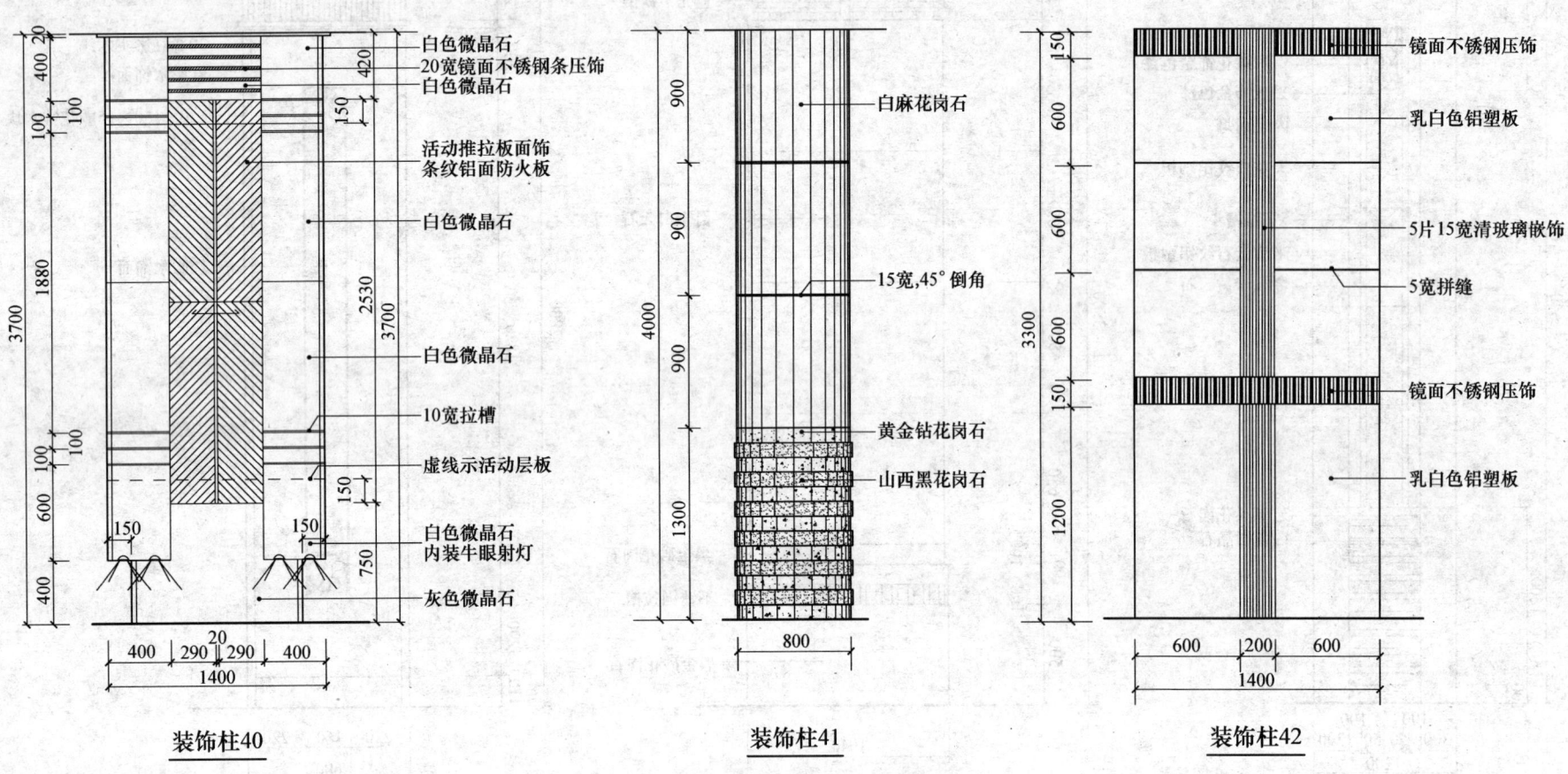

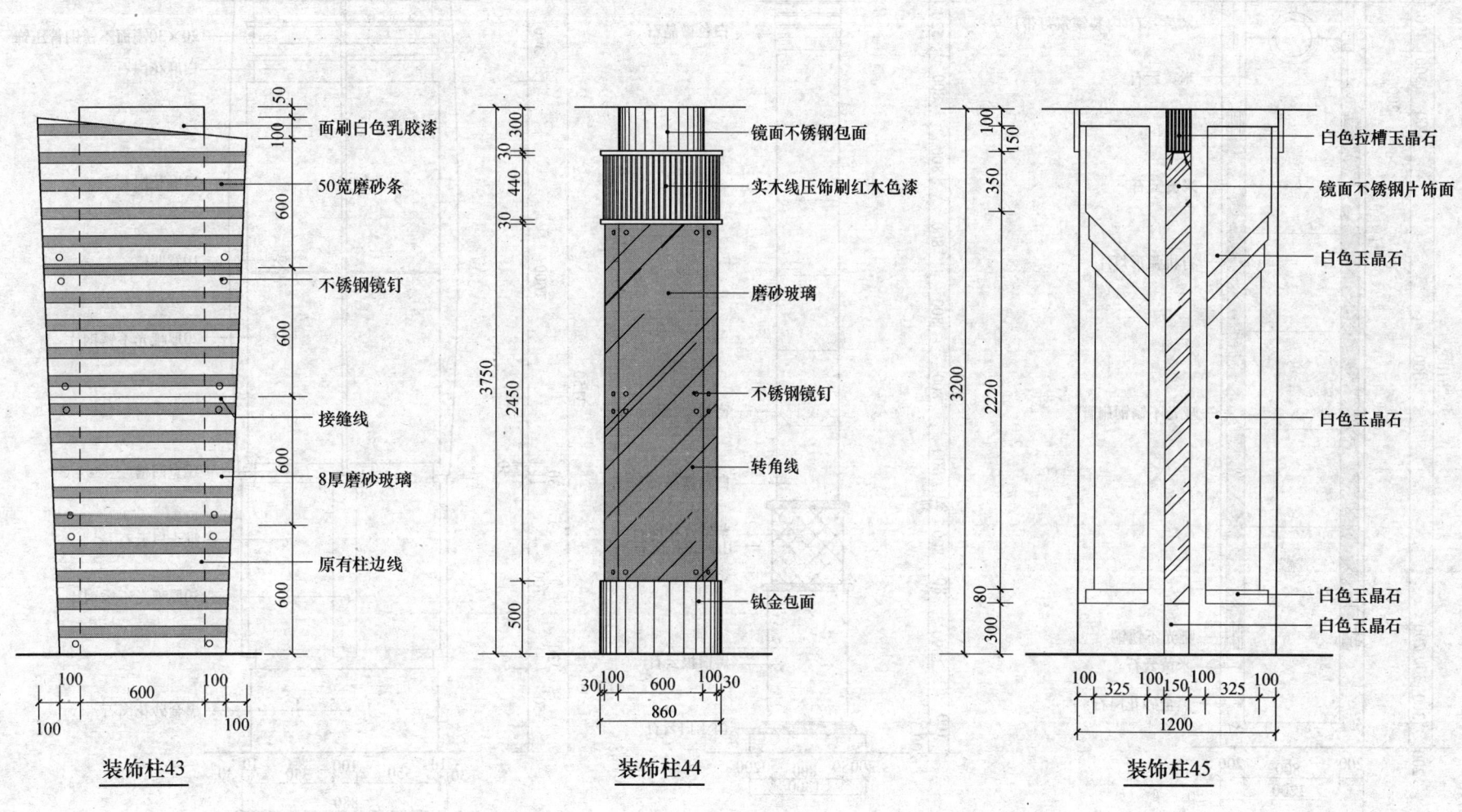

装饰柱43　　　　　装饰柱44　　　　　装饰柱45

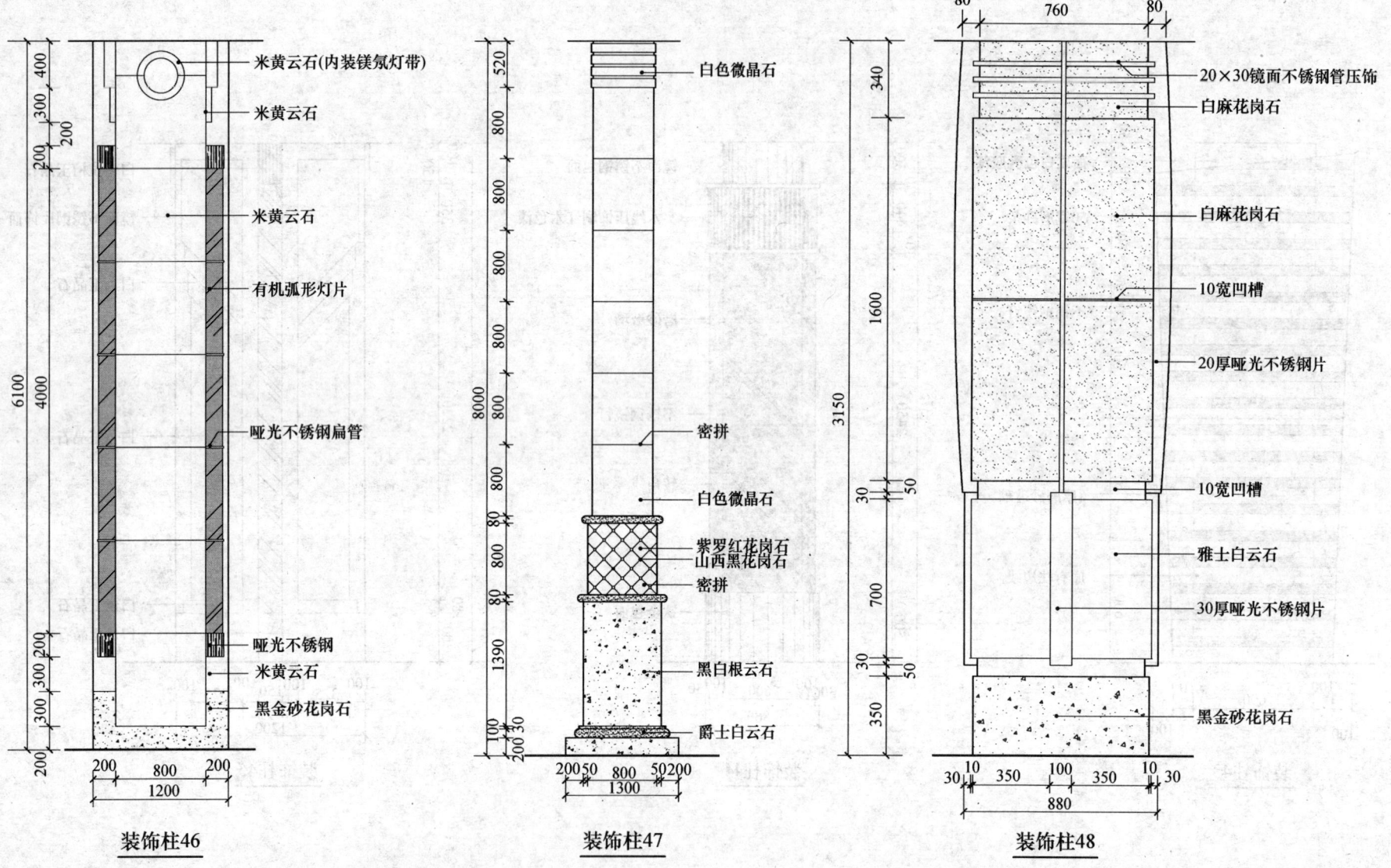

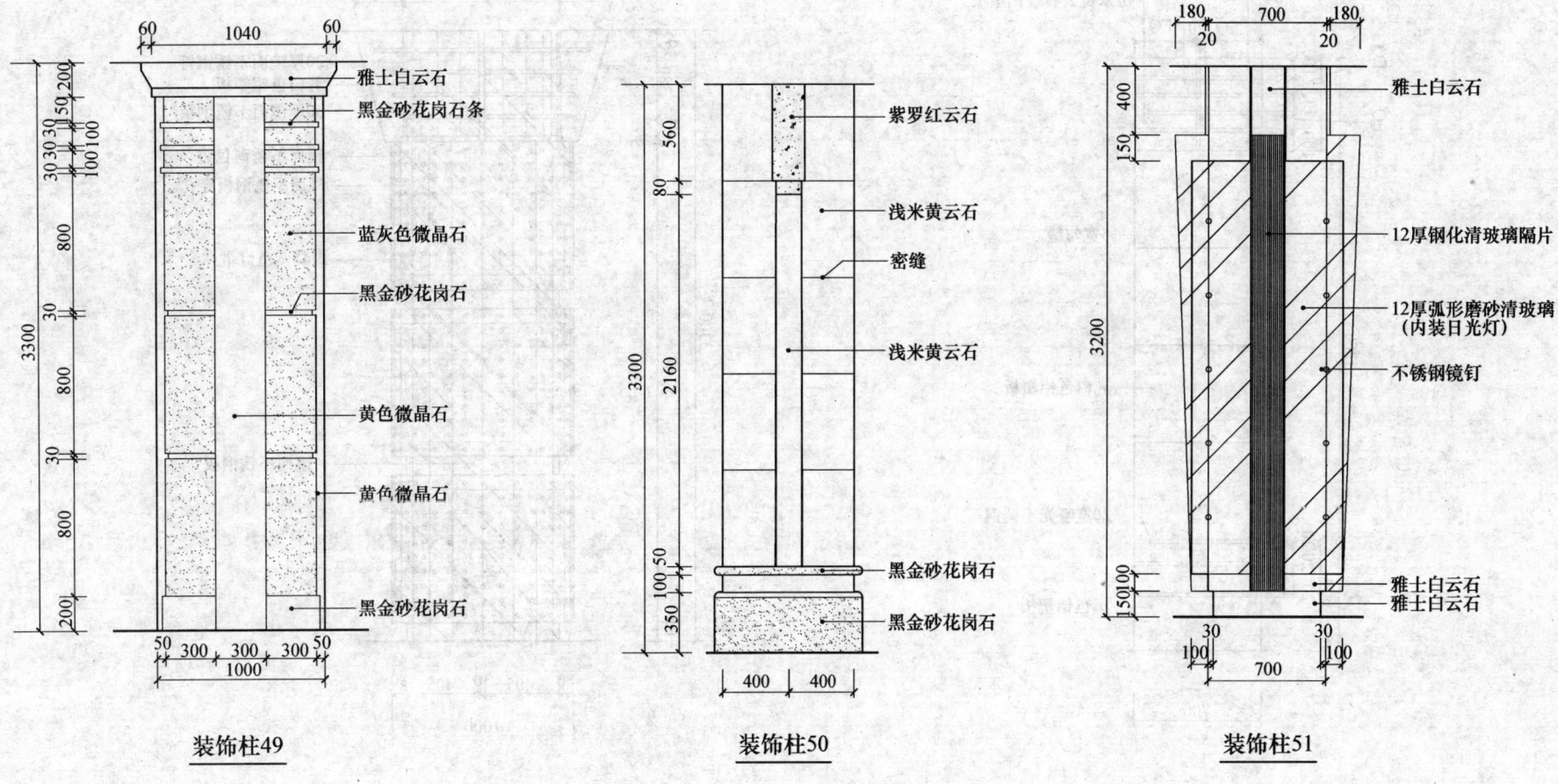

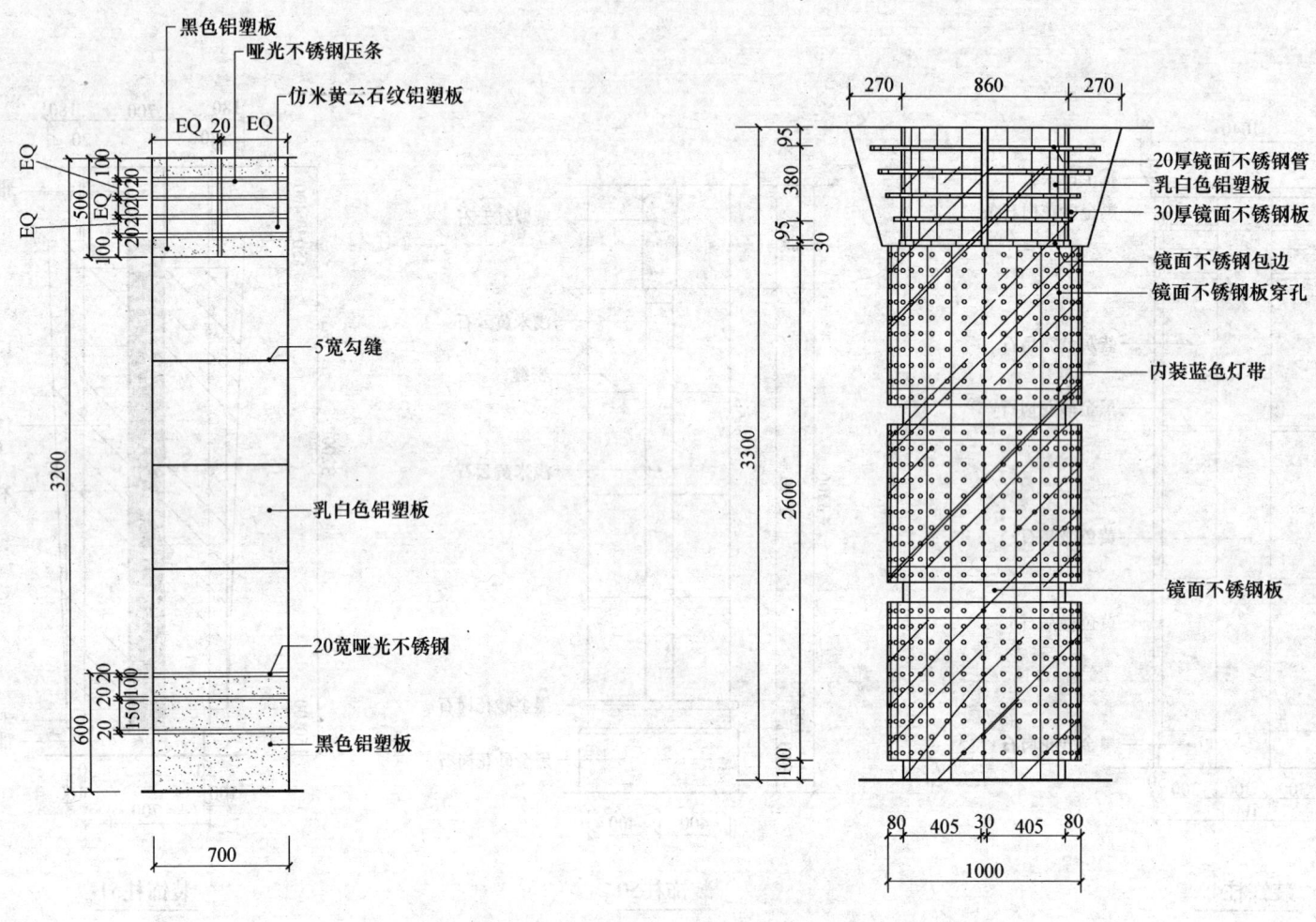

装饰柱52　　　　　装饰柱53

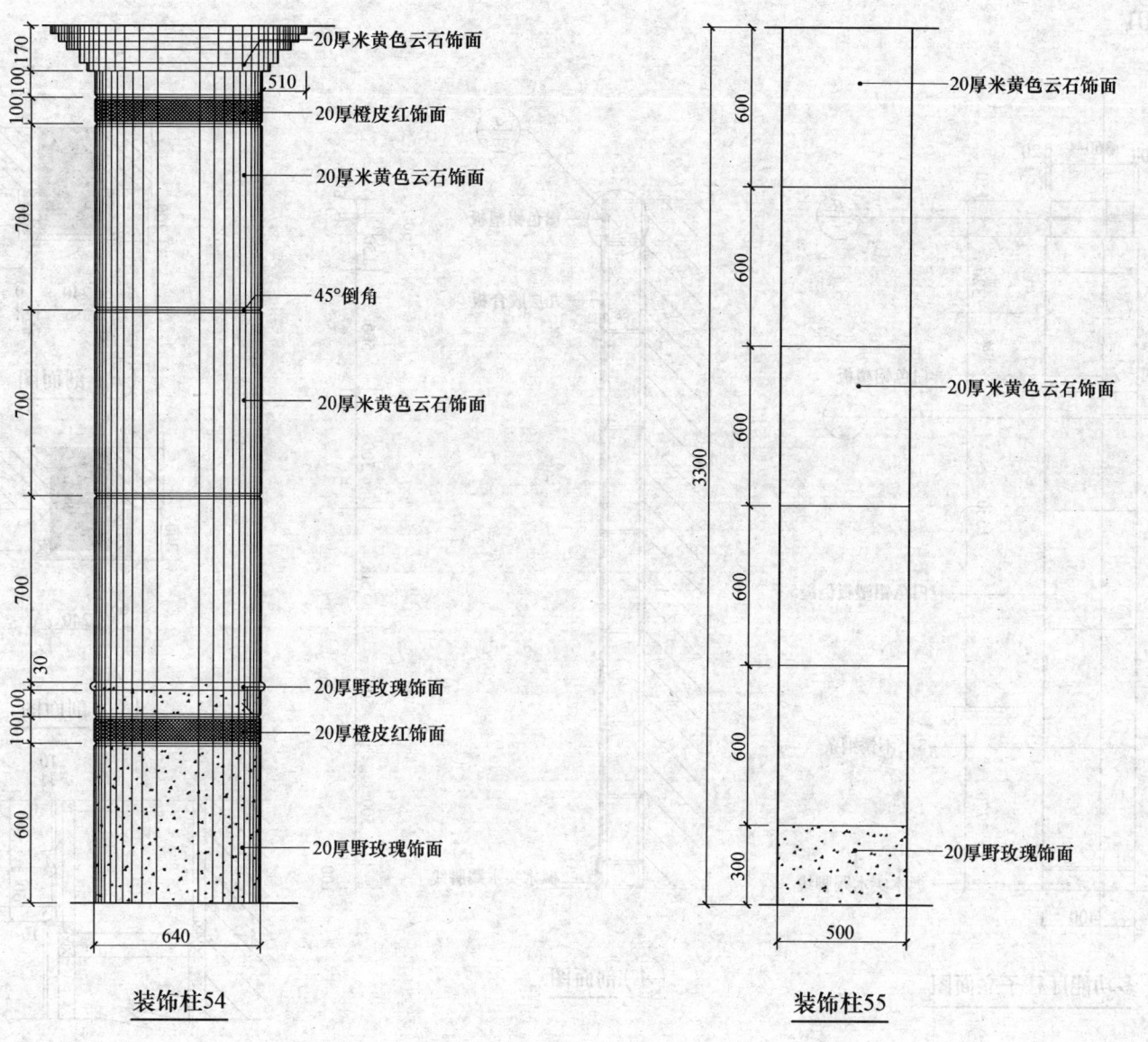

装饰柱54　　　　　　　装饰柱55

装饰柱——方案01

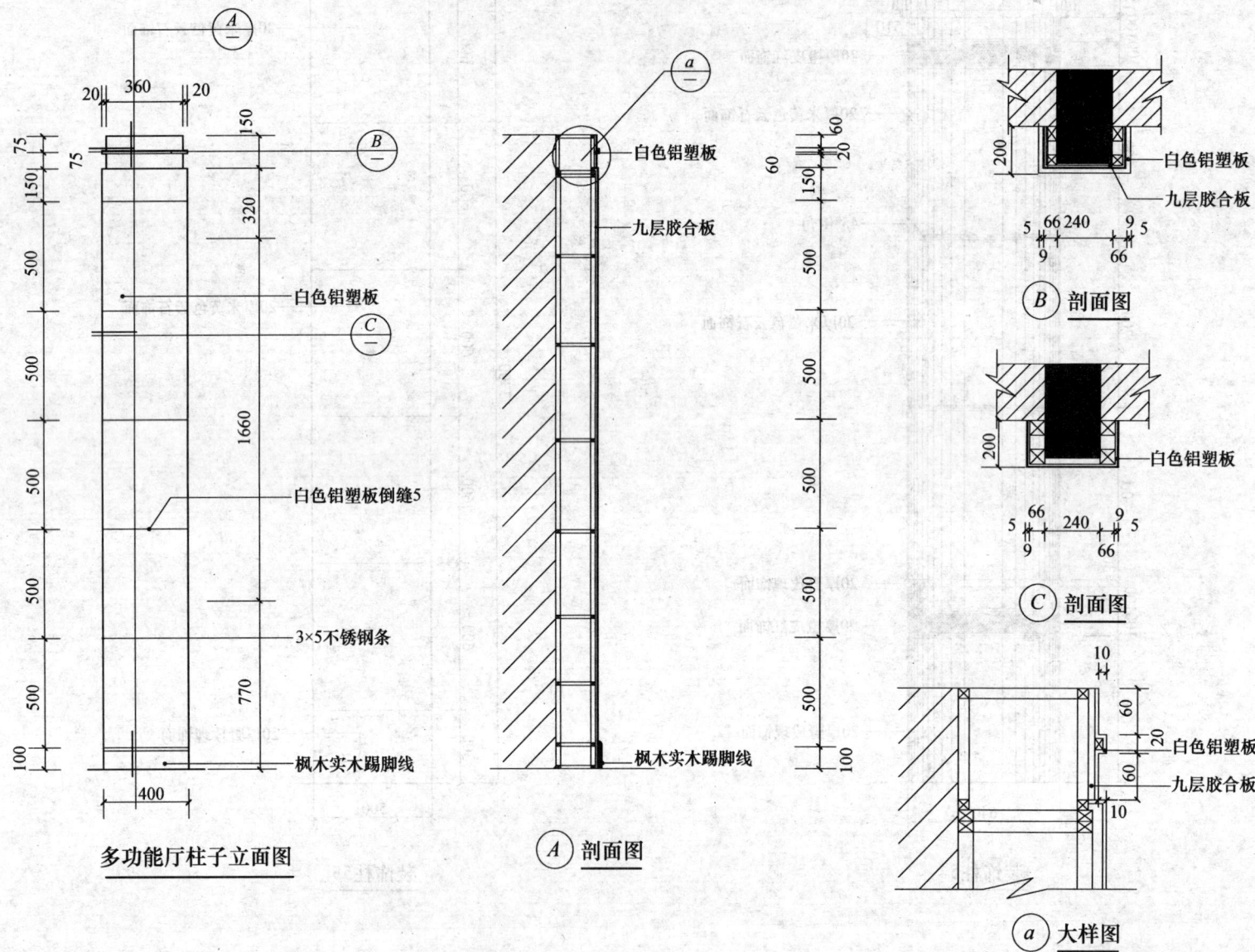

装饰柱——方案02

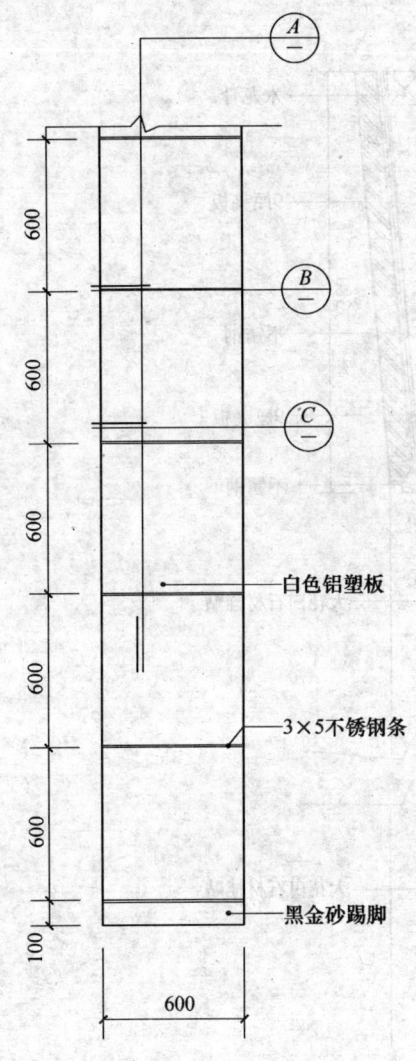

大厅独立柱

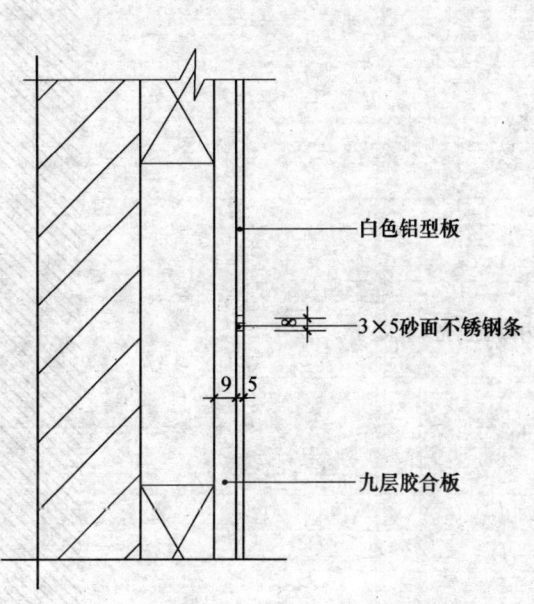

Ⓐ 剖面图

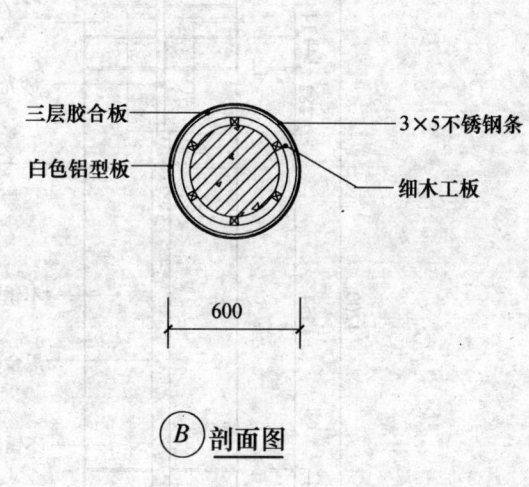

Ⓑ 剖面图

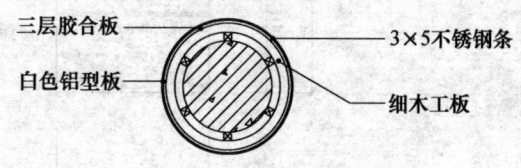

Ⓒ 剖面图

装饰柱——方案03

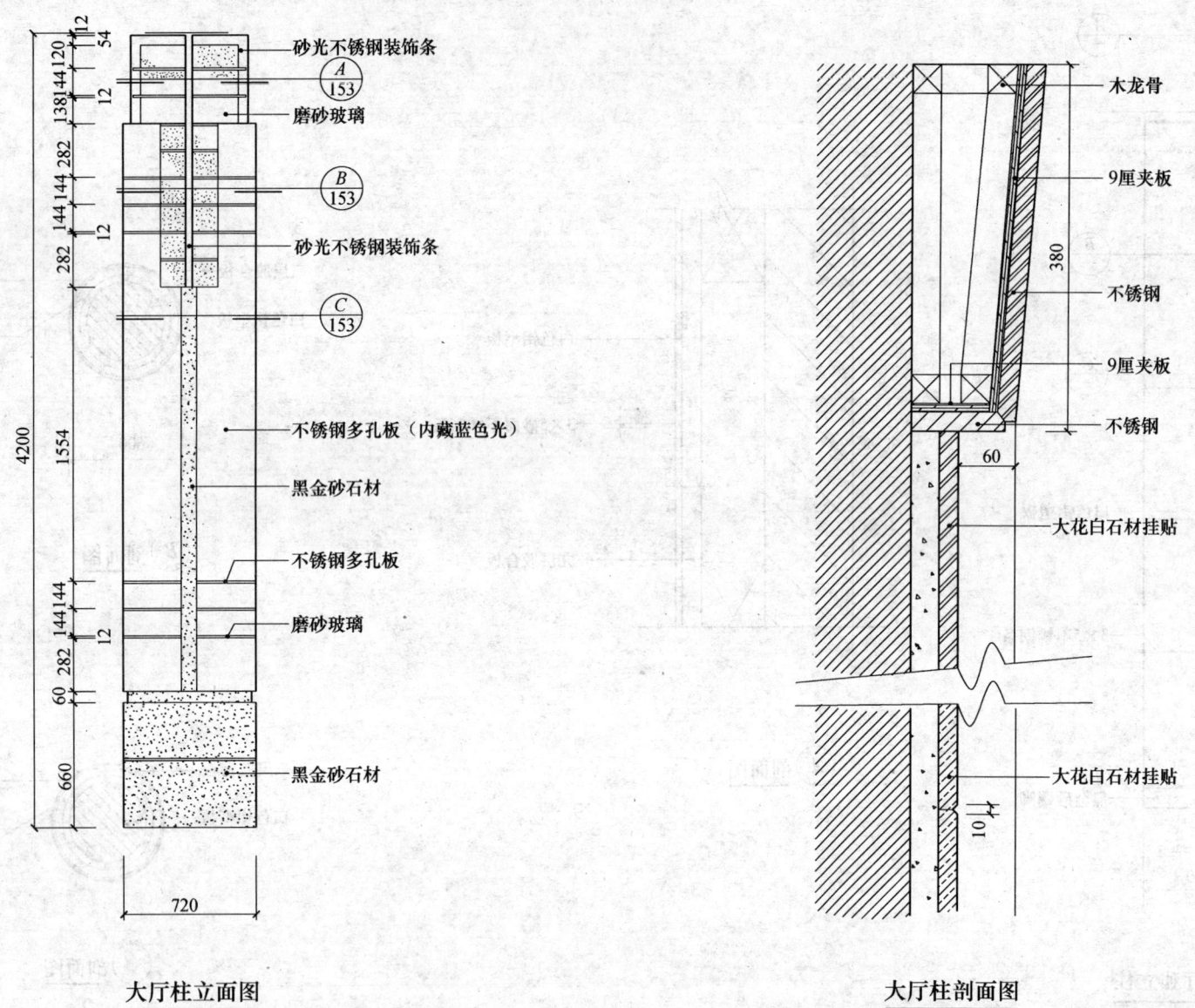

大厅柱立面图

大厅柱剖面图

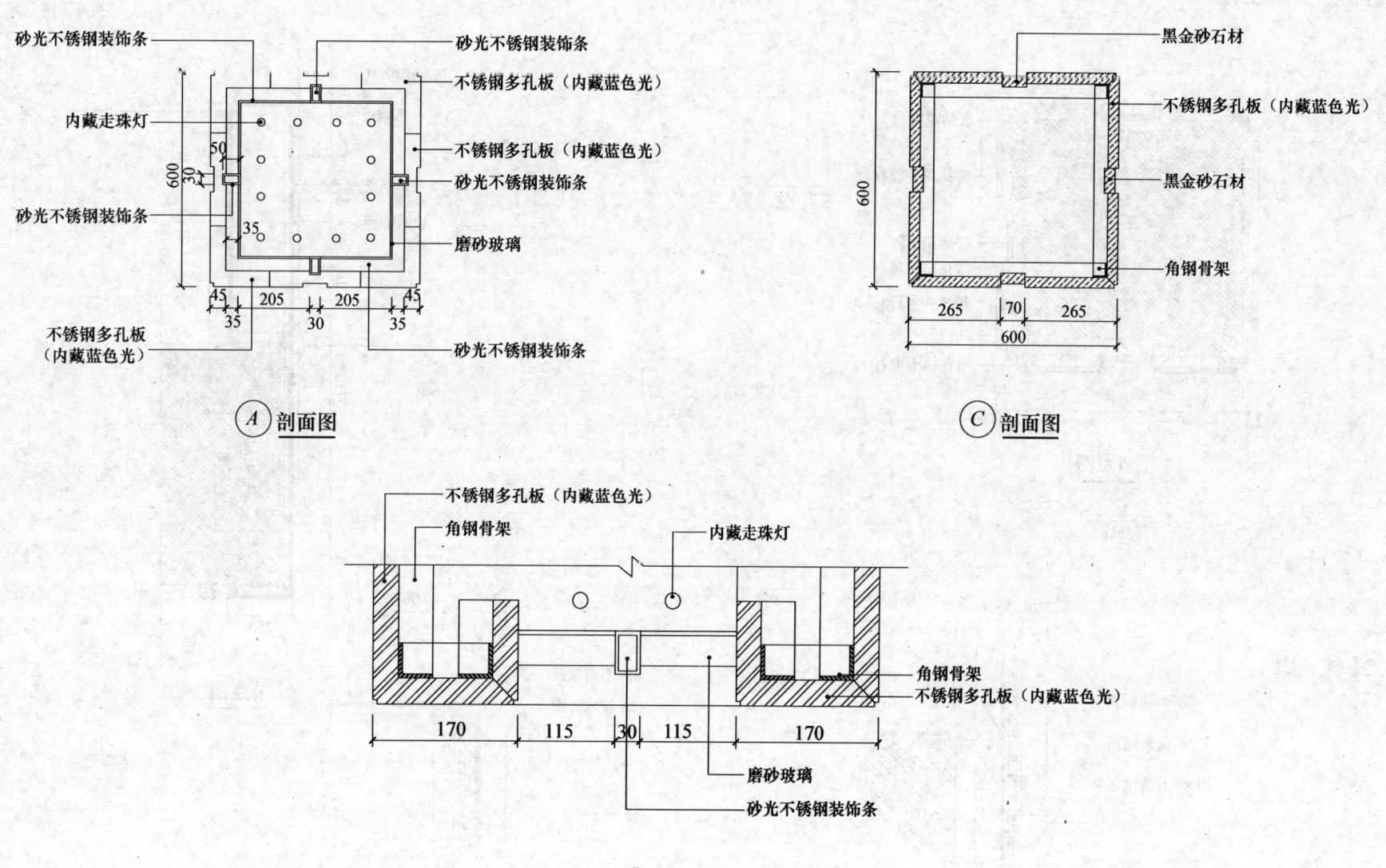

装饰柱——方案04

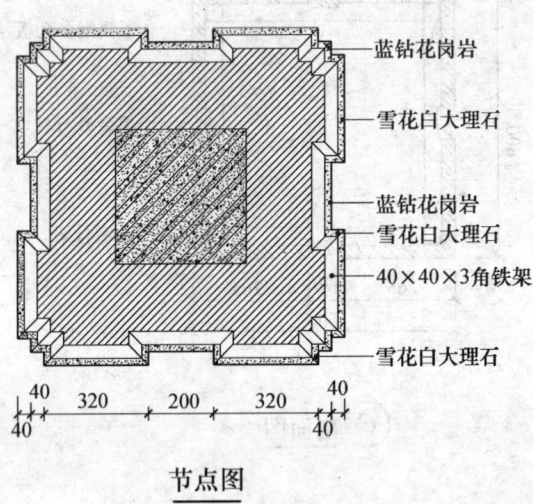

节点图

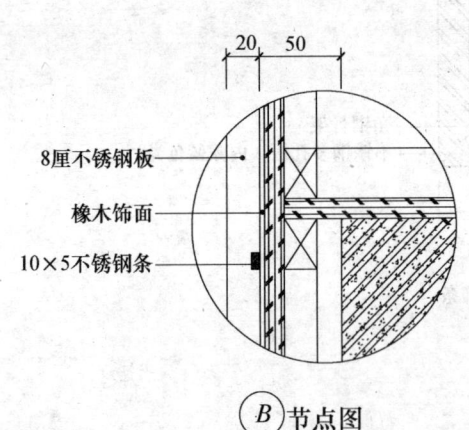

B 节点图

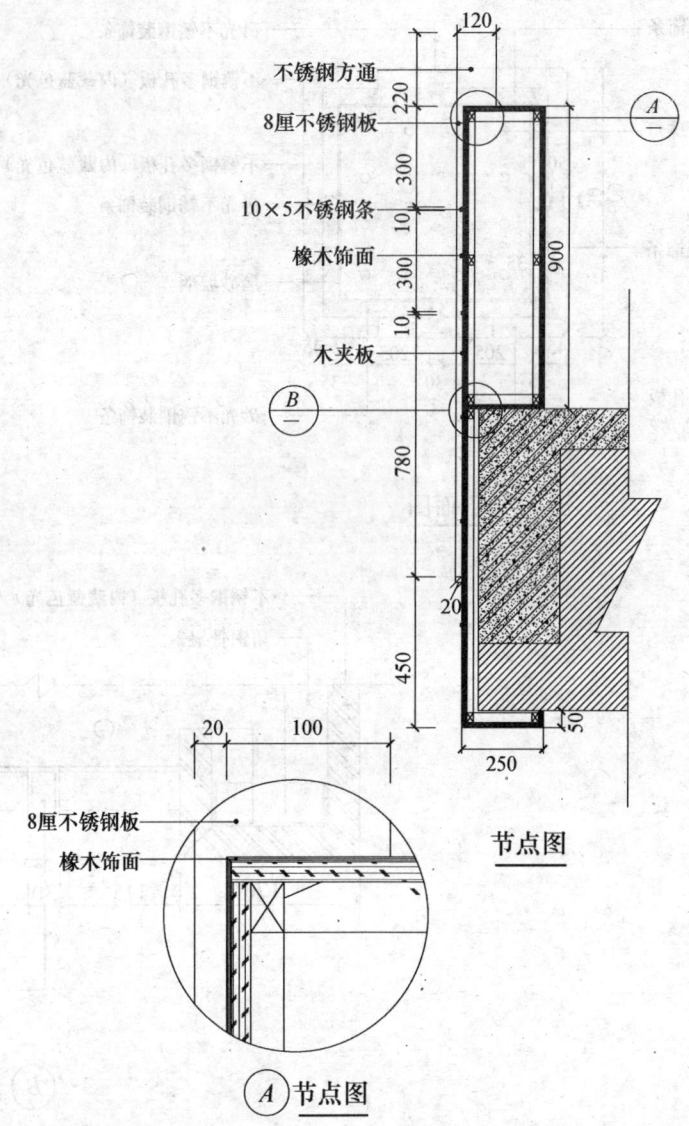

A 节点图

装饰柱——方案05

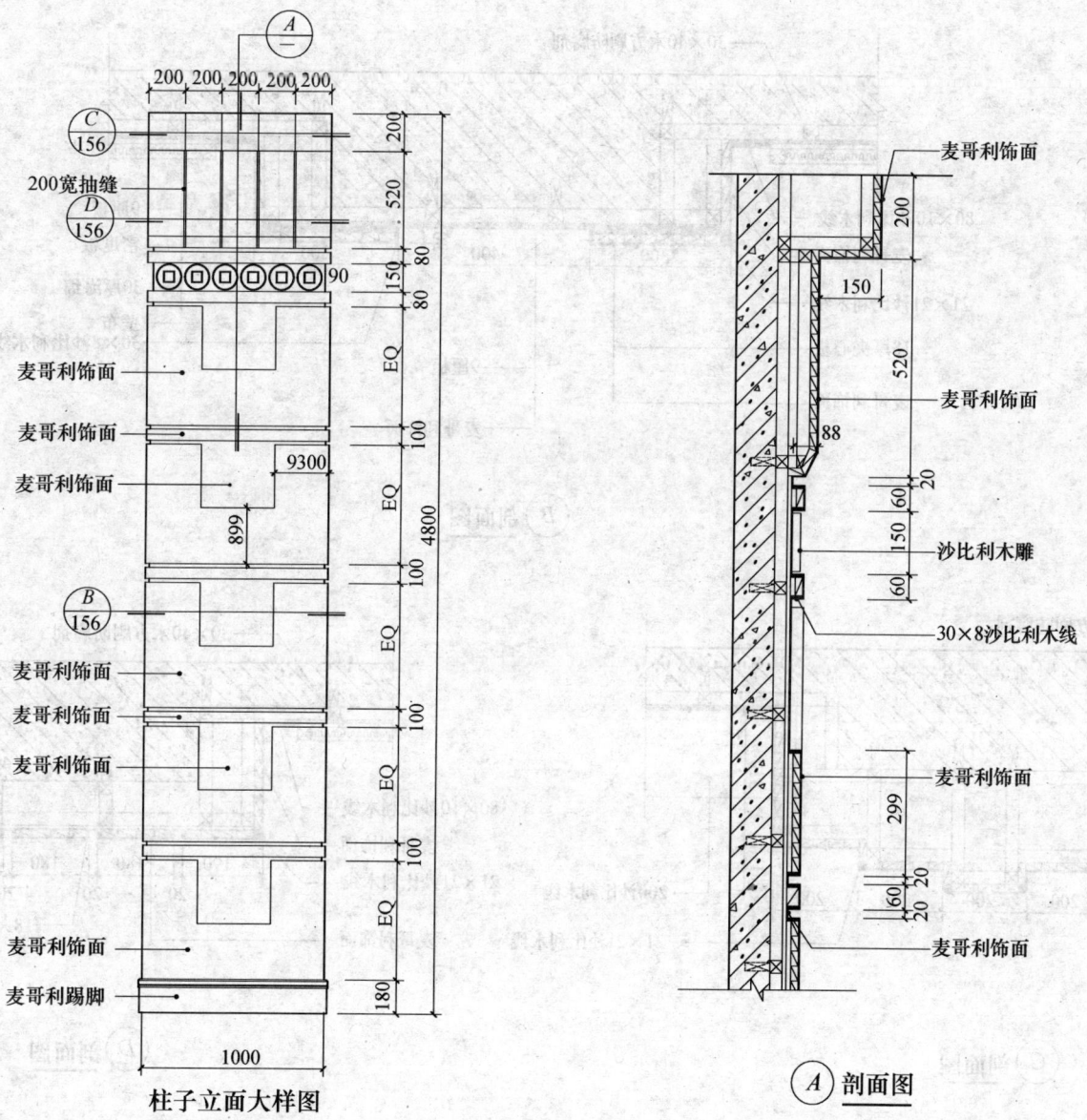

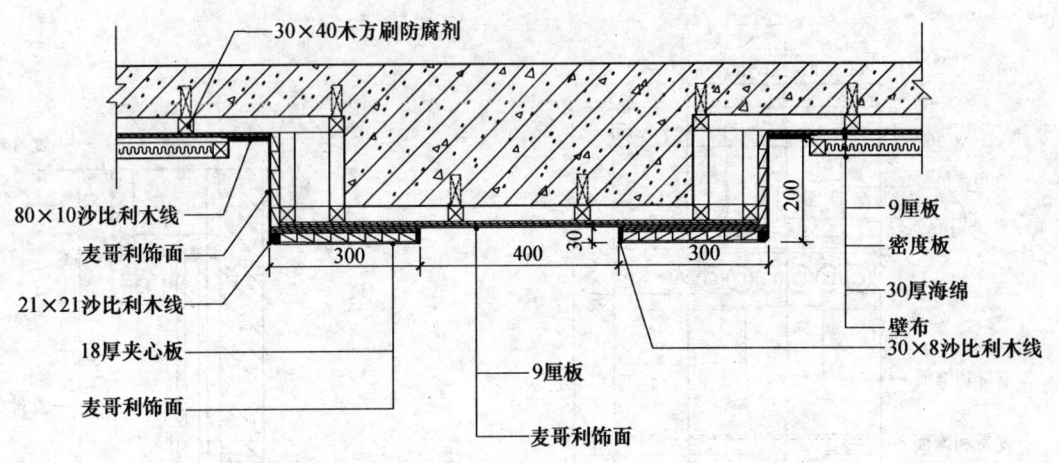

B 剖面图

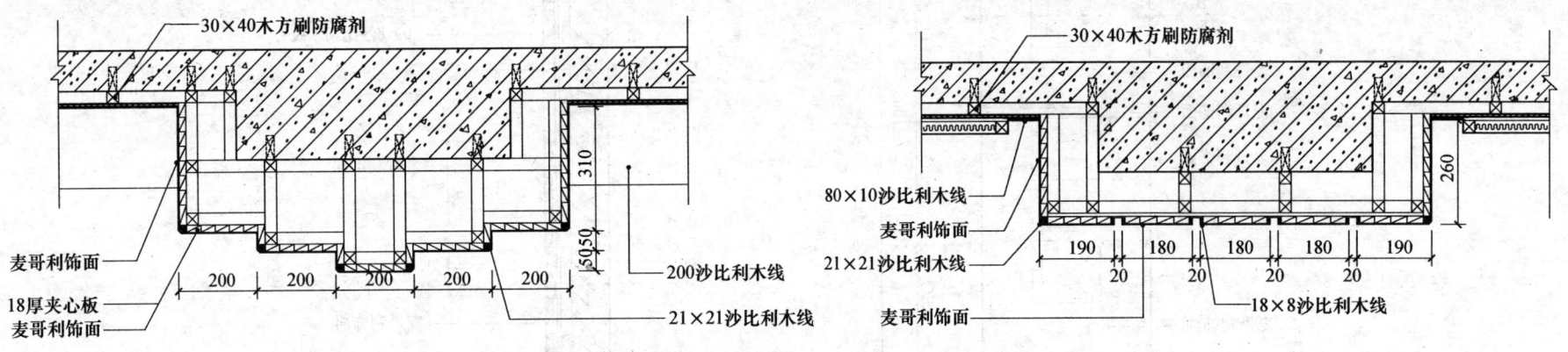

C 剖面图

D 剖面图

装饰柱——方案06

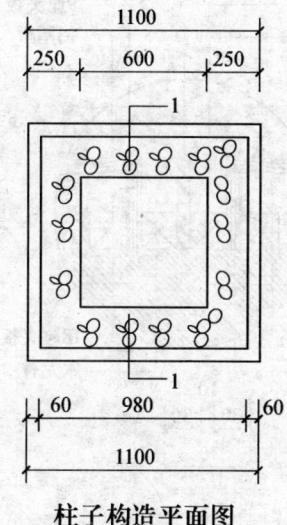

柱子构造平面图

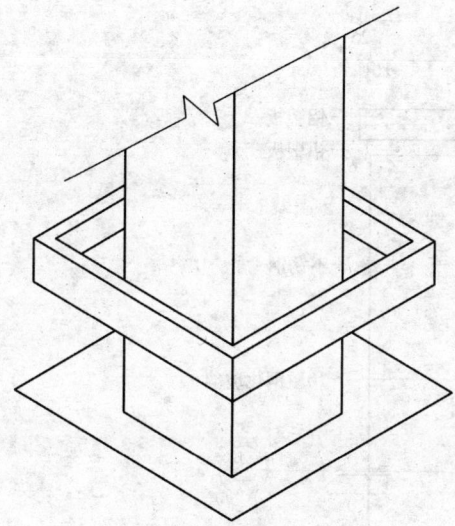

柱子构造轴侧面图

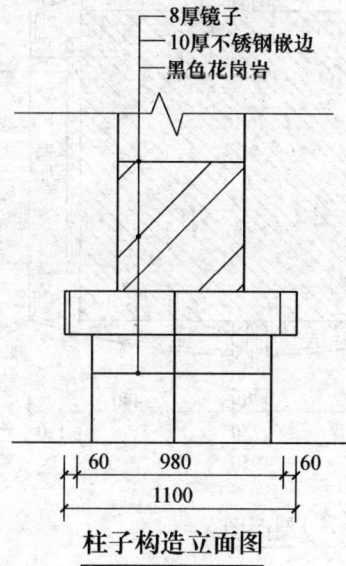

柱子构造立面图

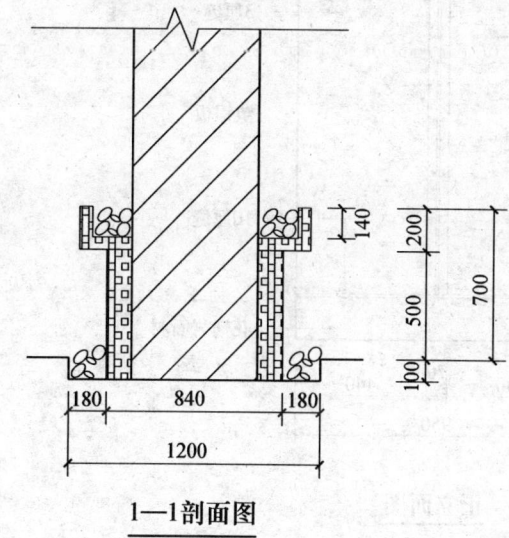

1—1剖面图

装饰柱——方案07

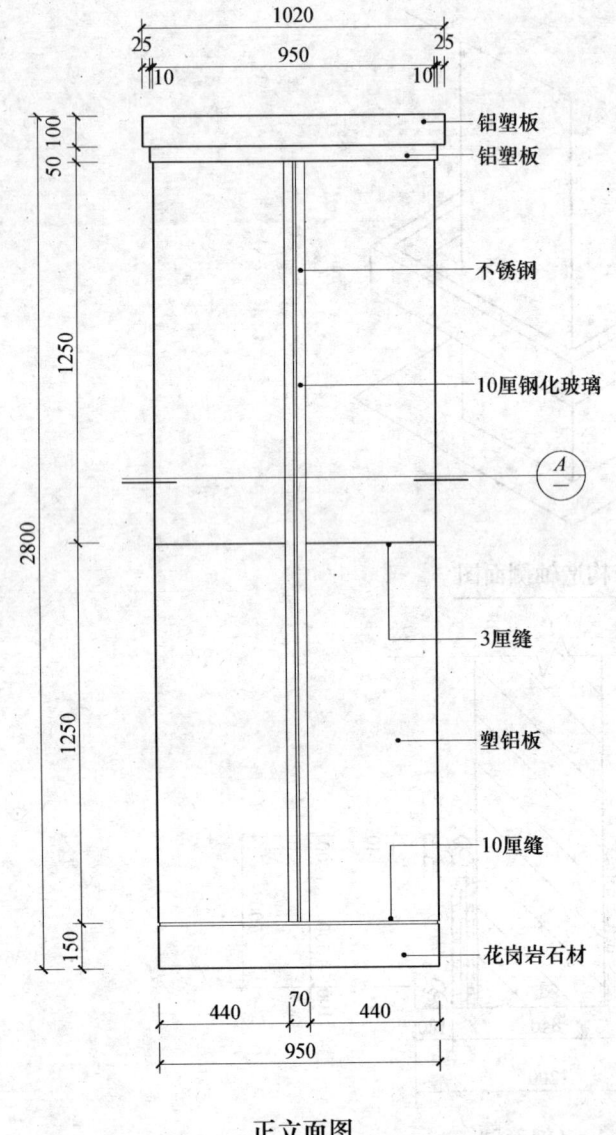

正立面图

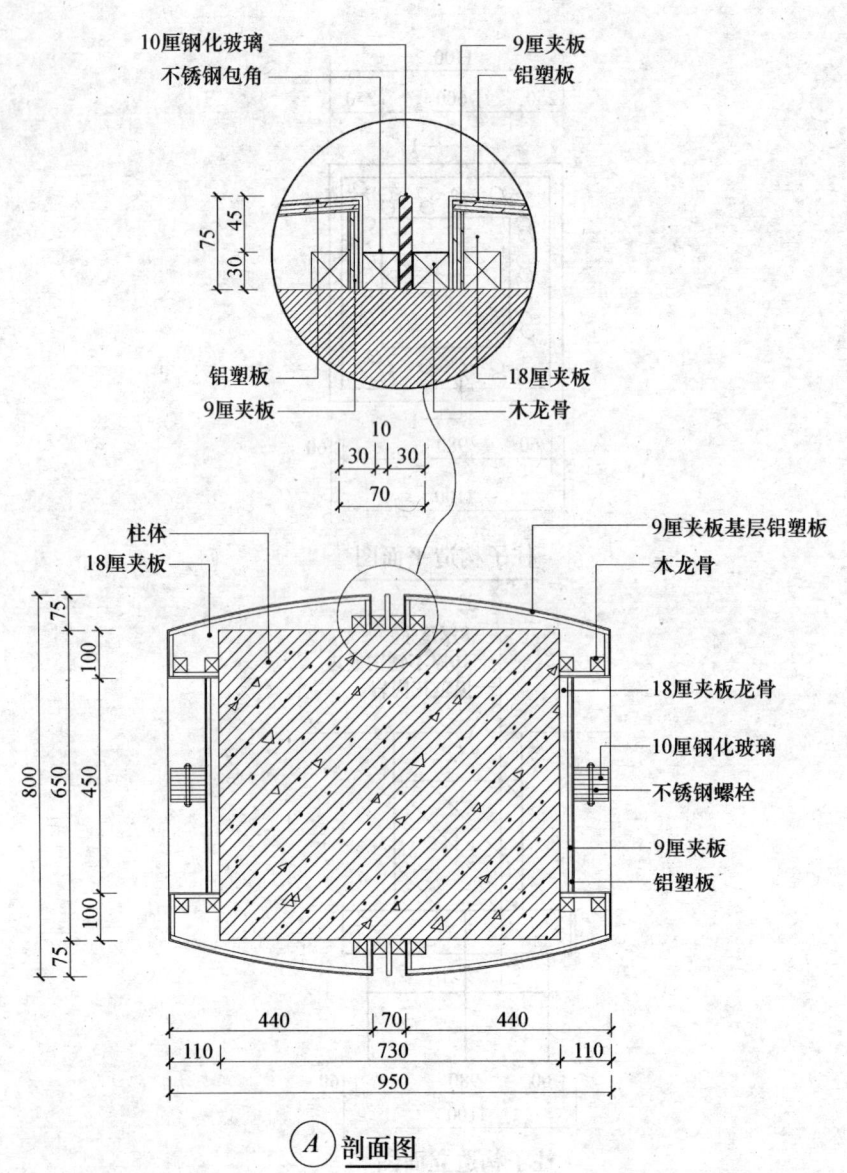

A 剖面图

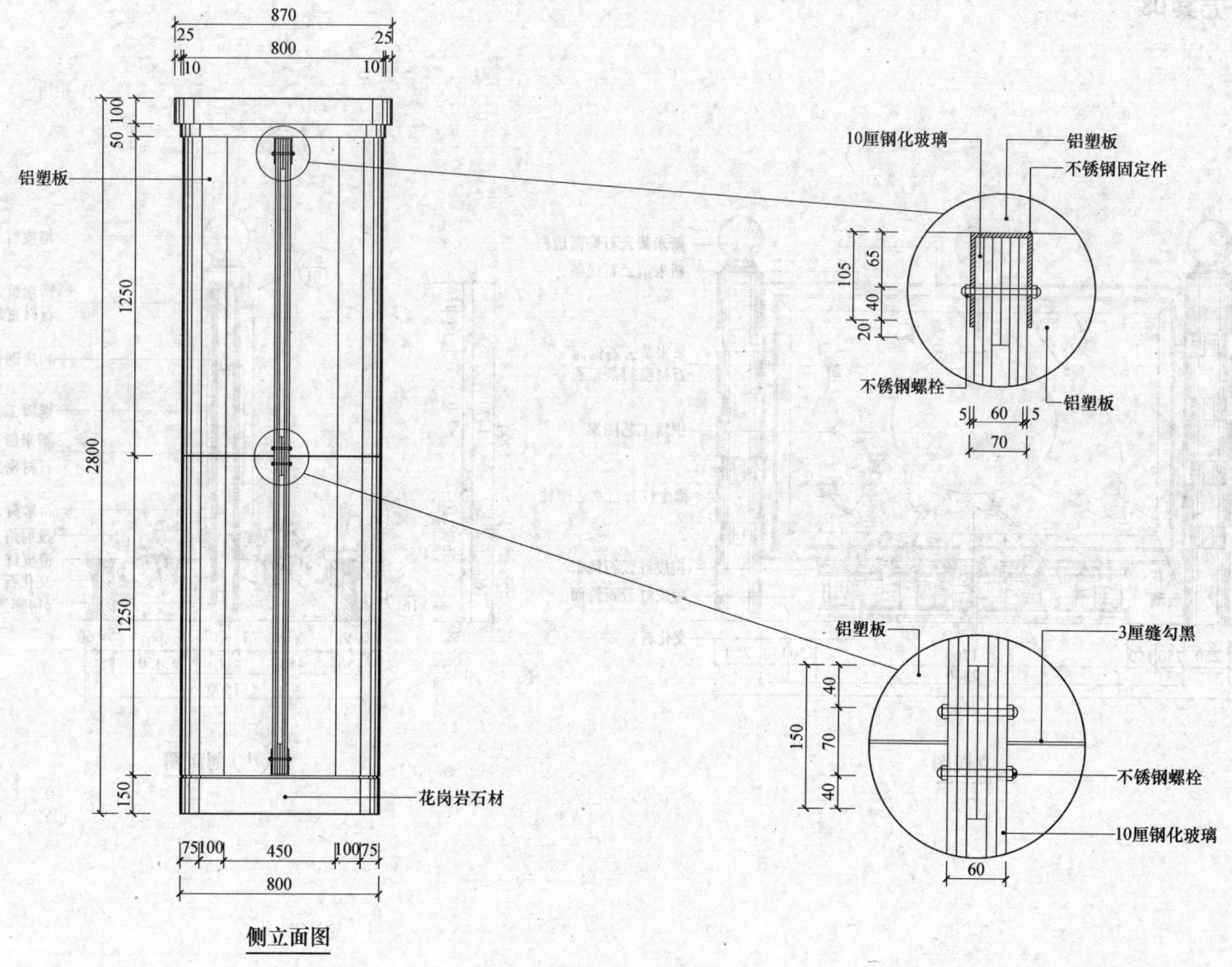

侧立面图

装饰柱——方案08

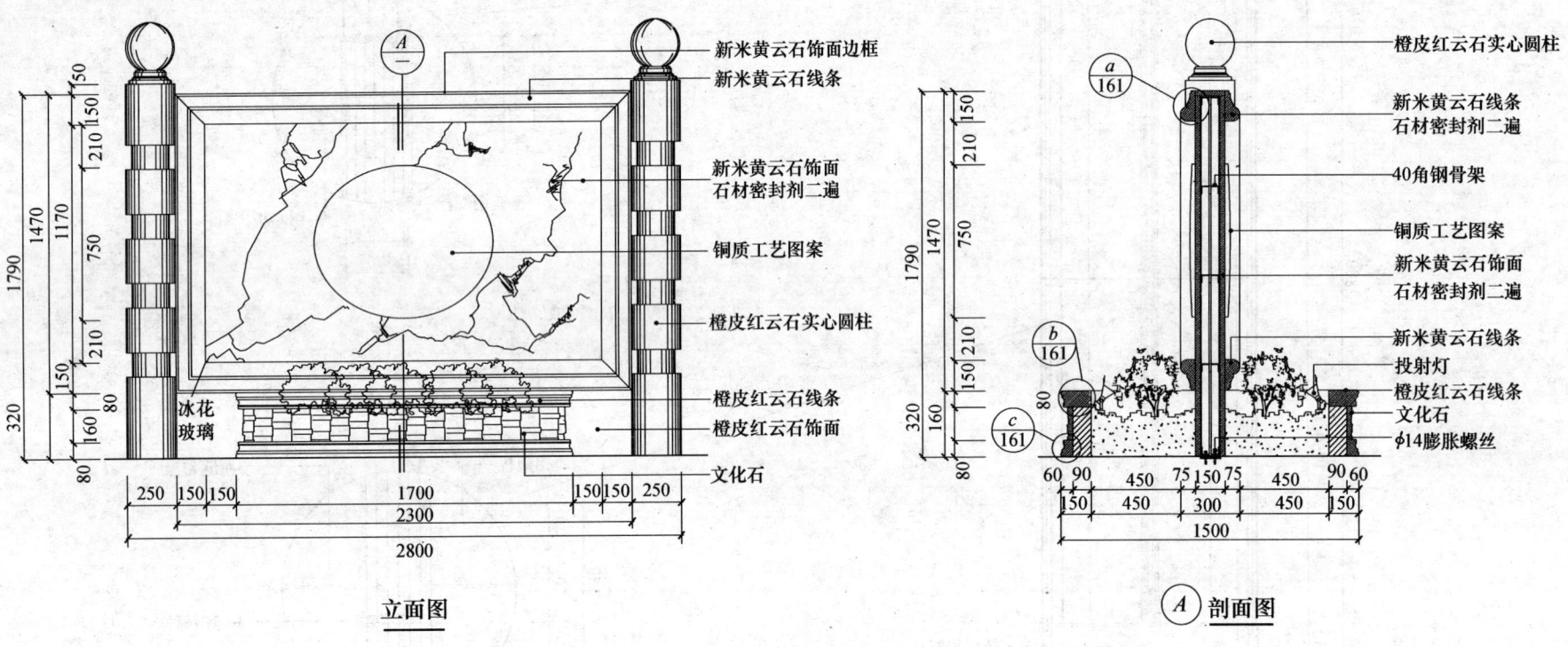

立面图

A 剖面图

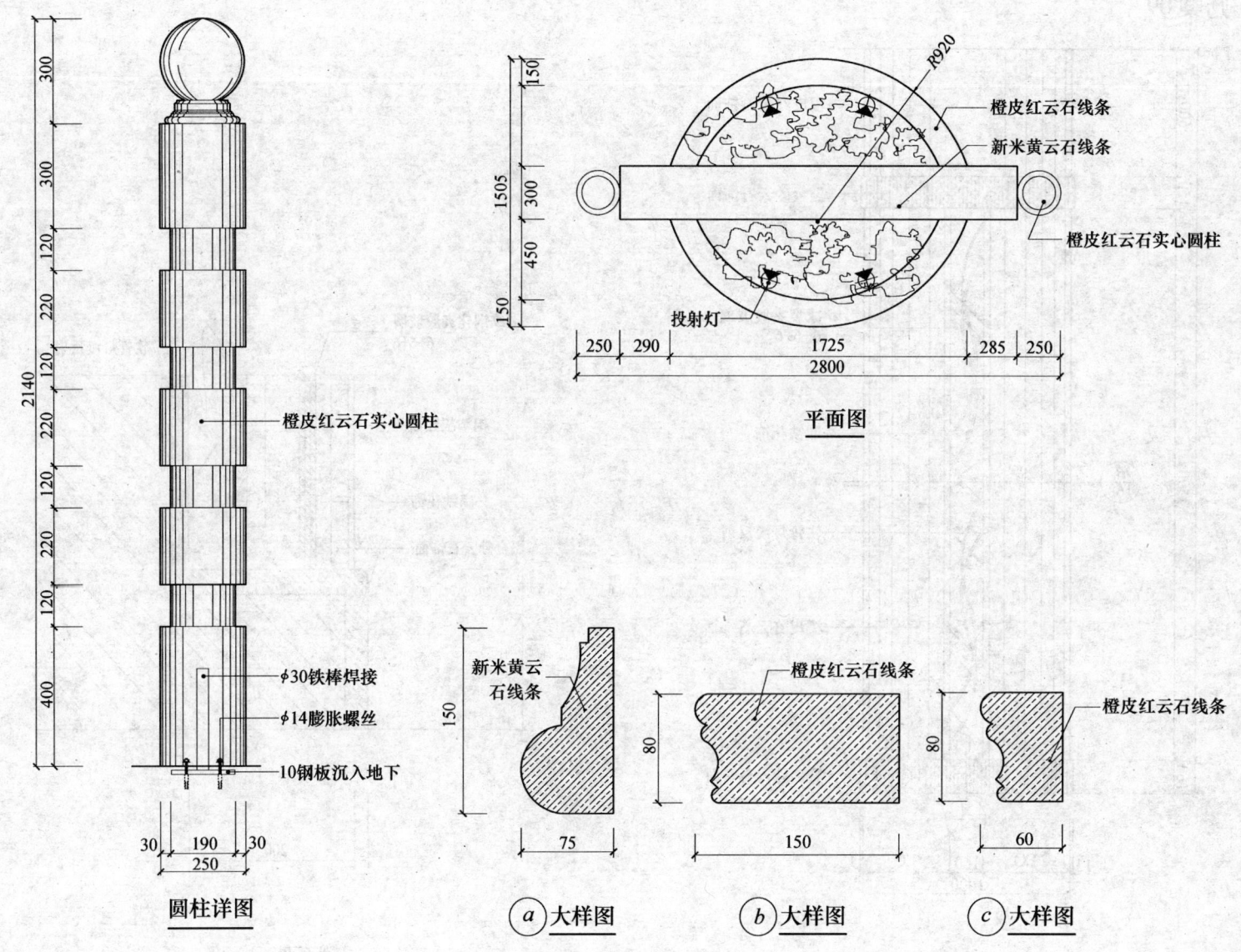

装饰柱——方案 09

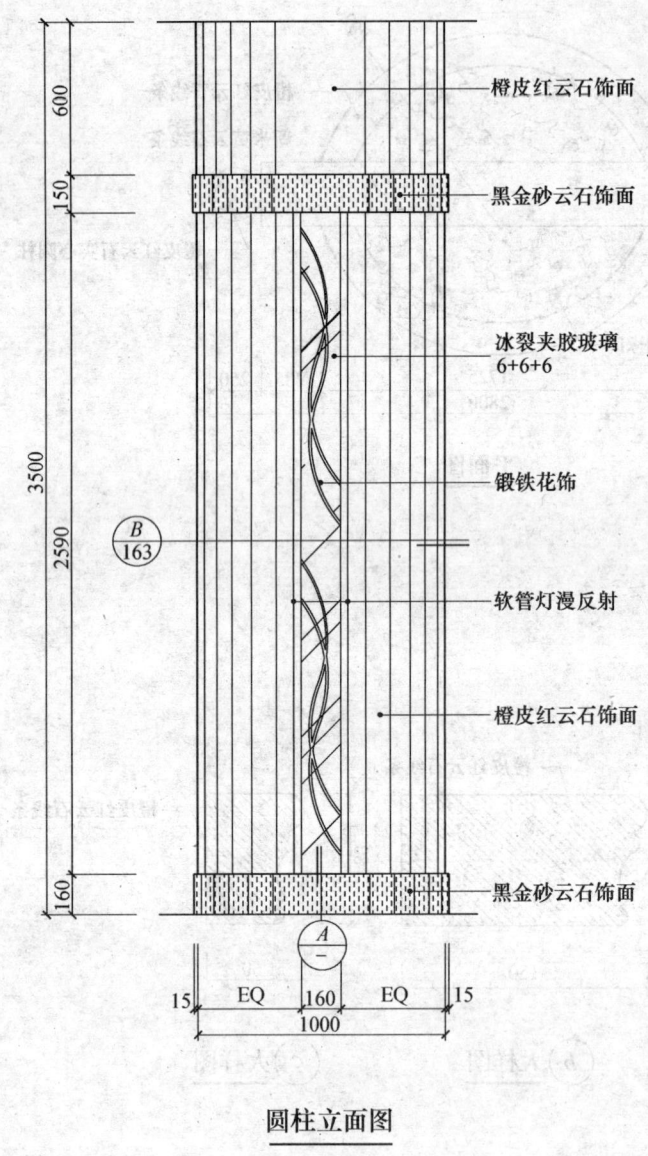

圆柱立面图

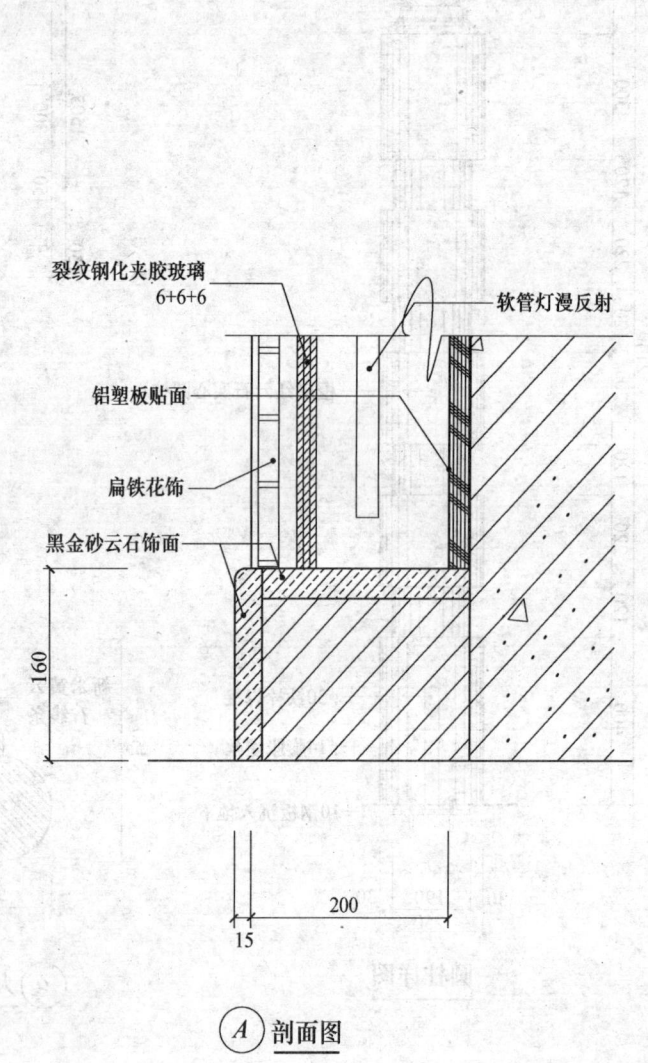

A 剖面图

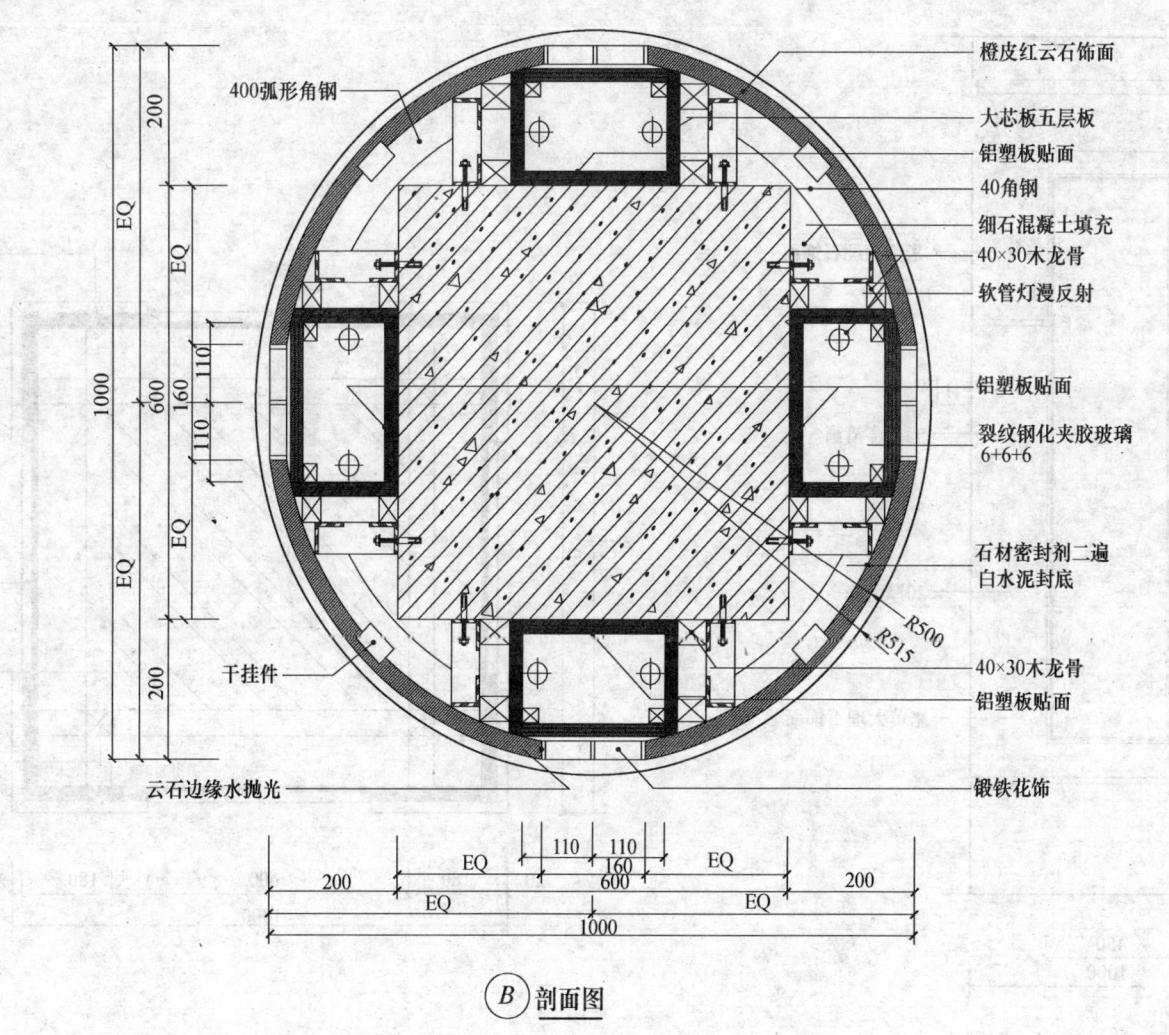

B 剖面图

装饰柱——方案10

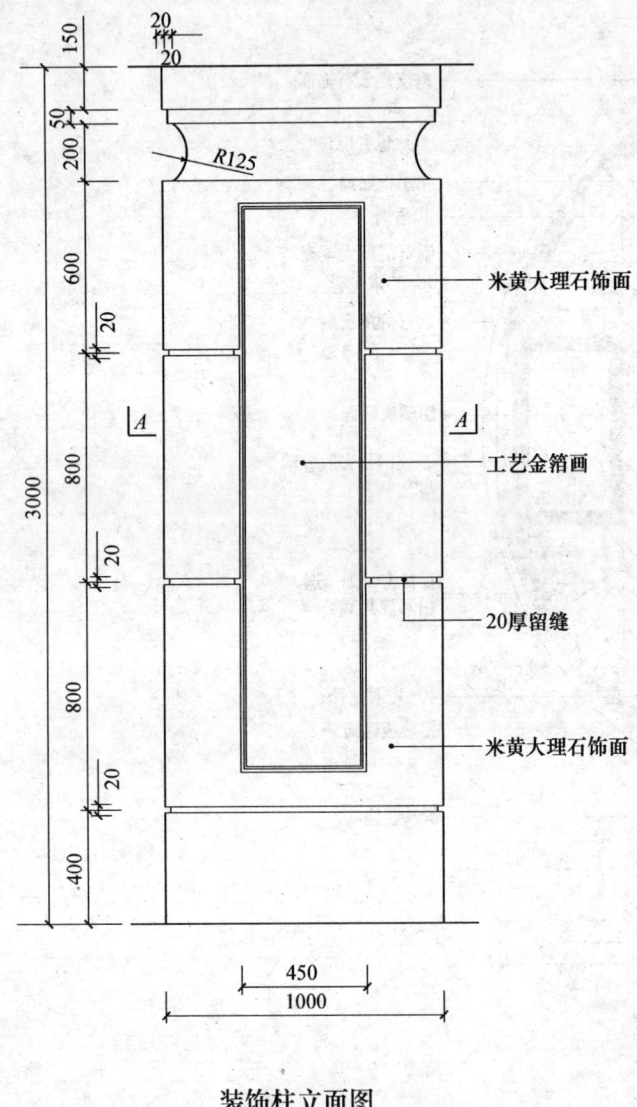

装饰柱立面图

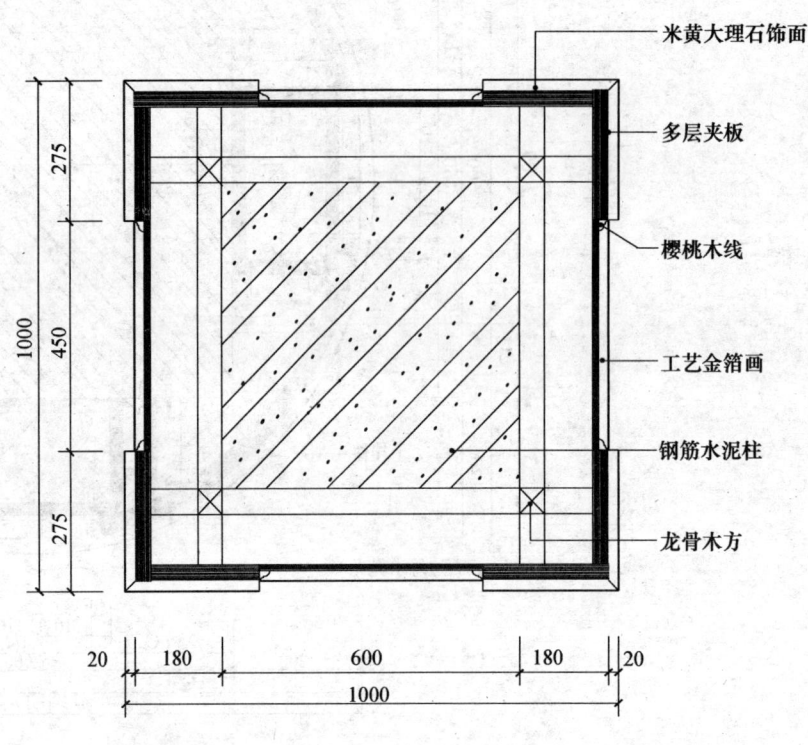

A—A装饰柱剖面图

装饰柱——方案11

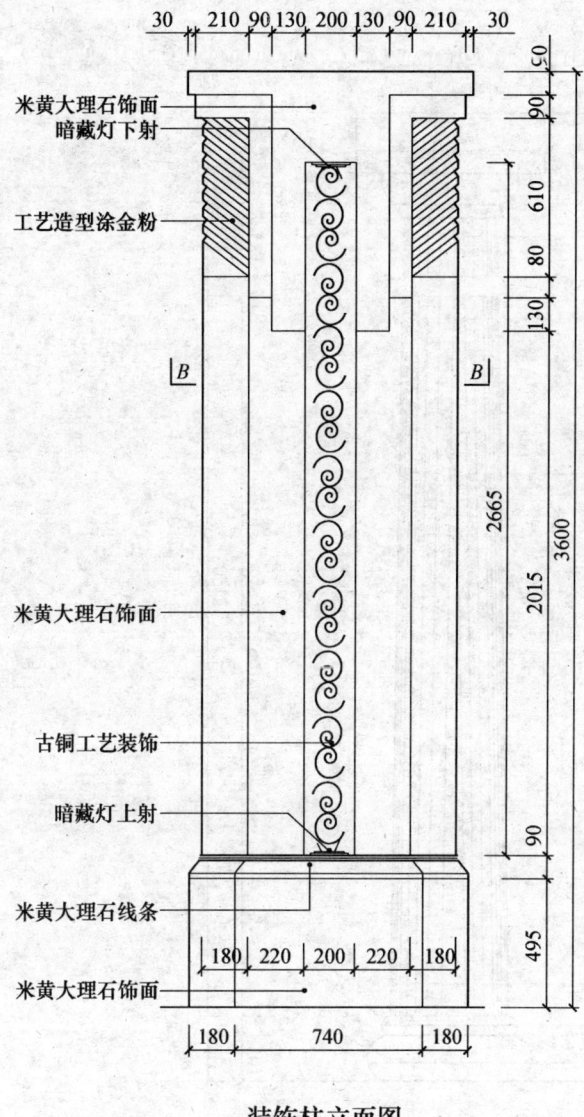

装饰柱立面图

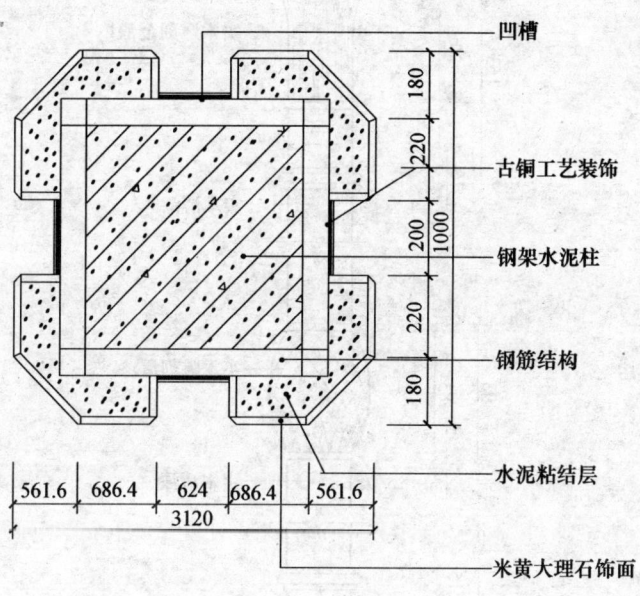

B—B装饰柱剖面图

第二节 西式柱

西式柱——方案01

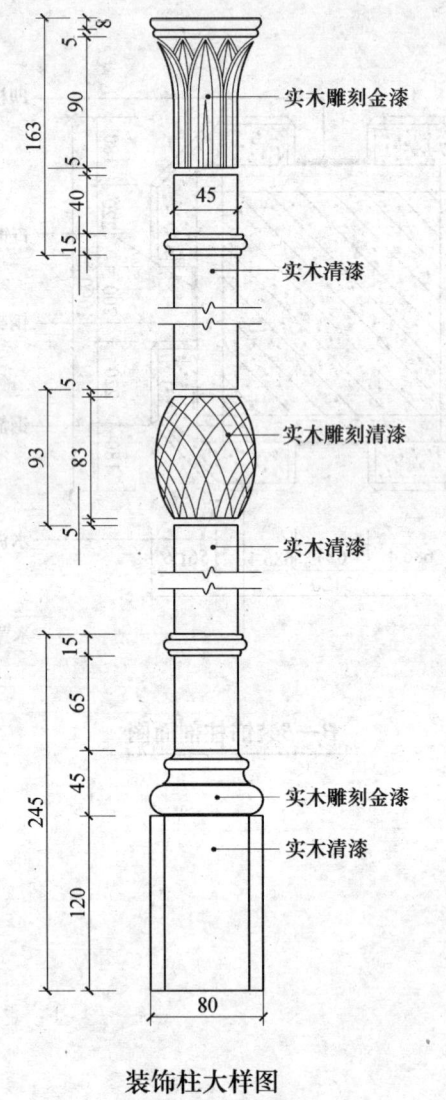

装饰柱大样图

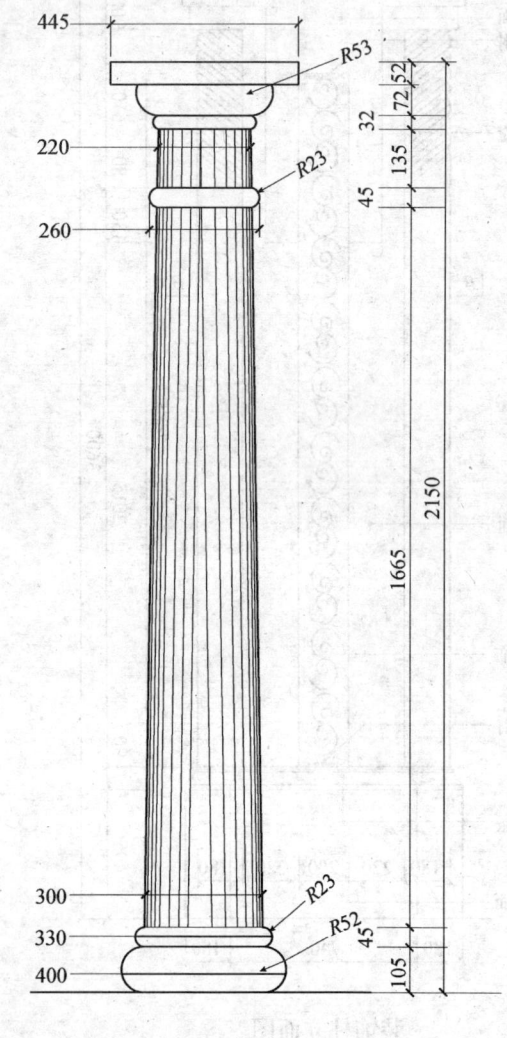

装饰柱

西式柱——方案02

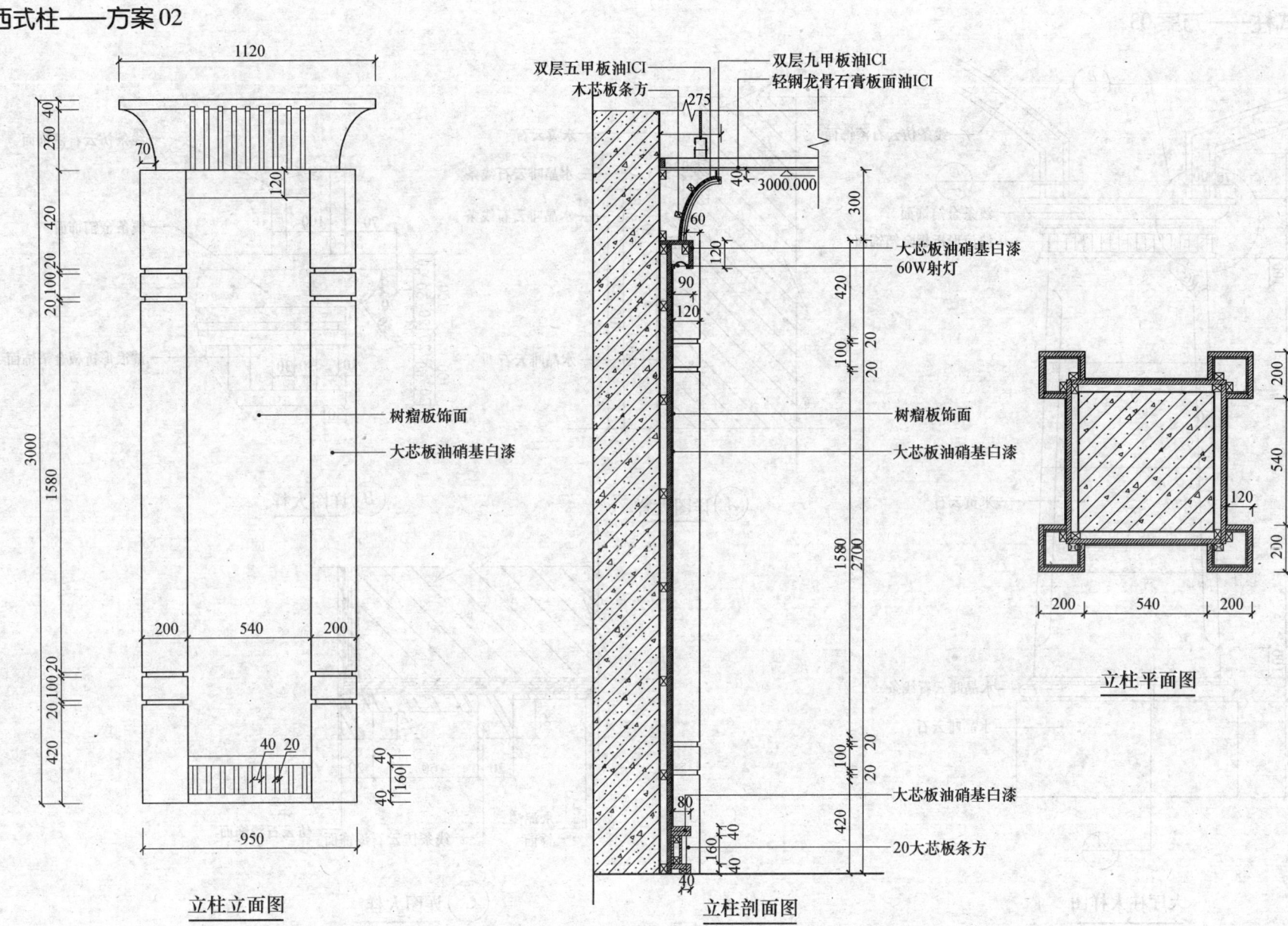

立柱立面图

立柱剖面图

立柱平面图

西式柱——方案03

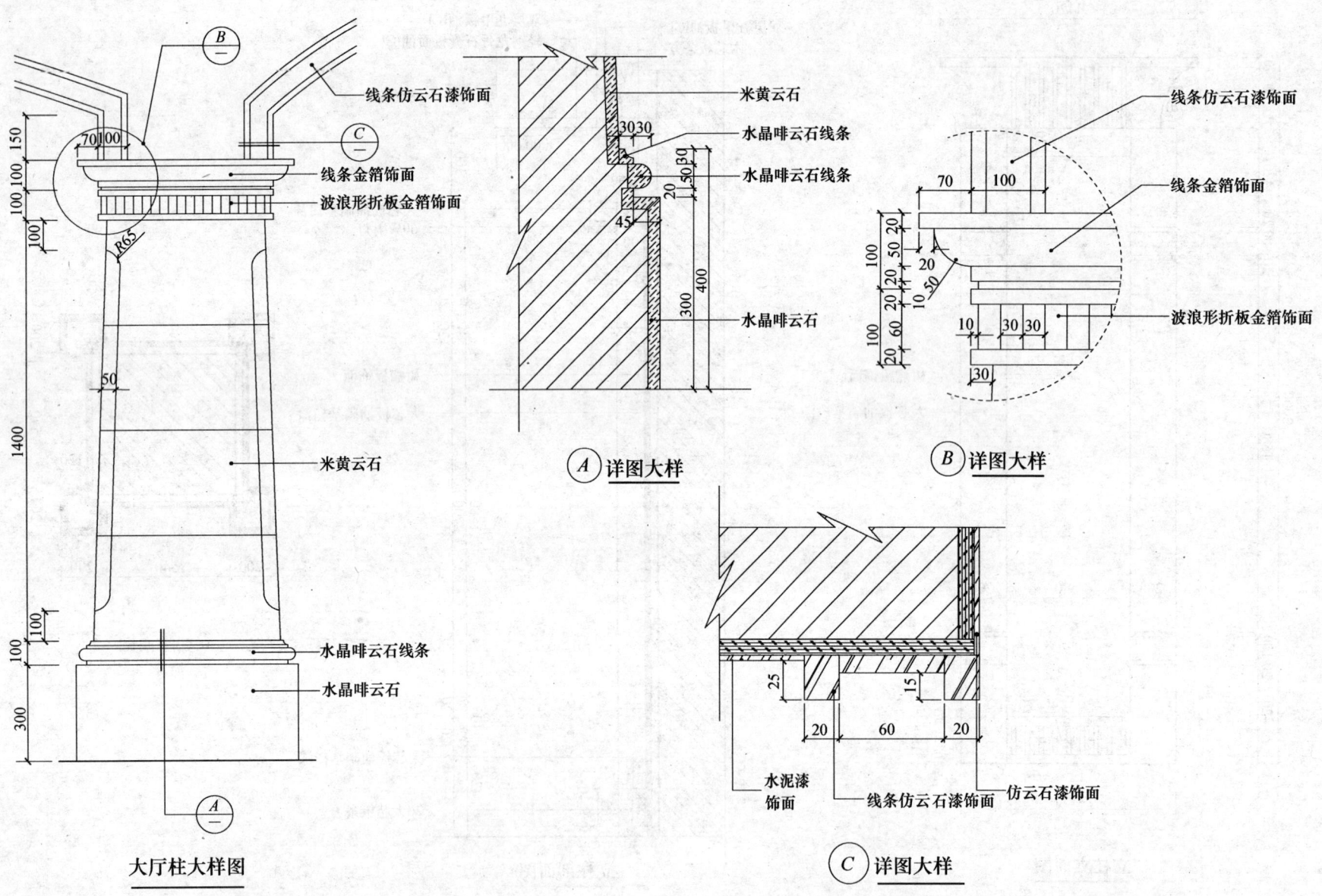

第三篇　顶棚及特殊构件篇

第五章 顶 棚

第一节 中式顶棚

中式顶棚——方案01

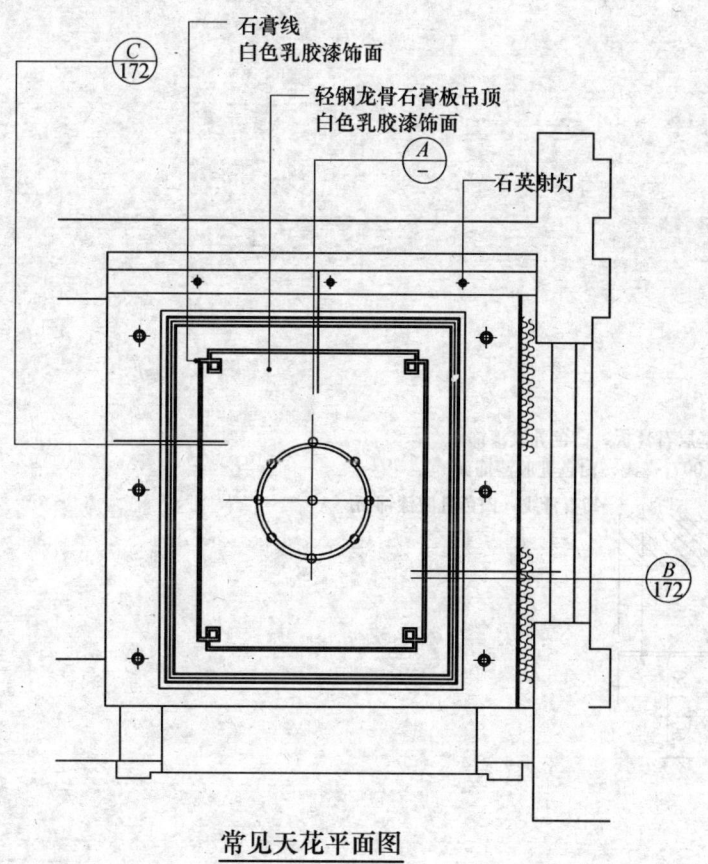

常见天花平面图

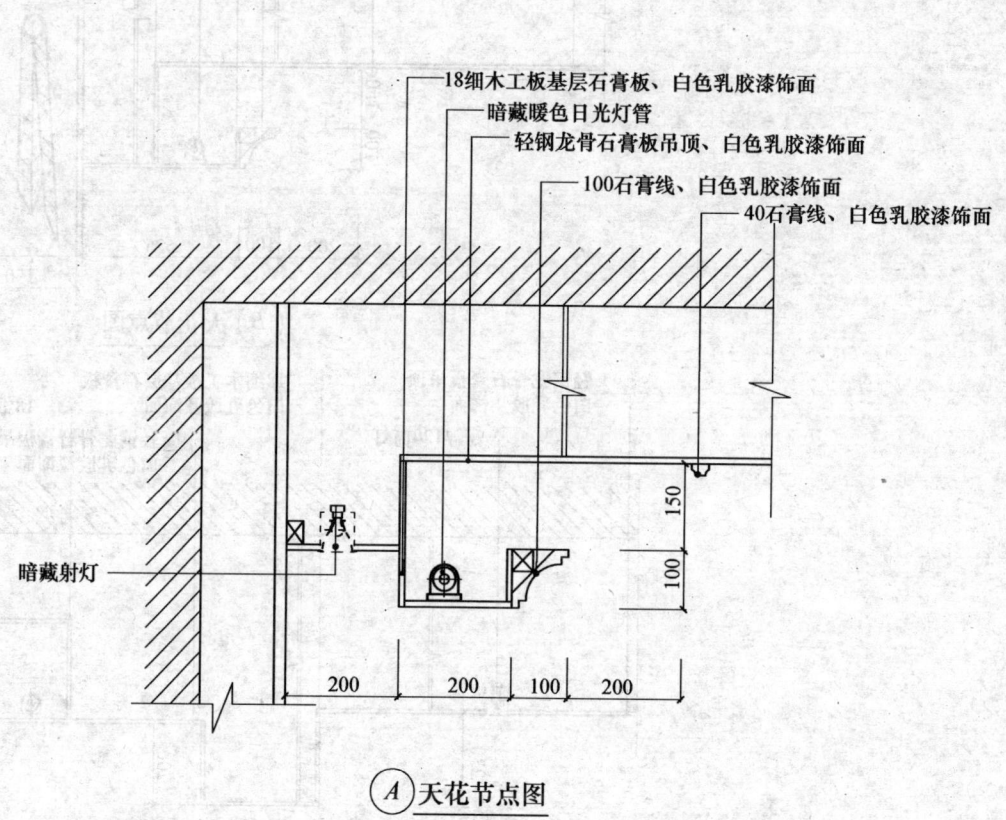

A 天花节点图

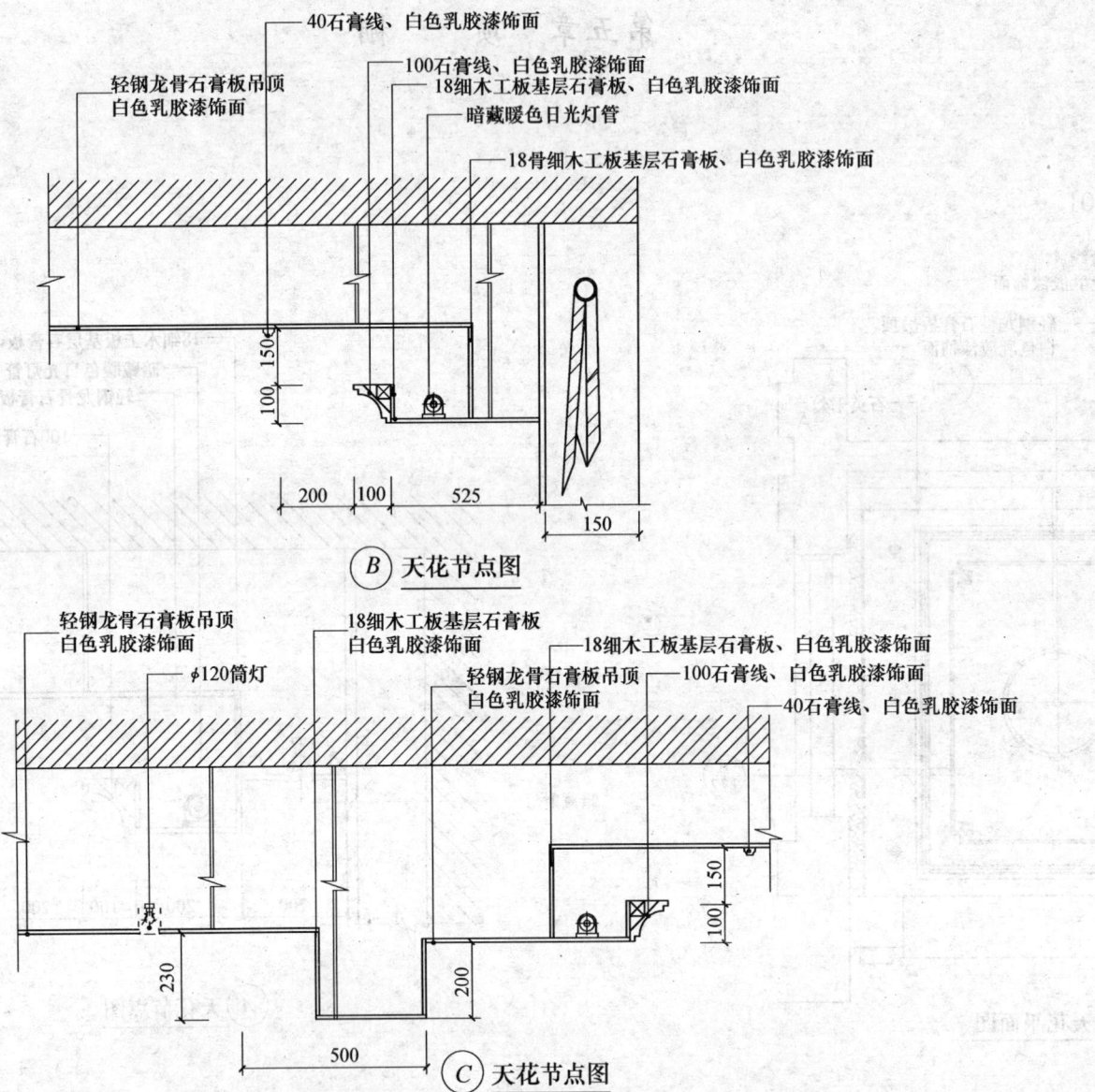

中式顶棚——方案02

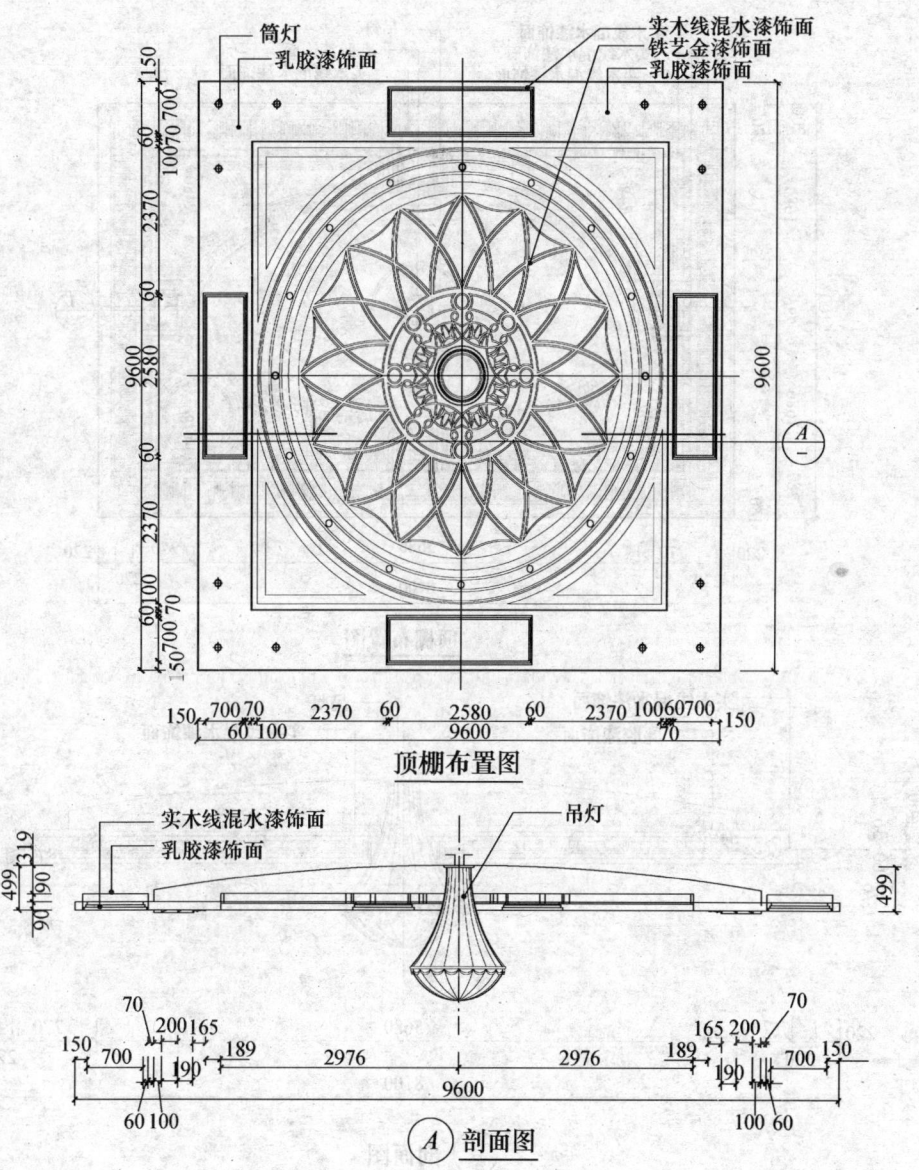

顶棚布置图

A 剖面图

中式顶棚——方案 03

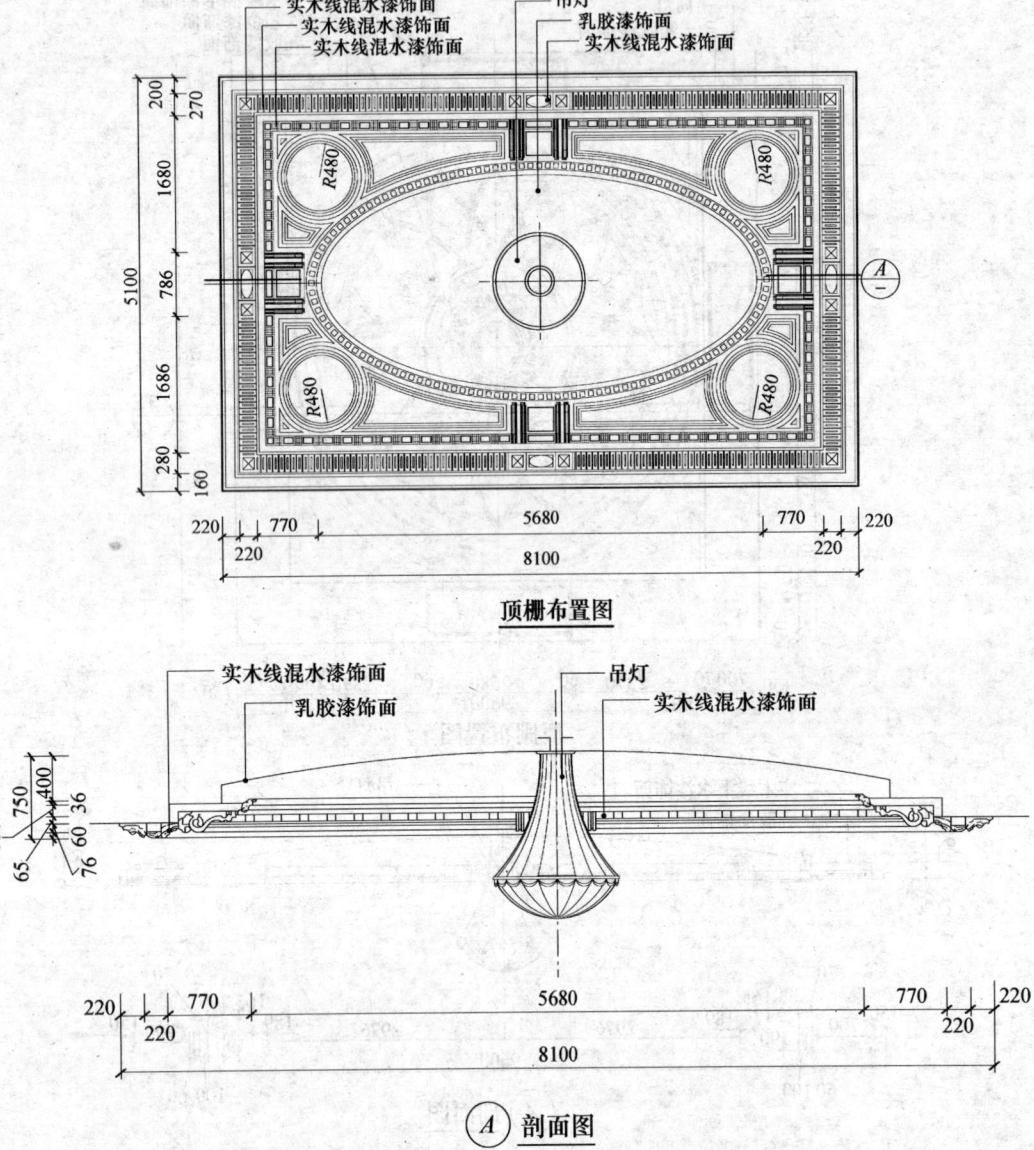

顶棚布置图

$\underset{\text{—}}{A}$ 剖面图

中式顶棚——方案04

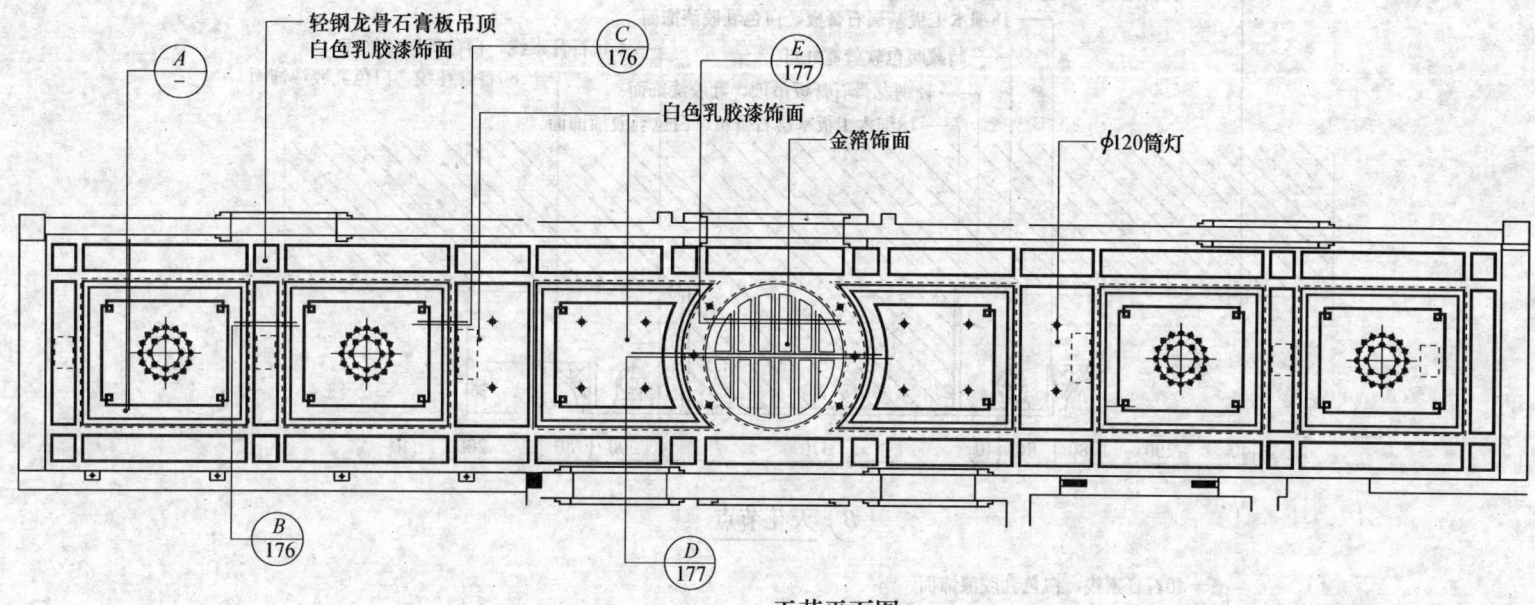

天花平面图

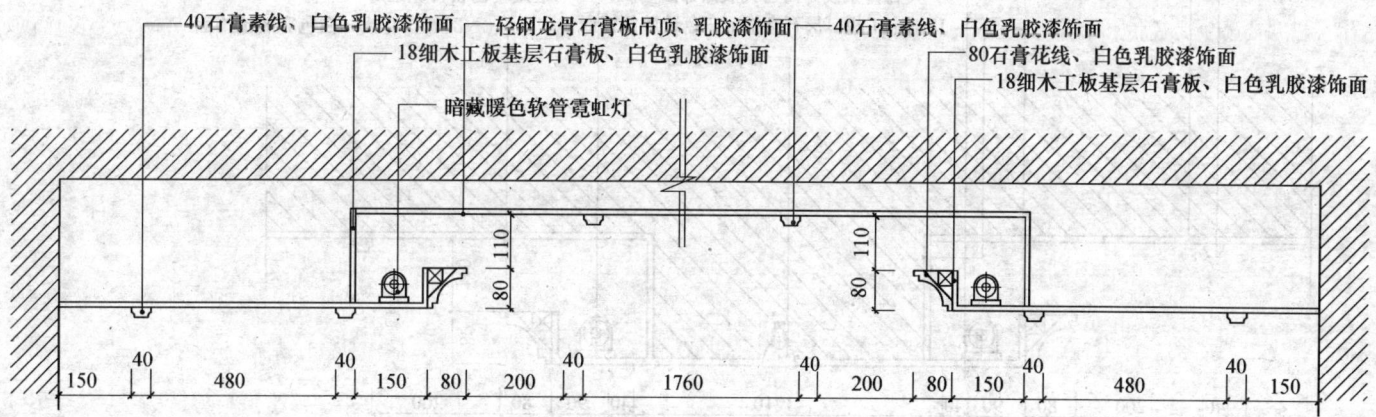

Ⓐ **天花节点**

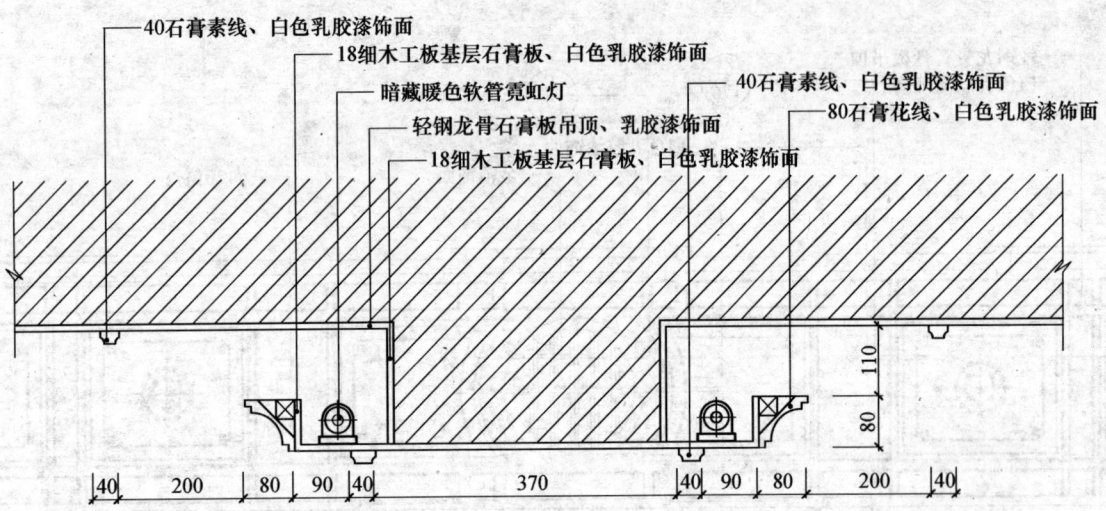

B 天花节点

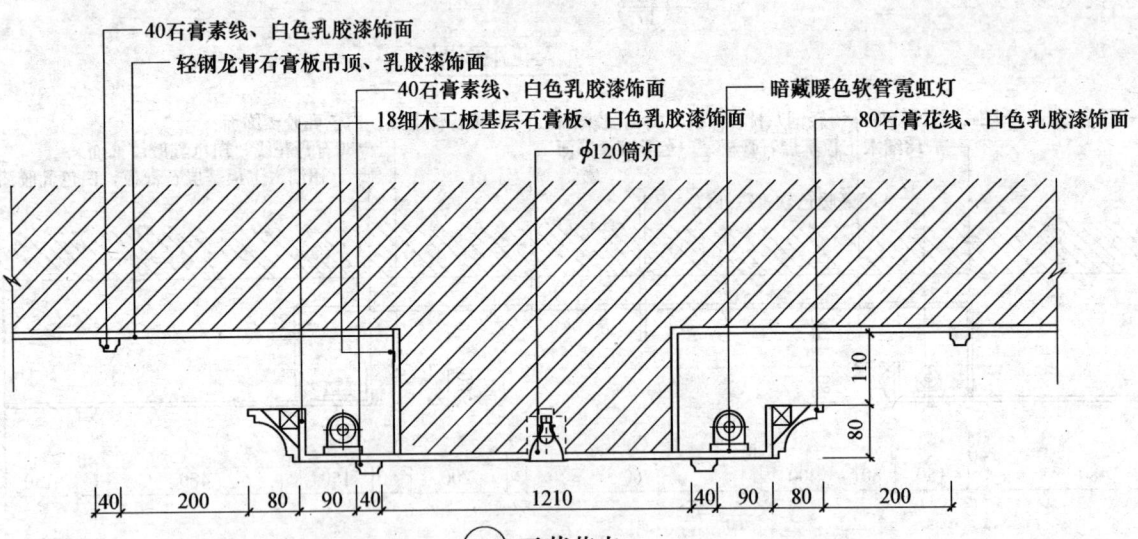

C 天花节点

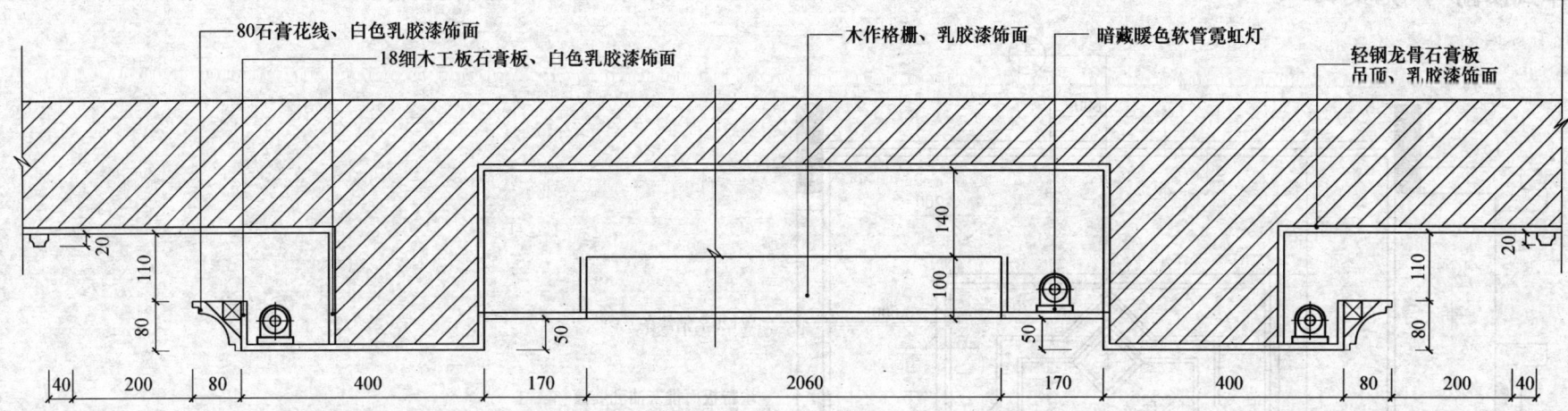

D 天花节点

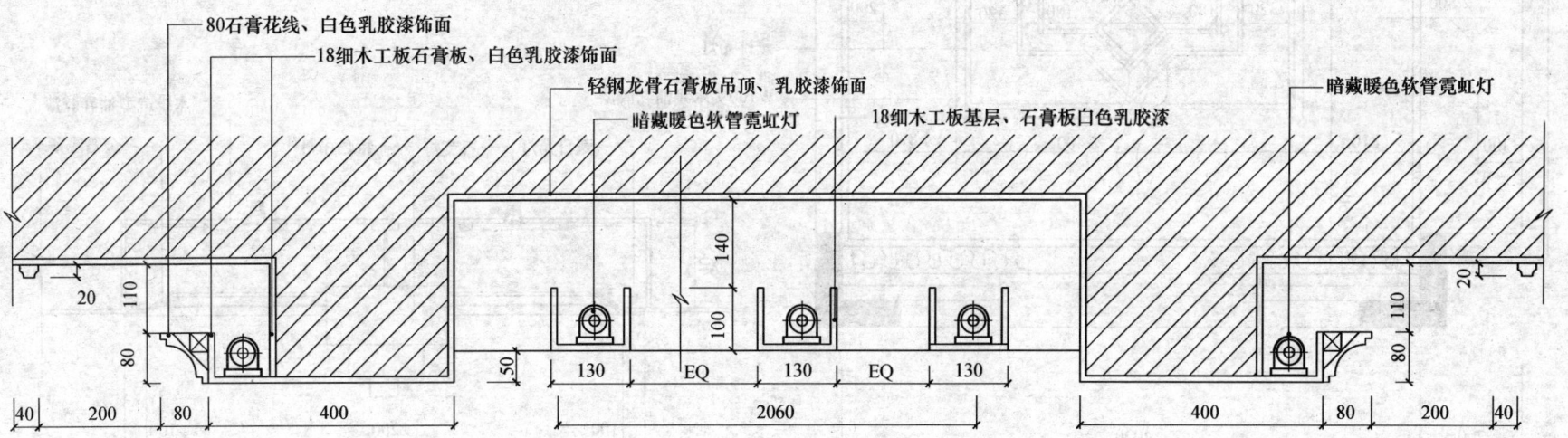

E 天花节点

中式顶棚——方案05

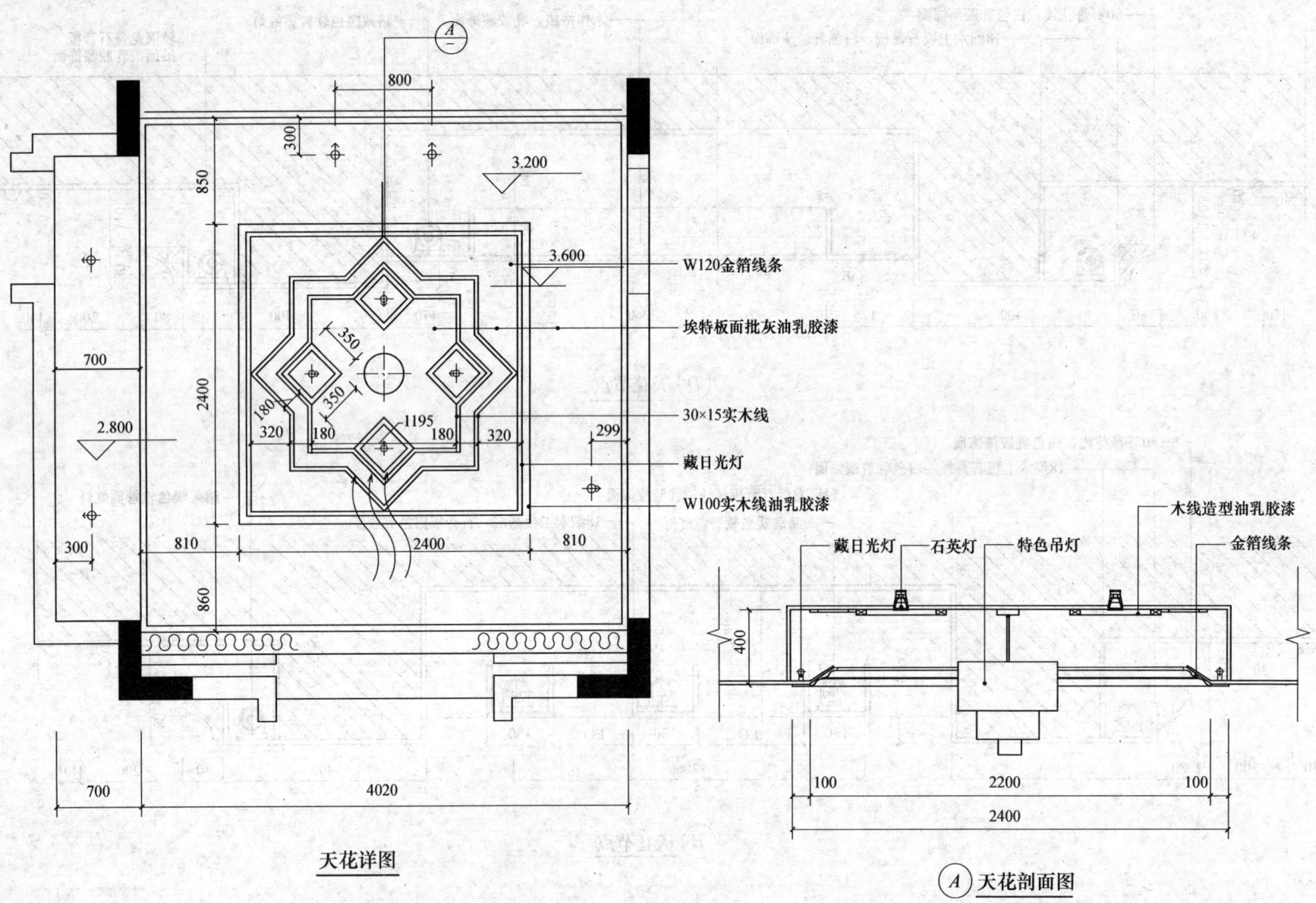

中式顶棚——方案06

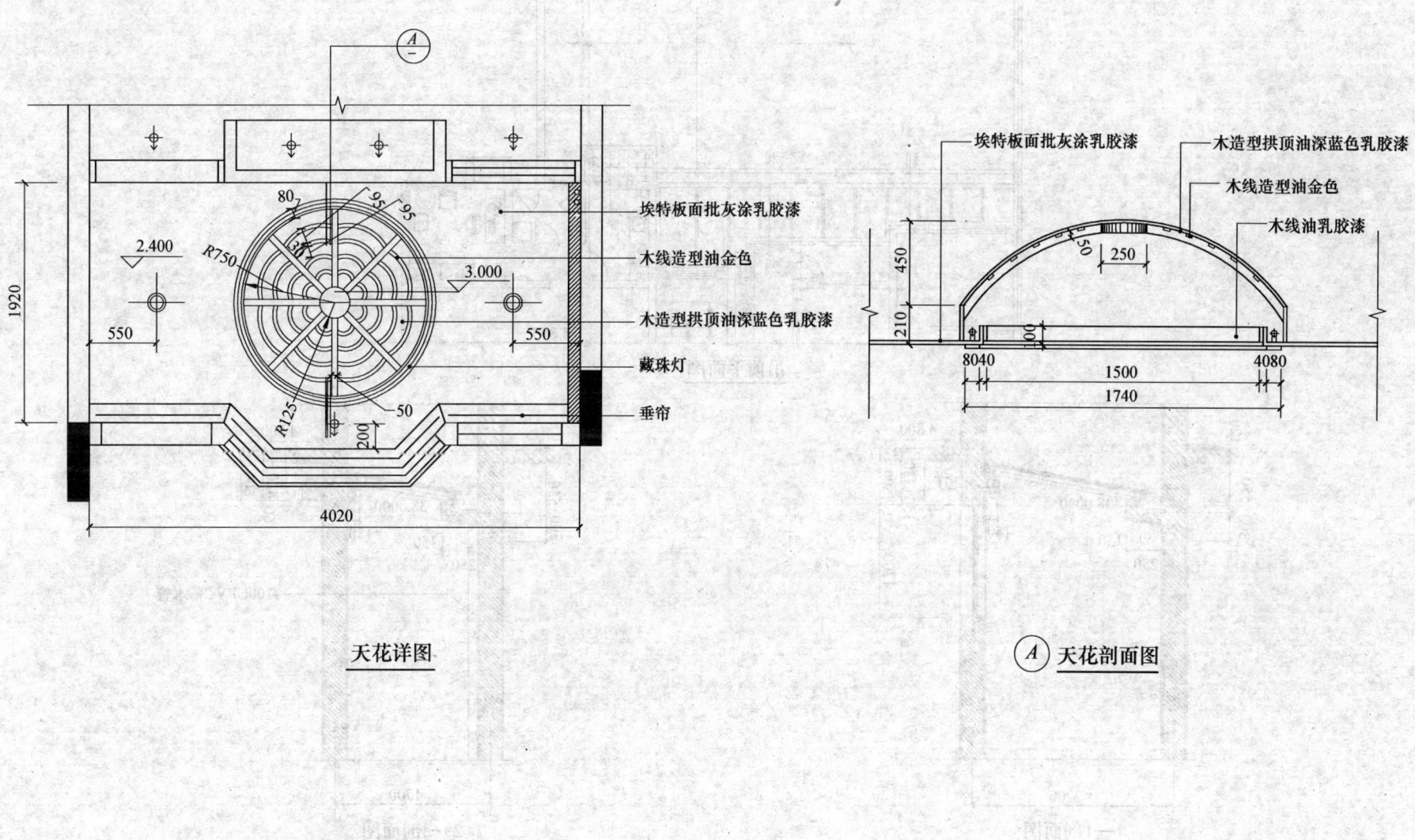

天花详图

A 天花剖面图

第二节 现代顶棚

现代顶棚——方案01

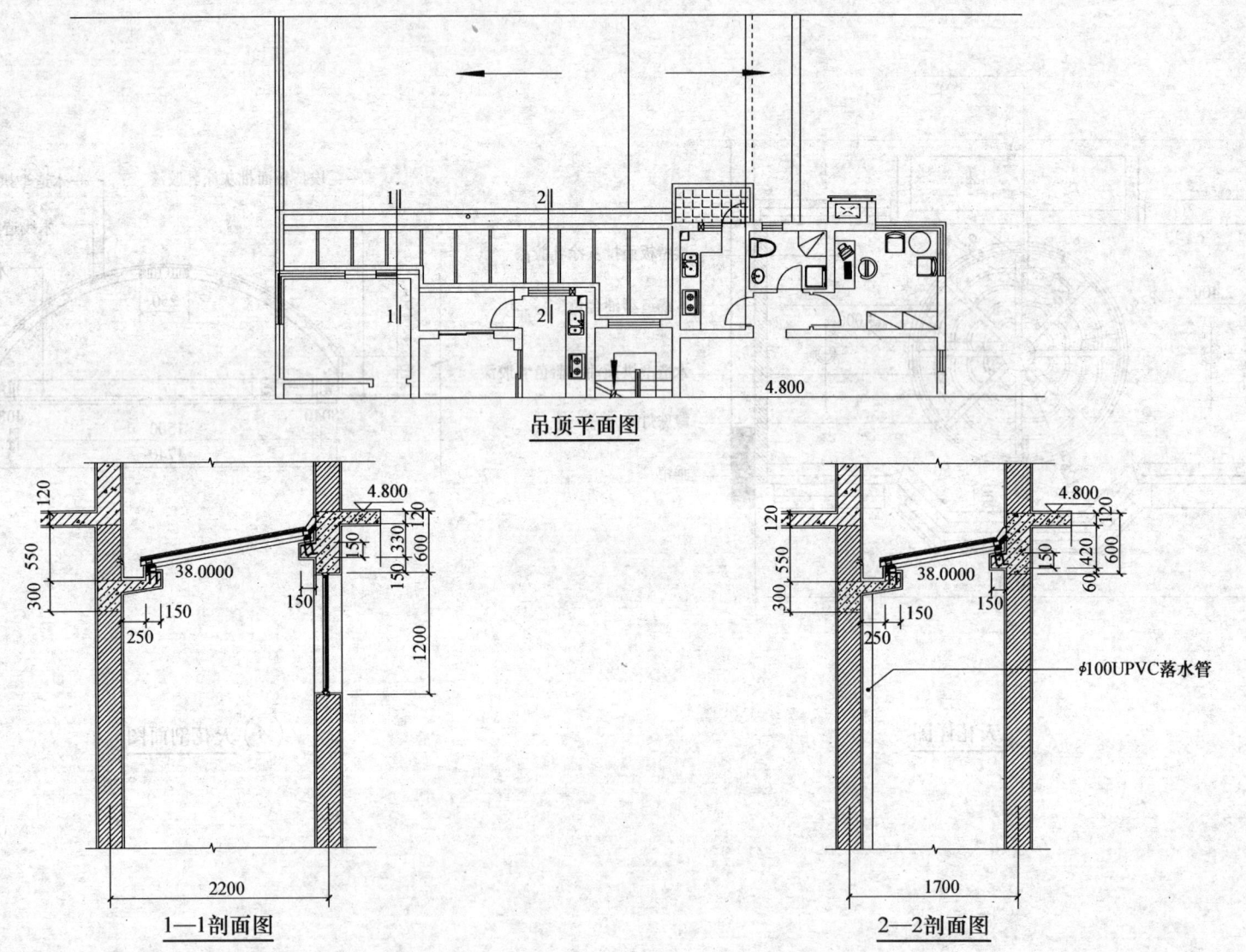

现代顶棚——方案02

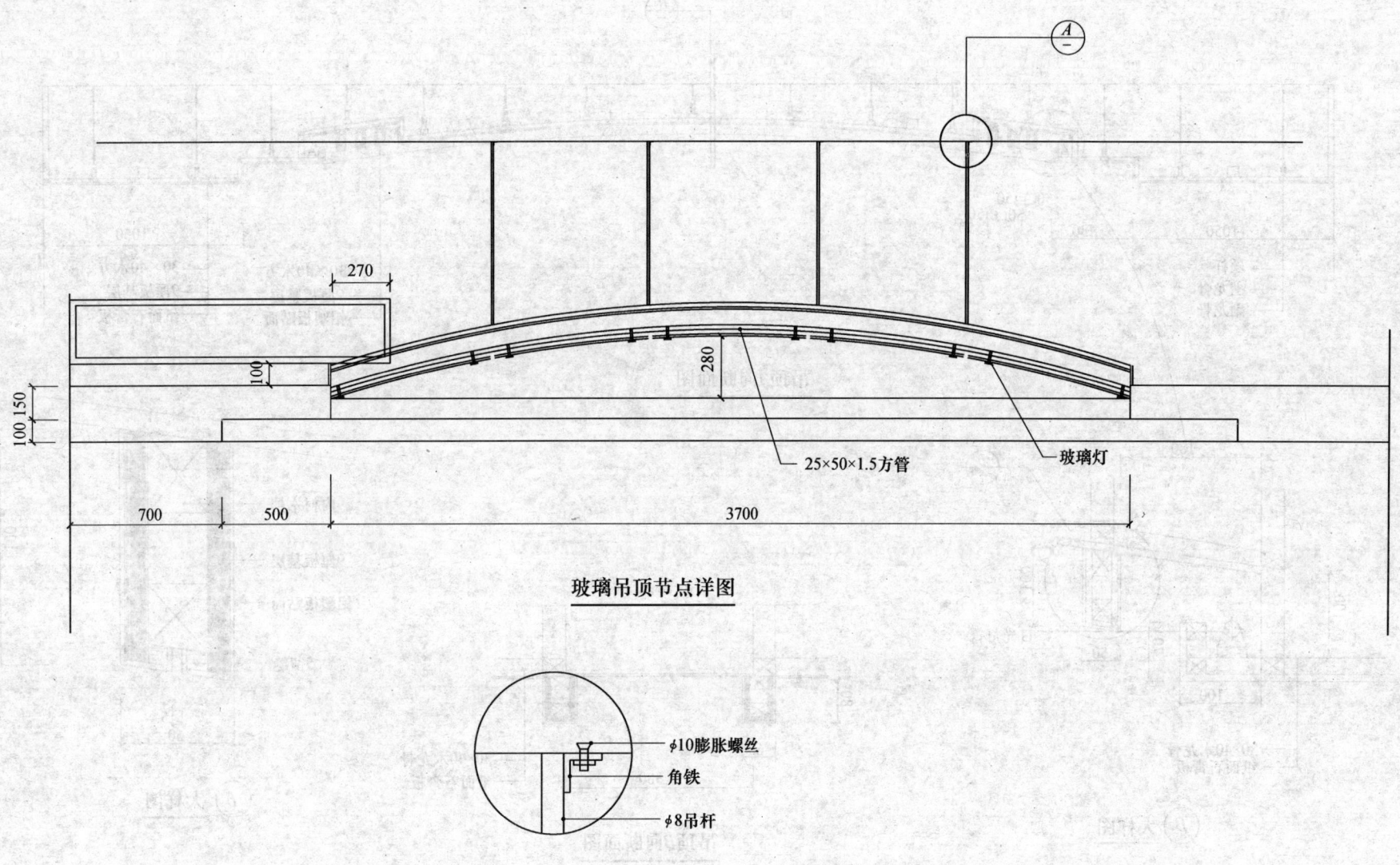

玻璃吊顶节点详图

A 节点详图

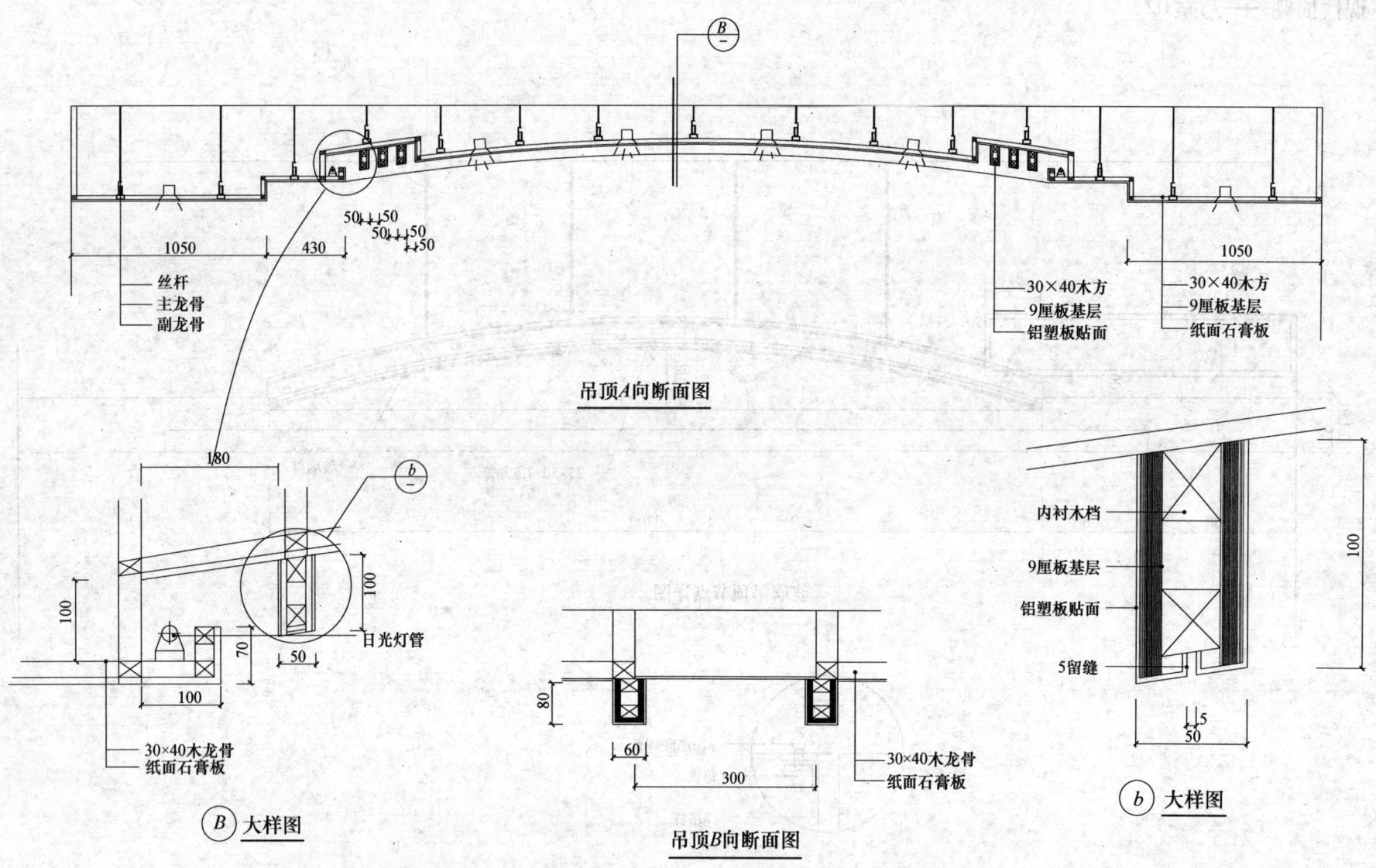

顶棚详图——方案01

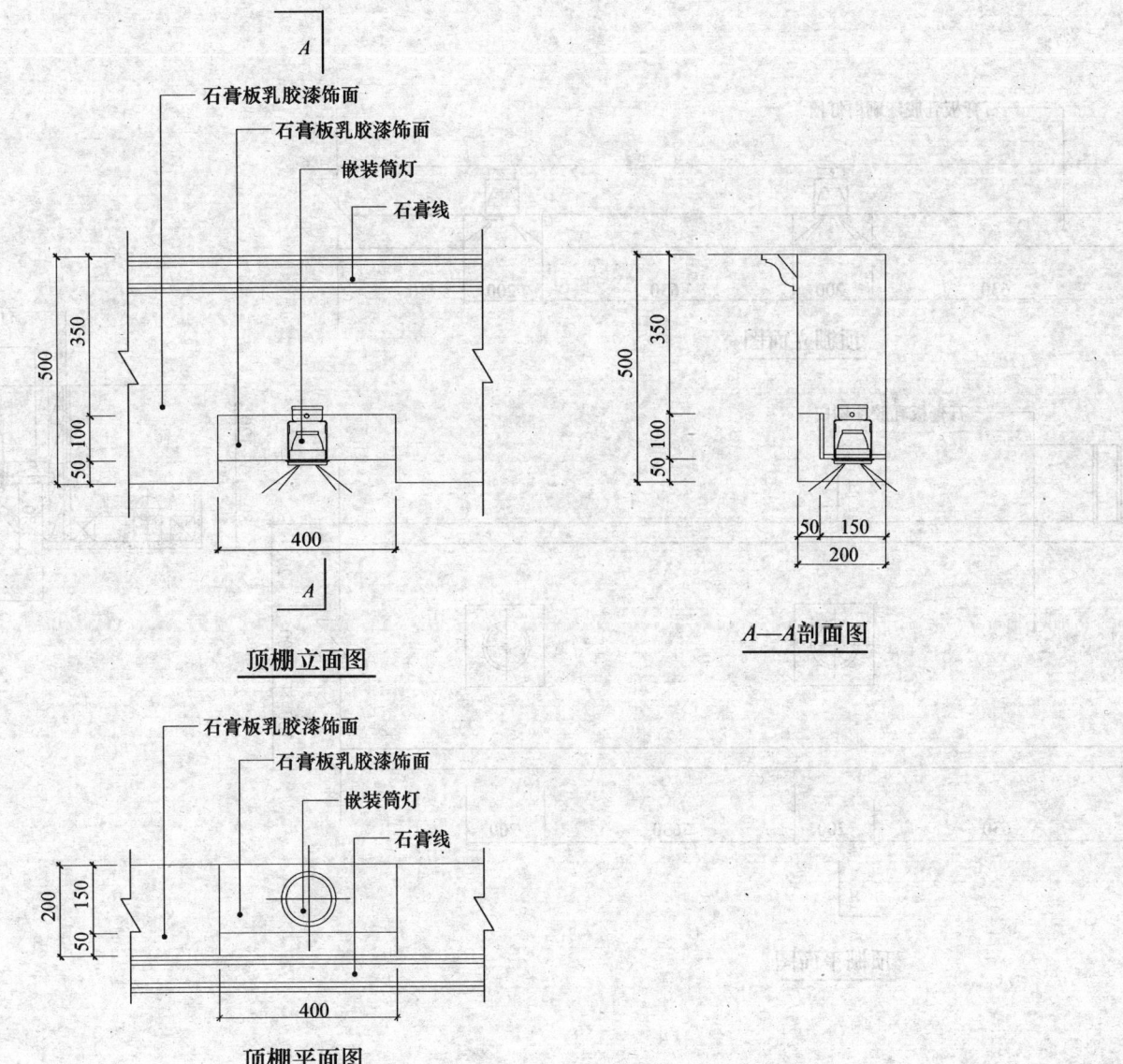

顶棚详图——方案02

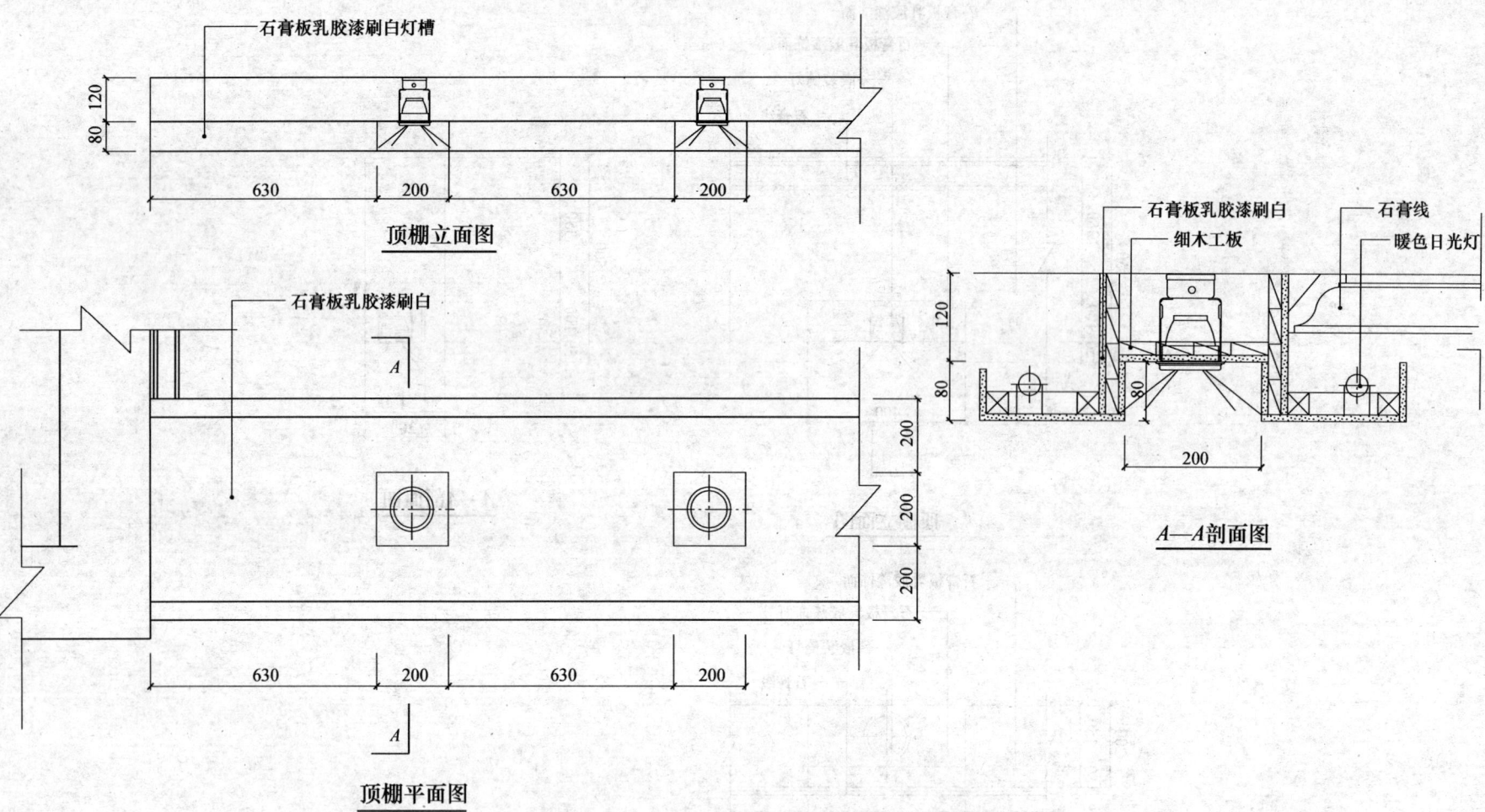

顶棚详图——方案03

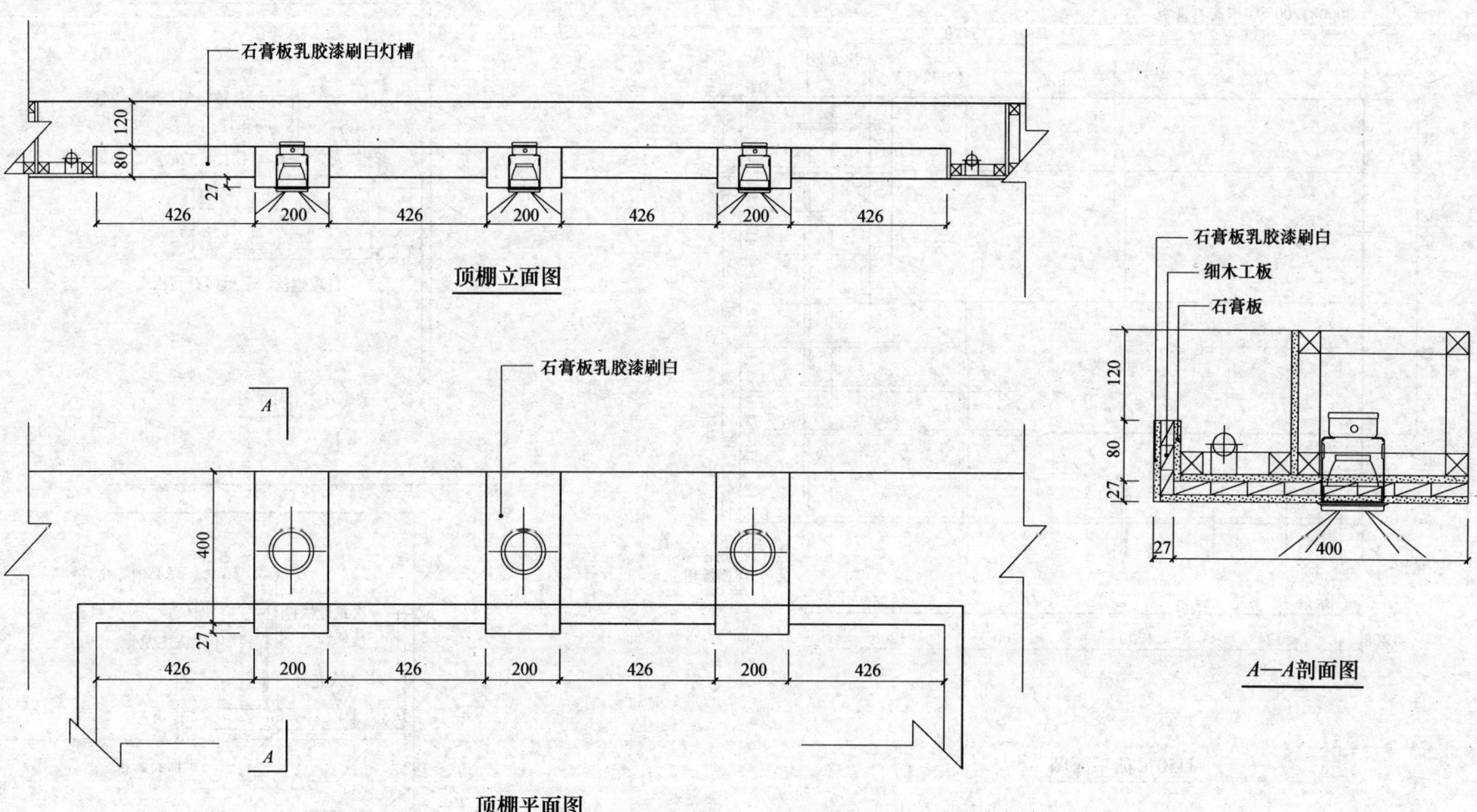

顶棚详图——方案04

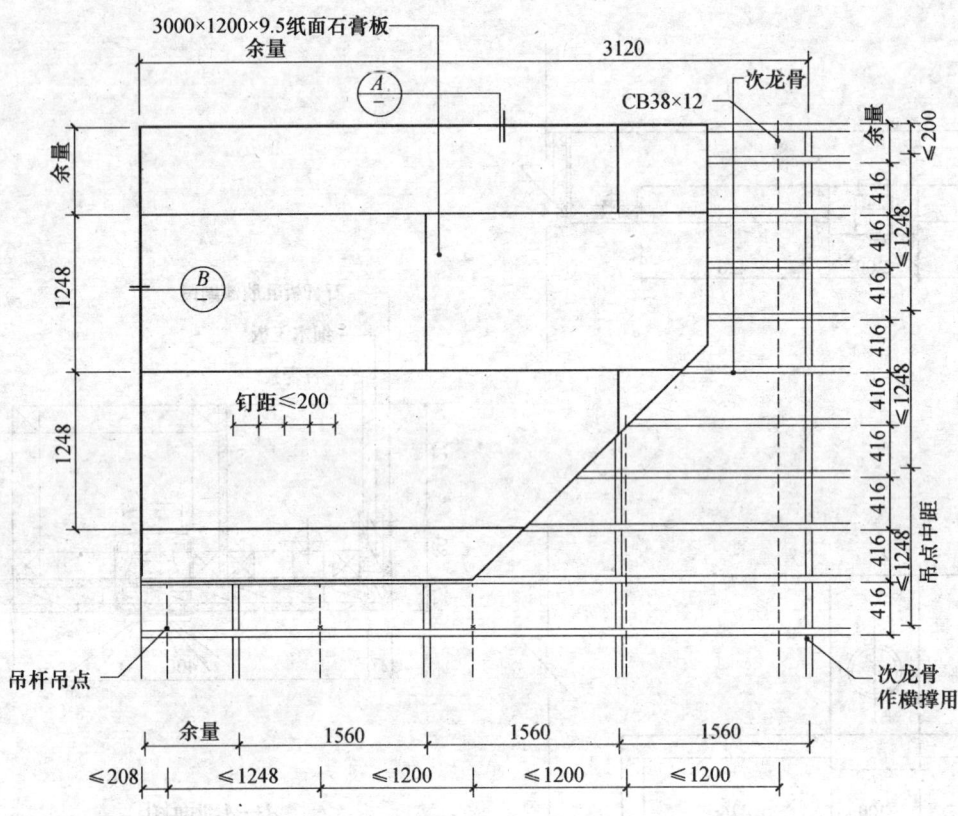

U50吊顶平面图

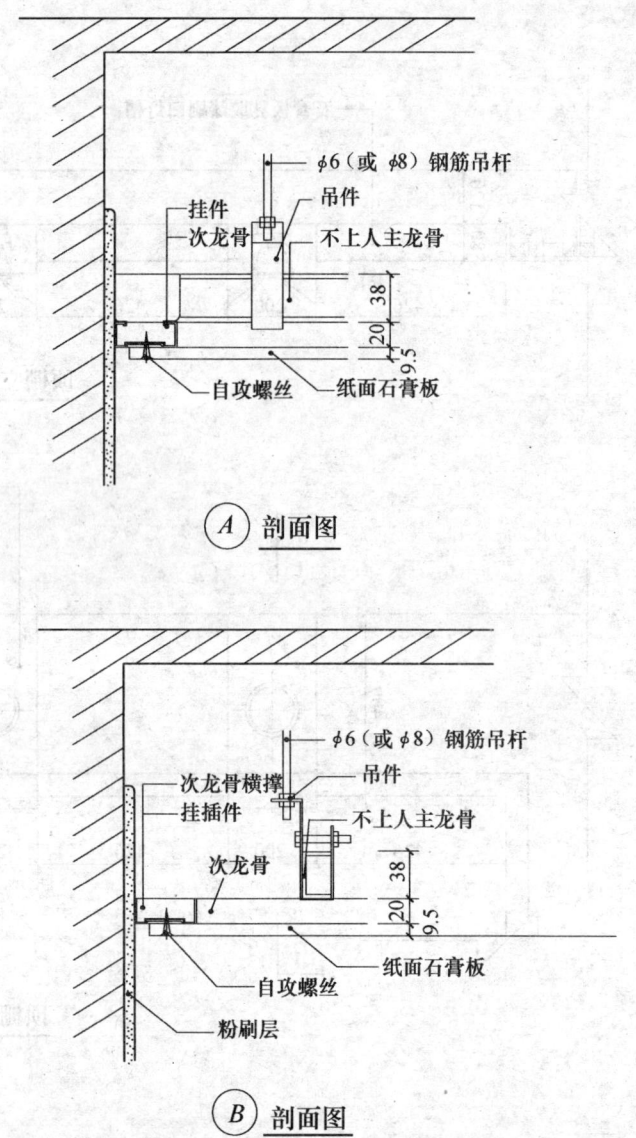

A 剖面图

B 剖面图

顶棚详图——方案05

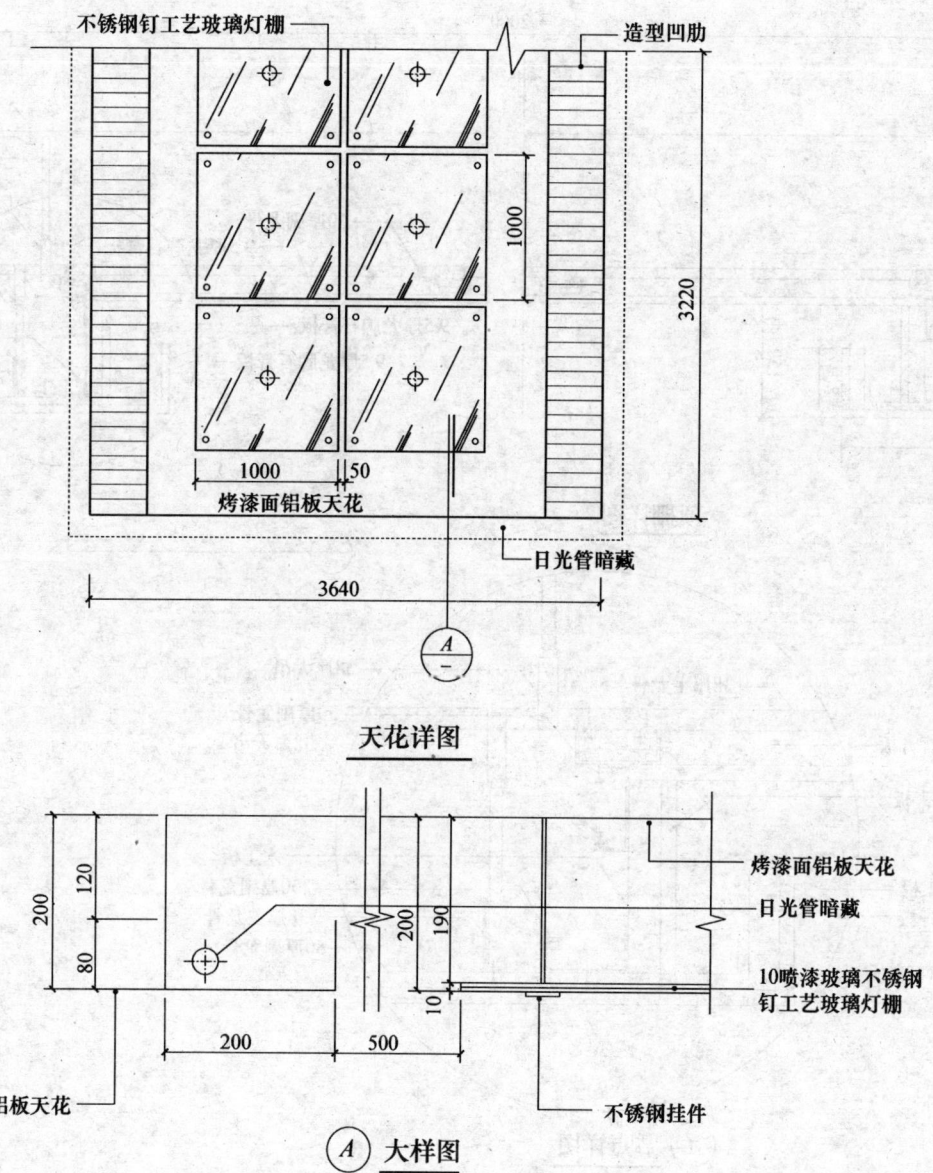

天花详图

A 大样图

顶棚详图——方案06

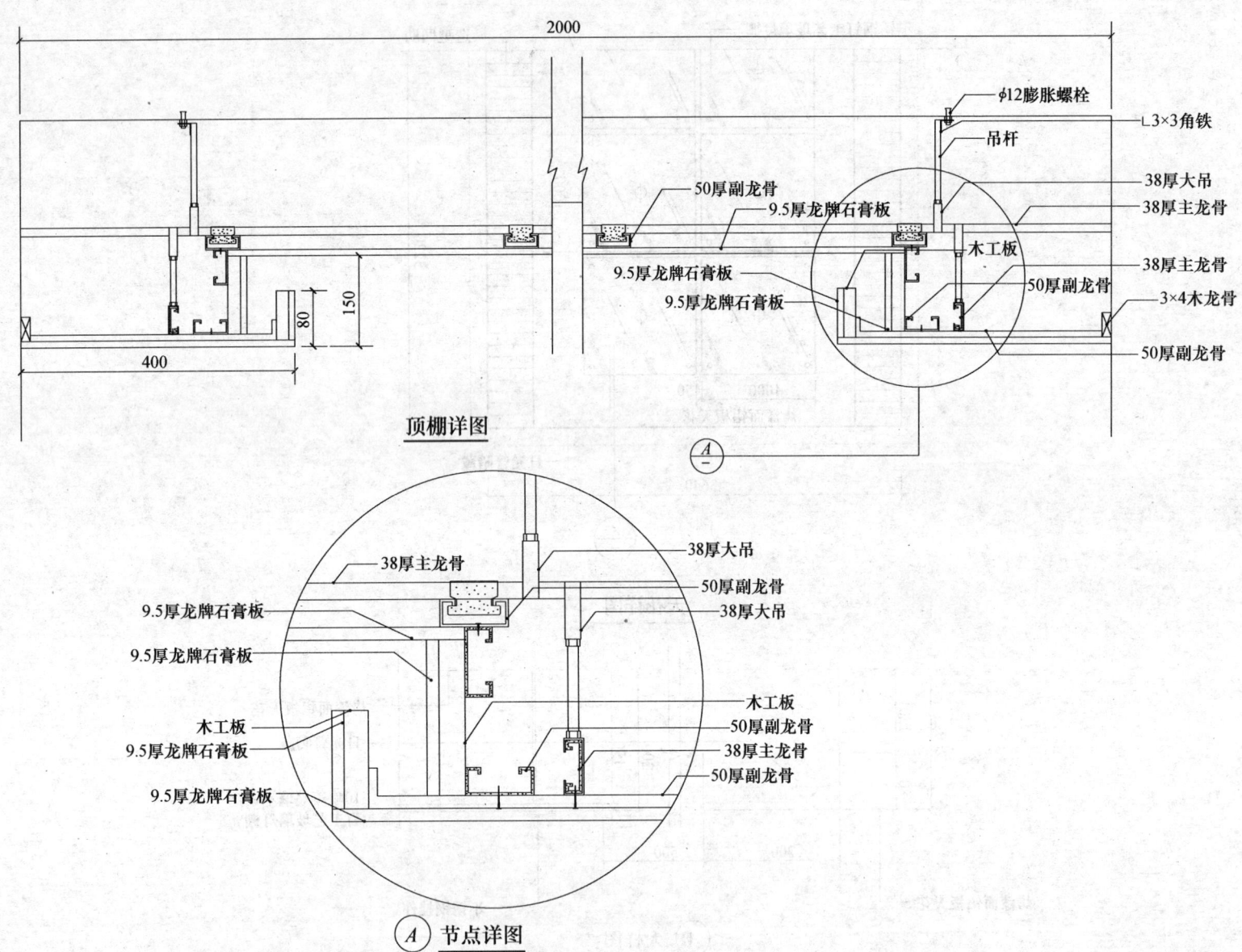

顶棚详图

A 节点详图

顶棚详图——方案07

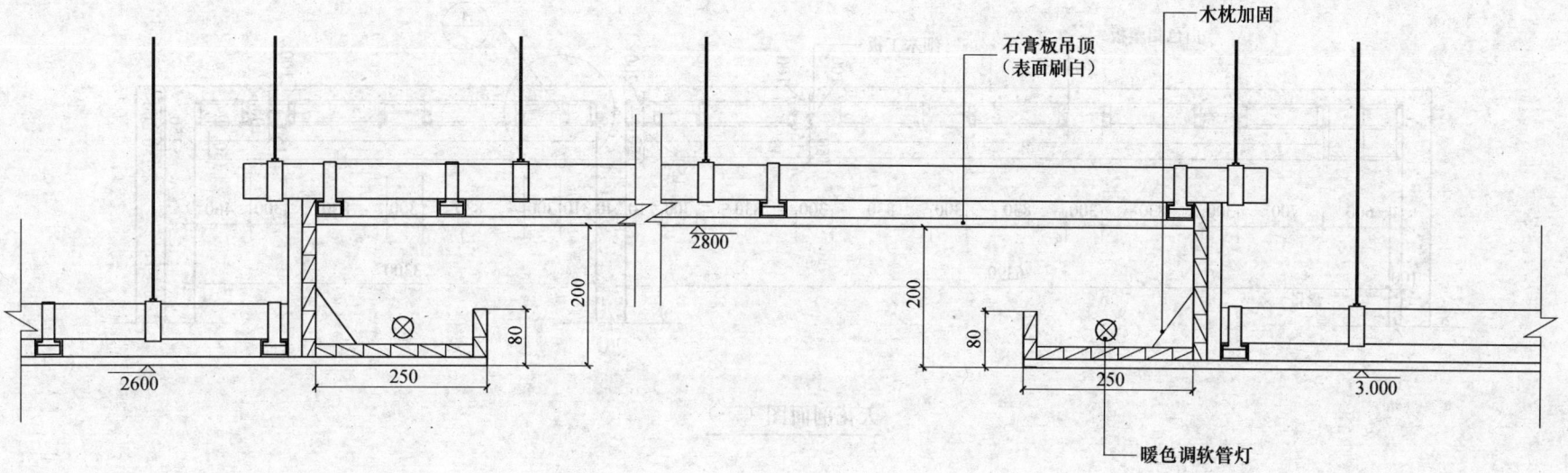

顶棚详图

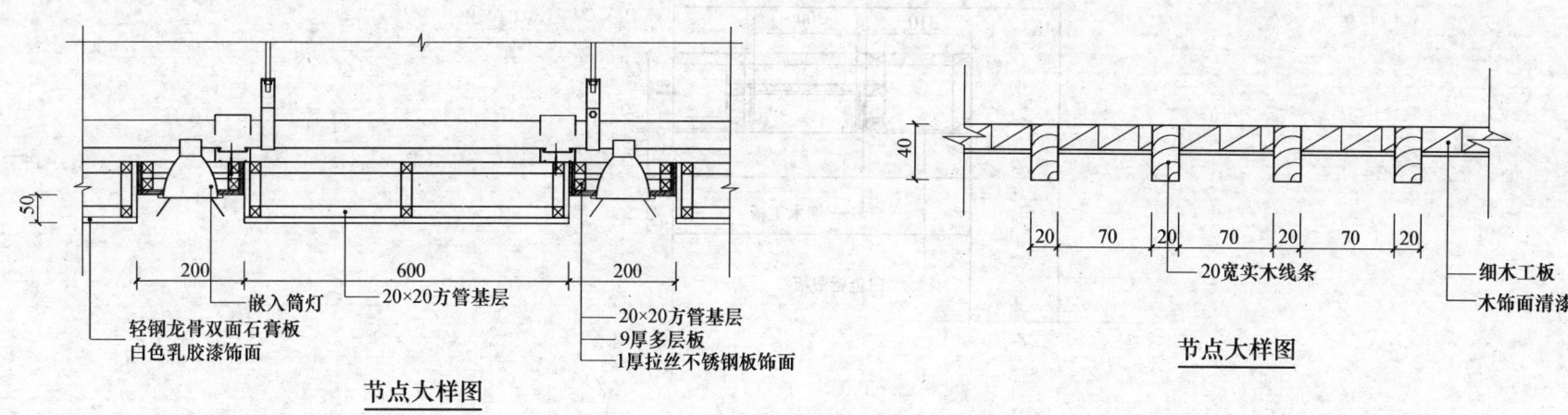

节点大样图

节点大样图

顶棚详图——方案08

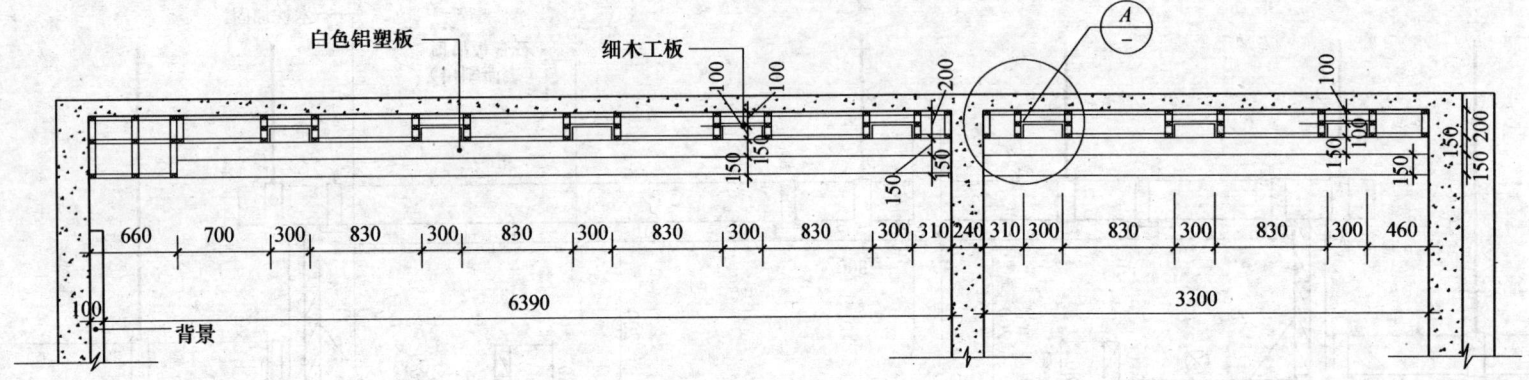

天花剖面图（一）

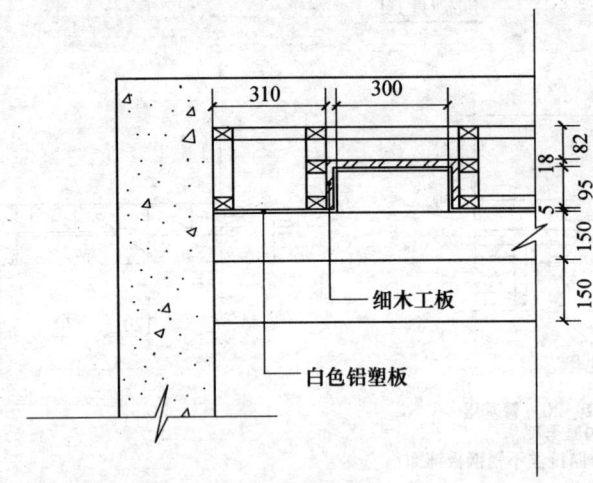

A 节点图

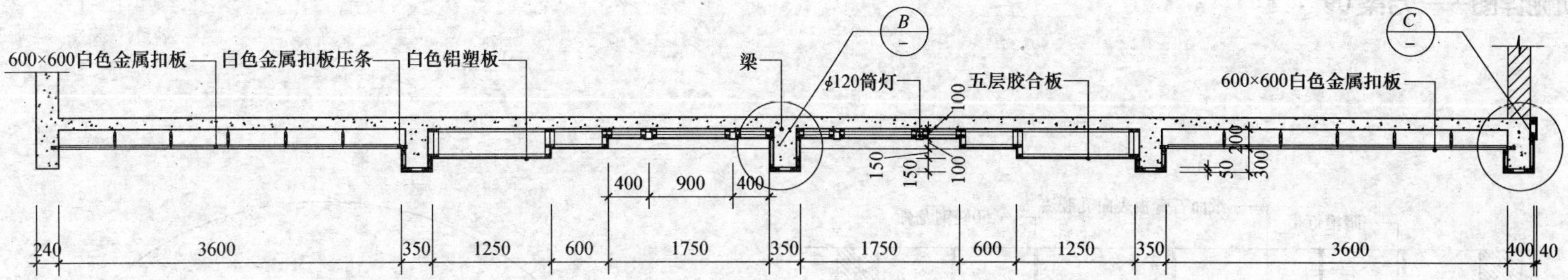

天花剖面图（二）

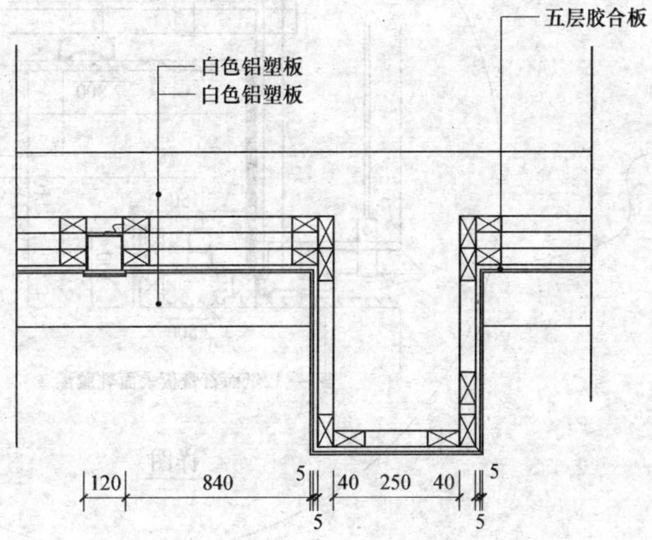

B 节点图

C 节点图

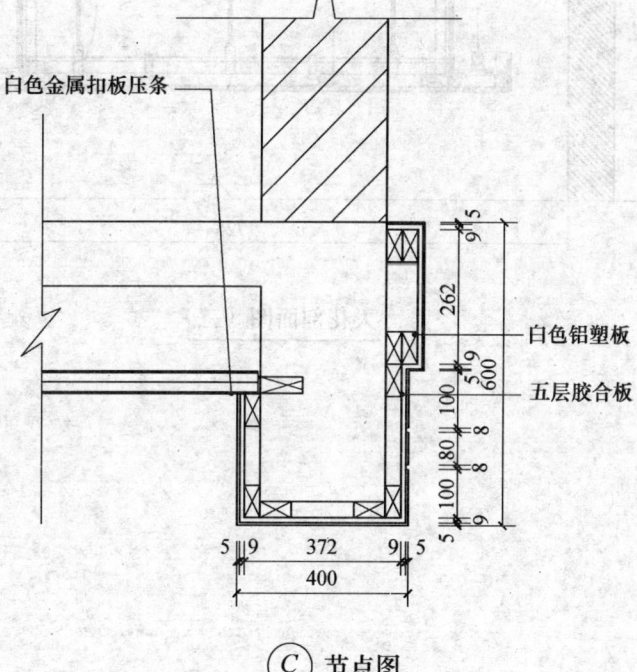

顶棚详图——方案09

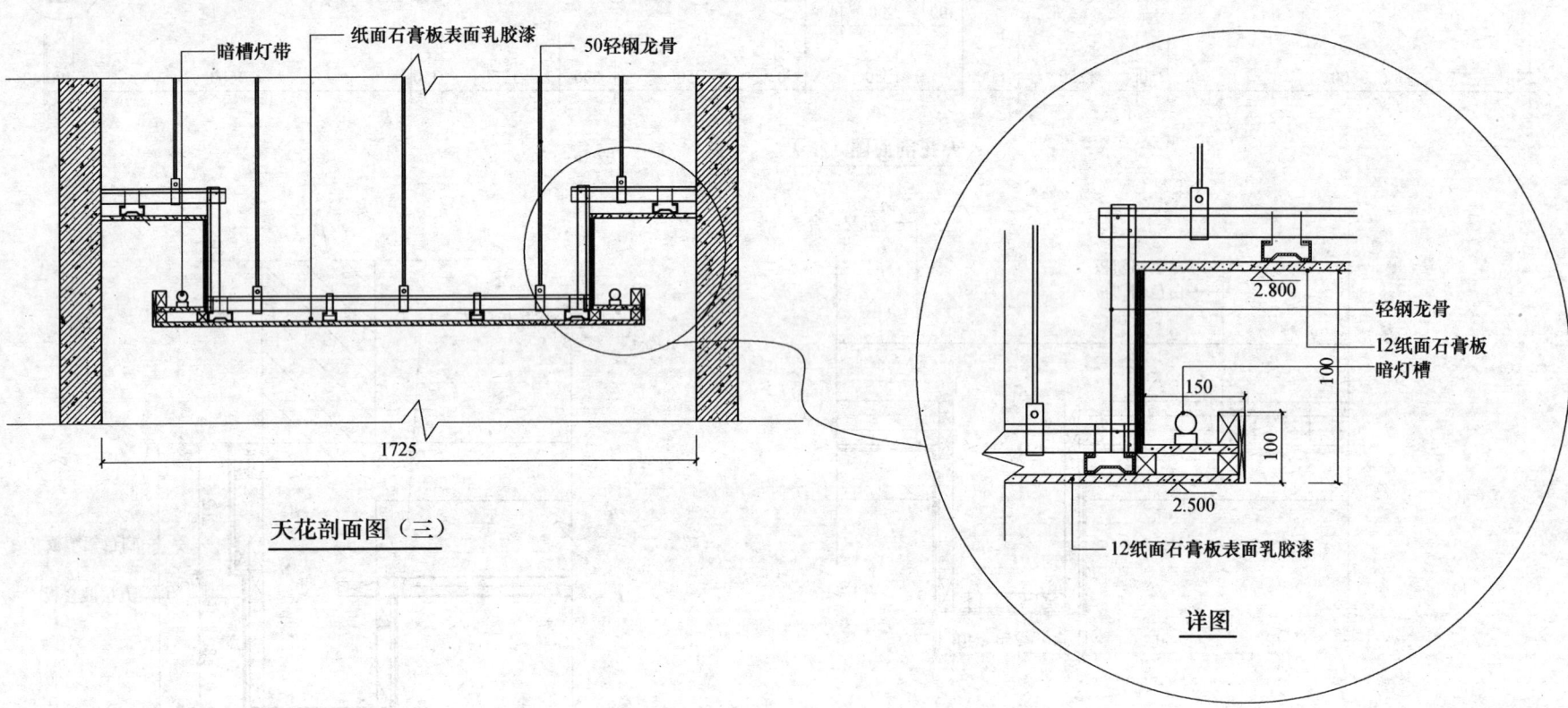

天花剖面图（三）

详图

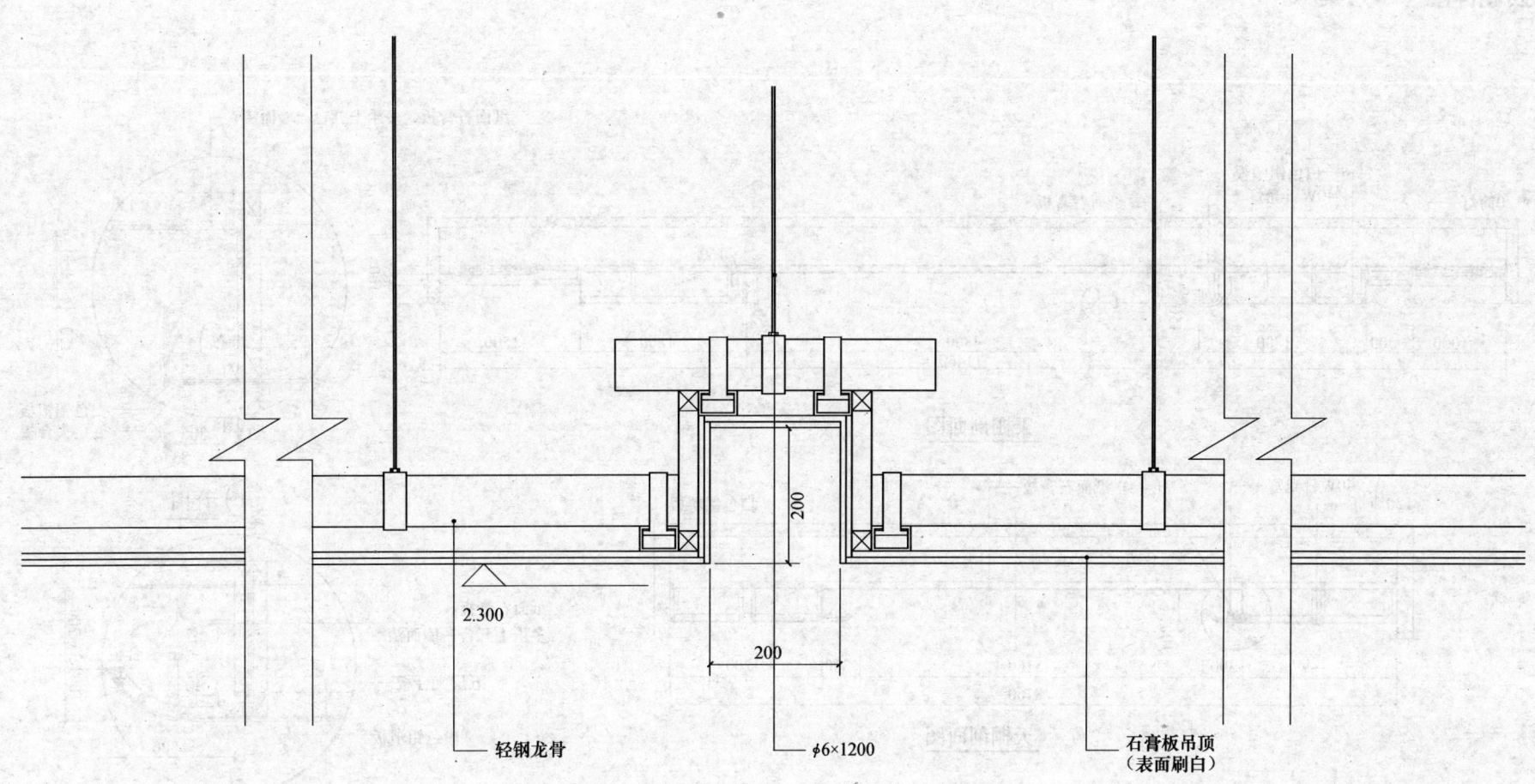

天花剖面图（四）

顶棚详图——方案10

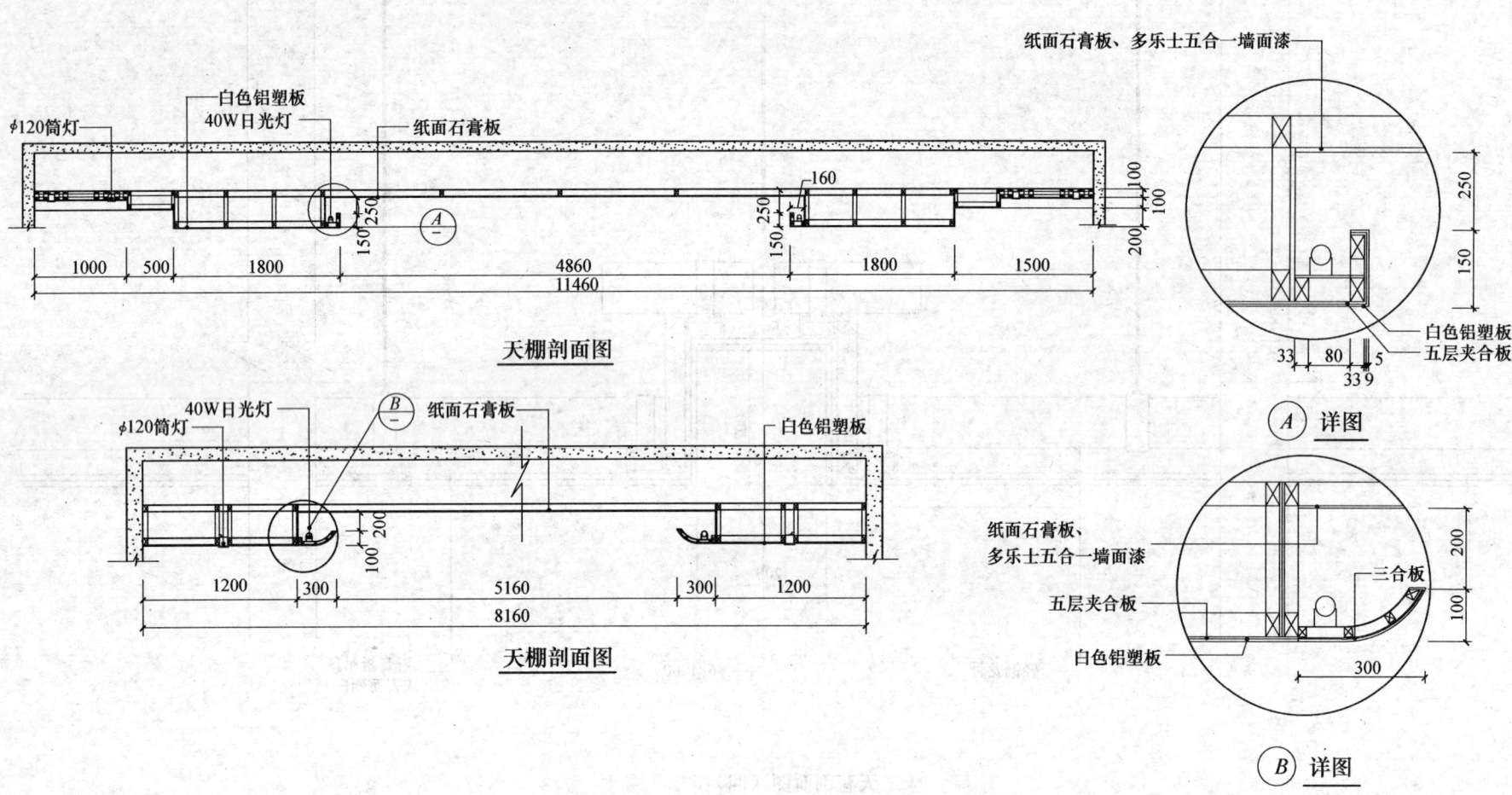

顶棚详图——方案11

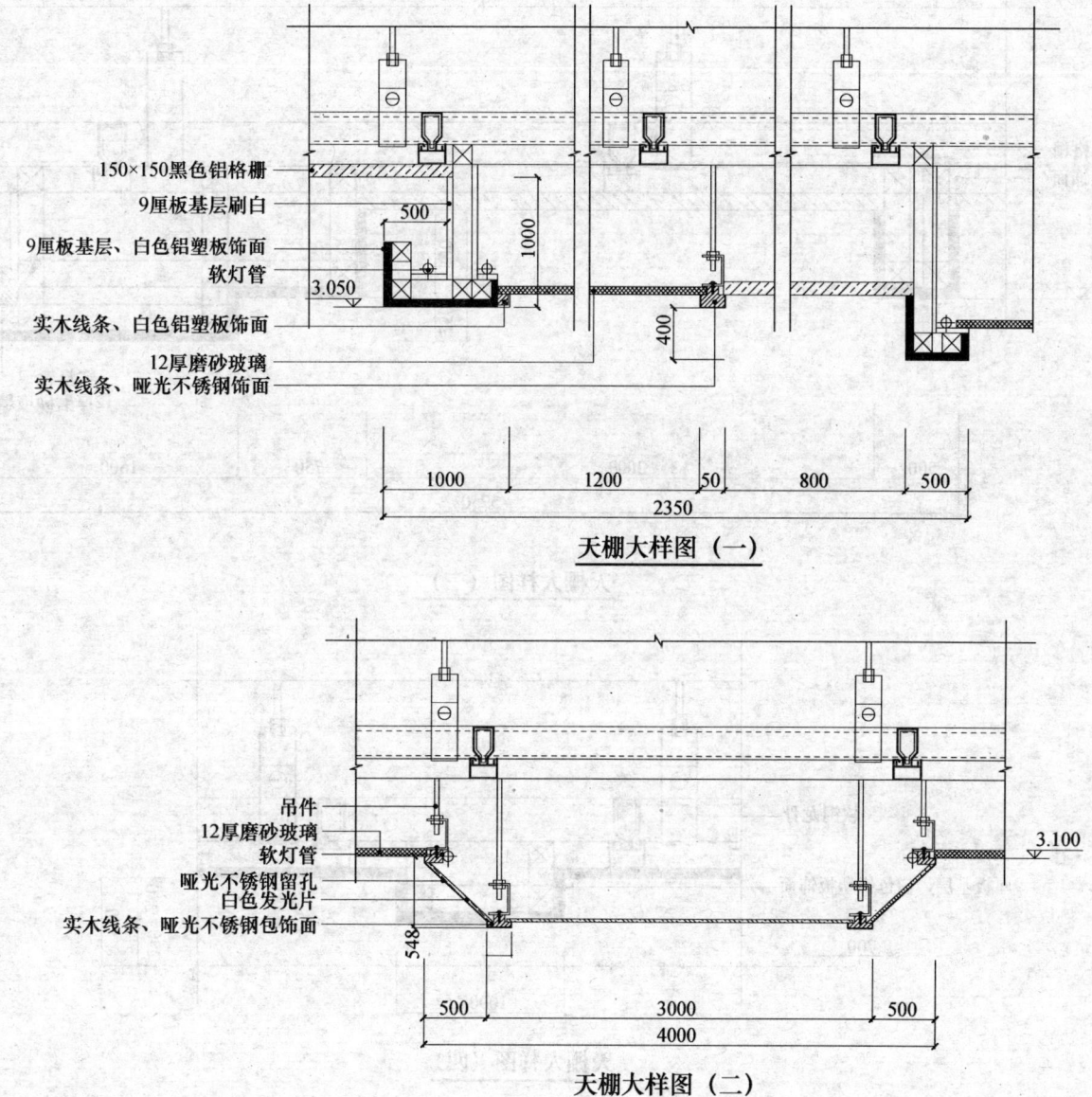

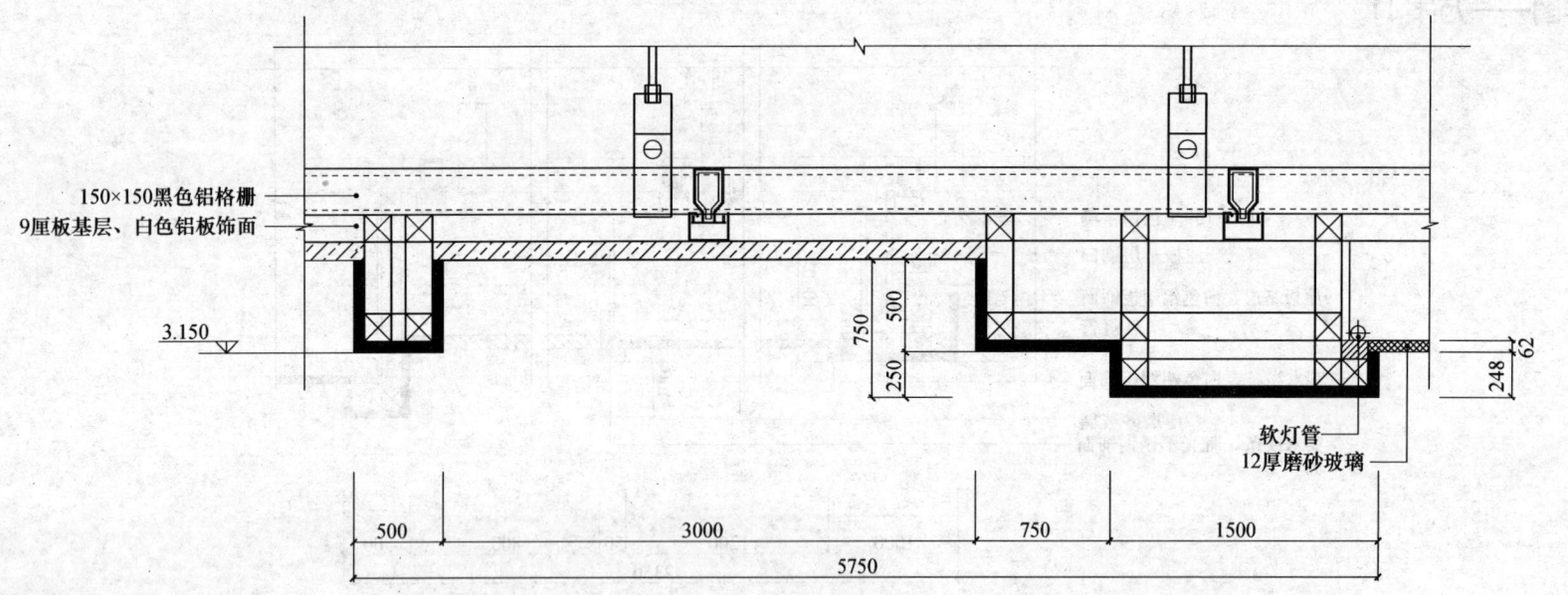

天棚大样图（三）

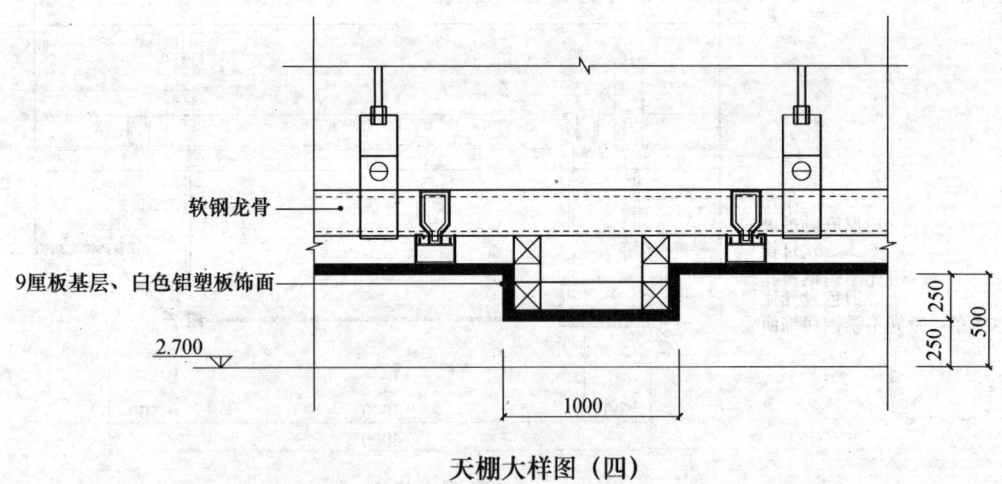

天棚大样图（四）

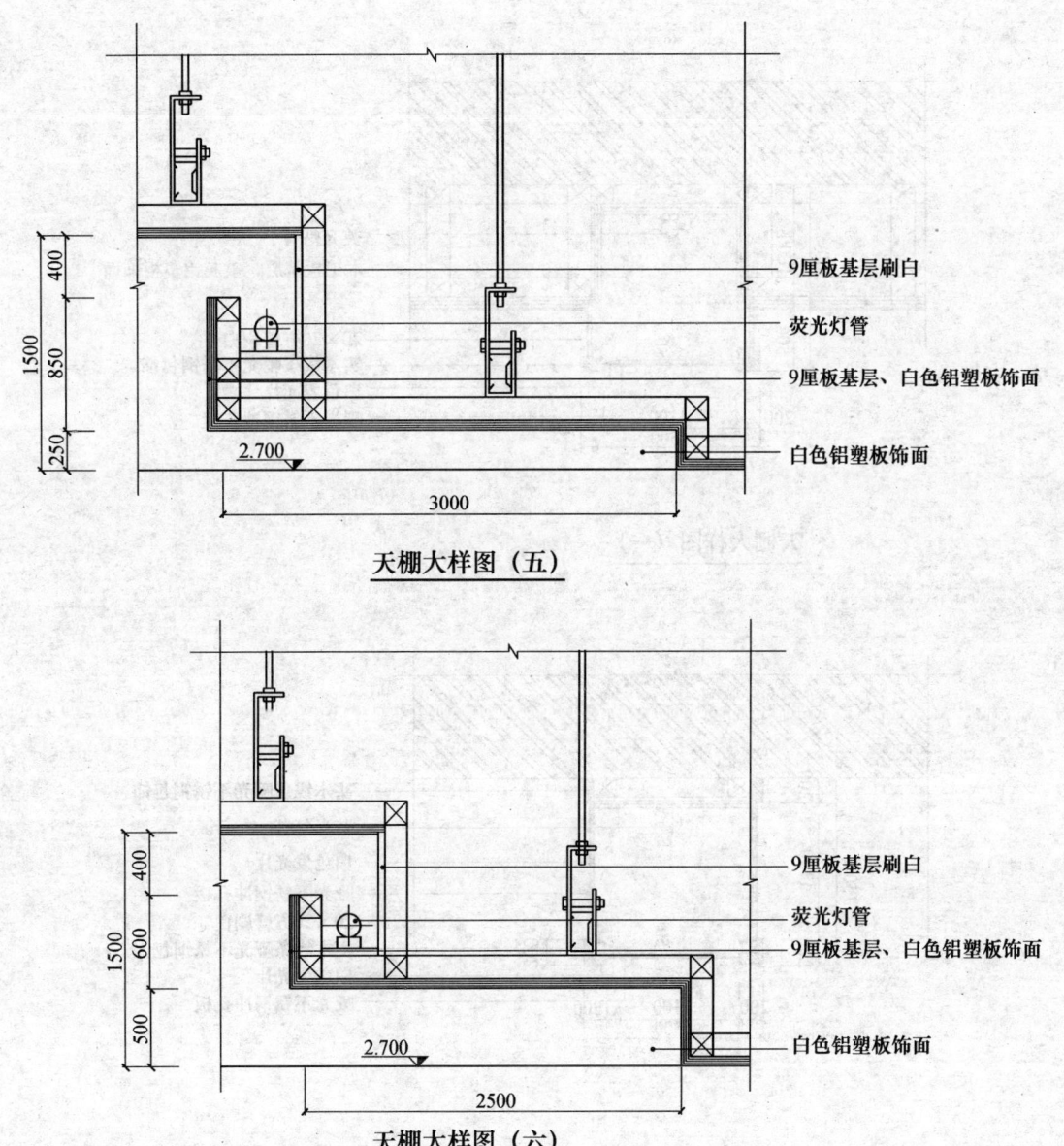

天棚大样图（五）

天棚大样图（六）

顶棚详图——方案 12

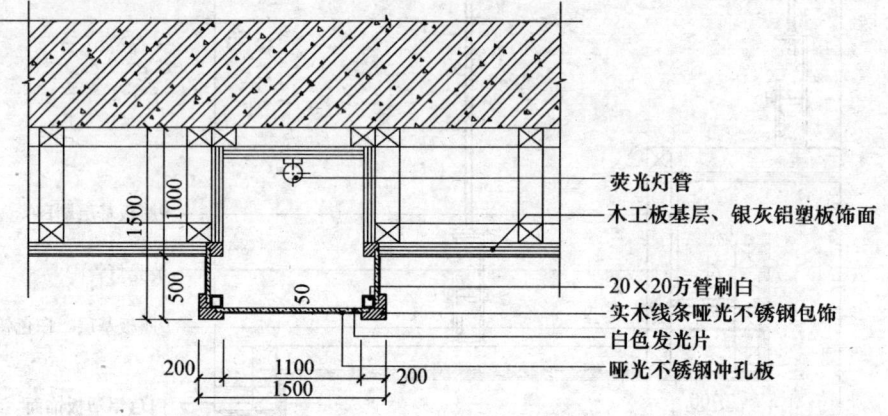

天棚大样图（一）

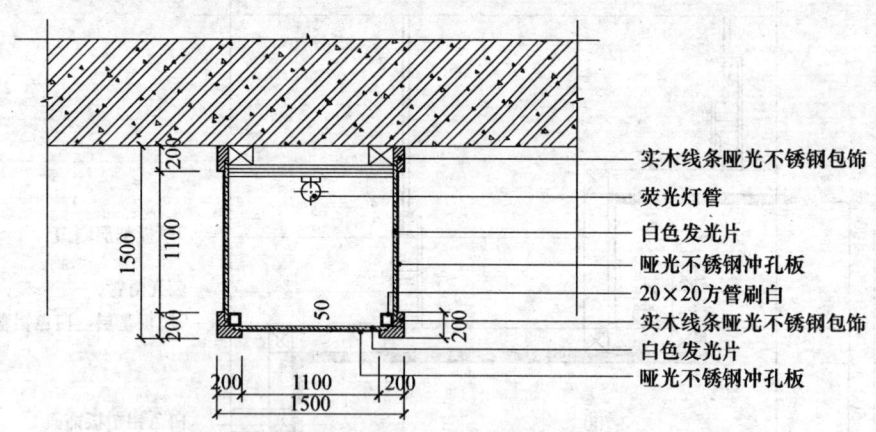

天棚大样图（二）

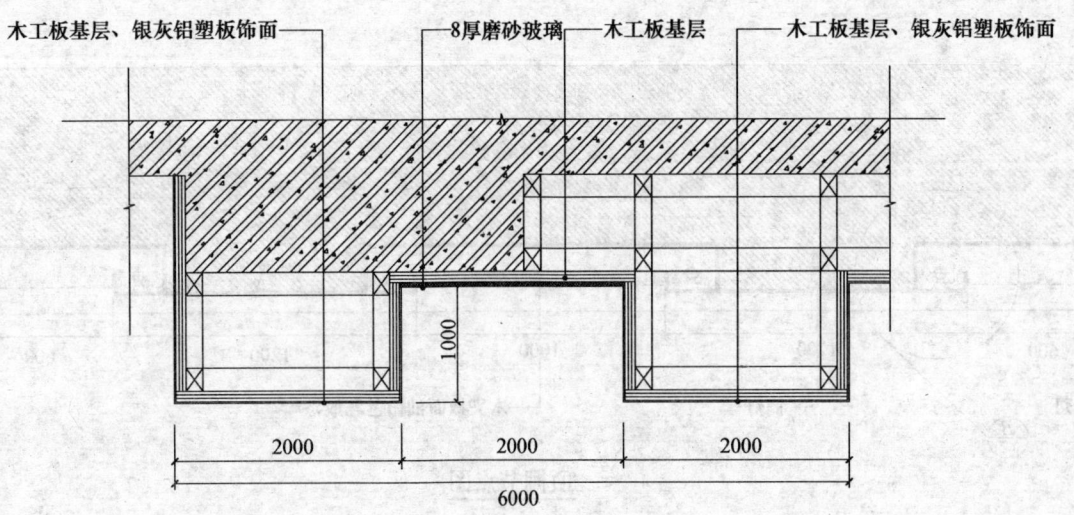

天棚大样图（三）

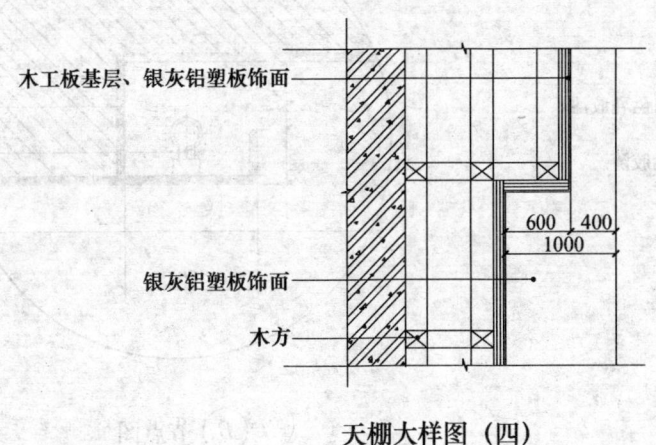

天棚大样图（四）

顶棚详图——方案13

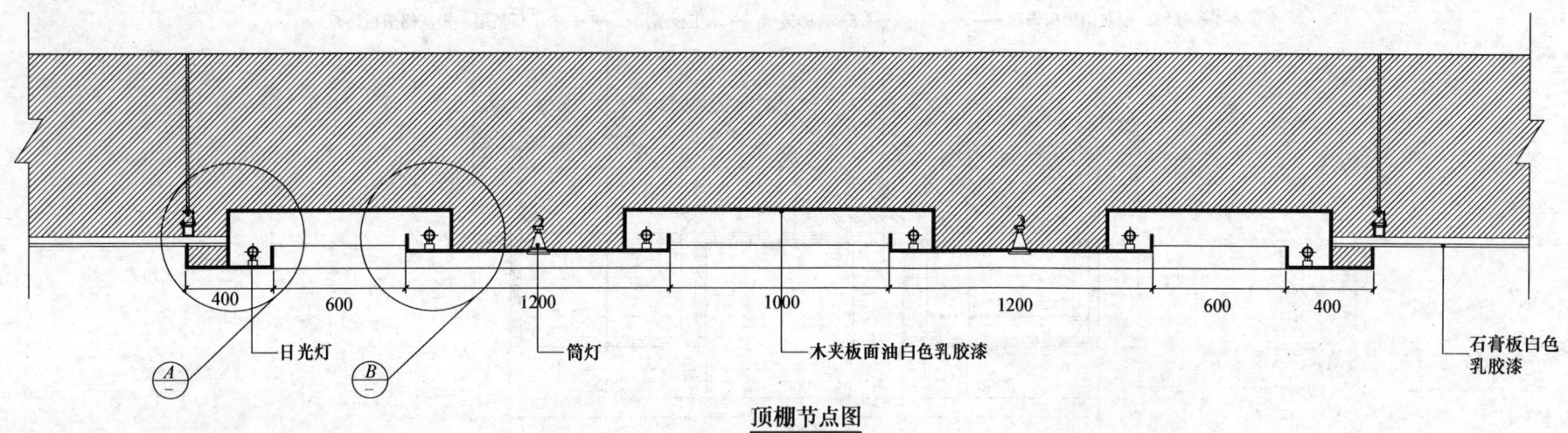

顶棚节点图

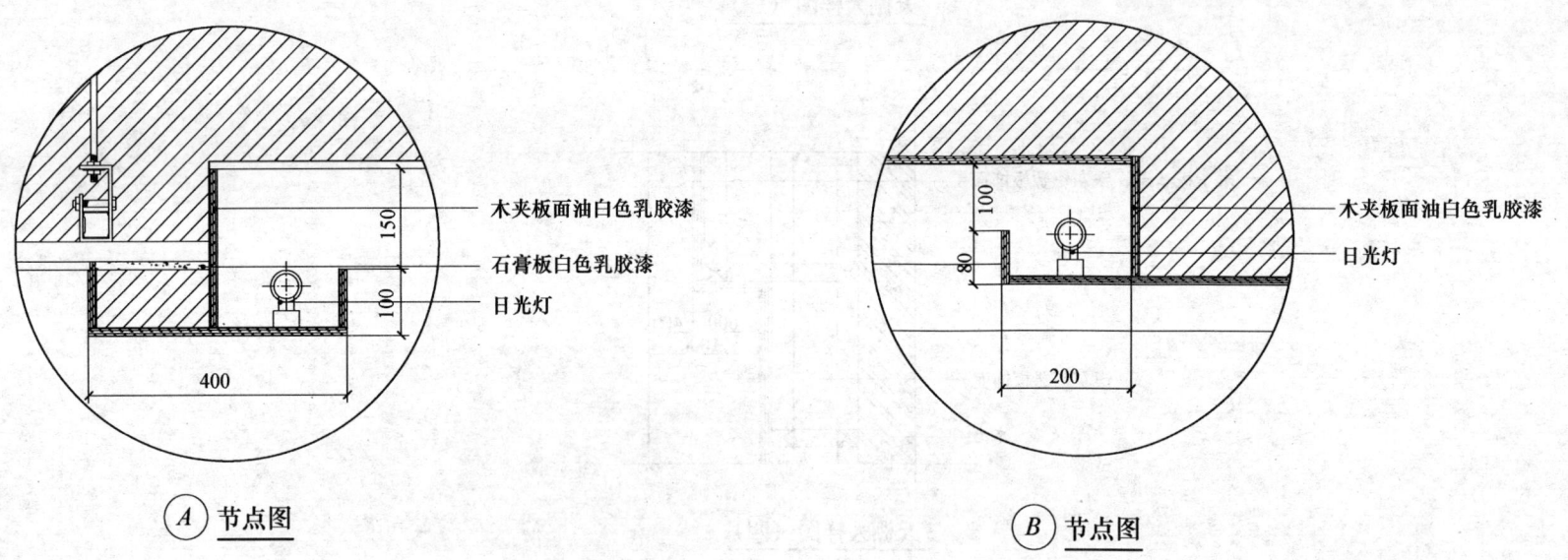

$\underline{A}$ 节点图　　　　　　　　　　$\underline{B}$ 节点图

顶棚详图——方案14

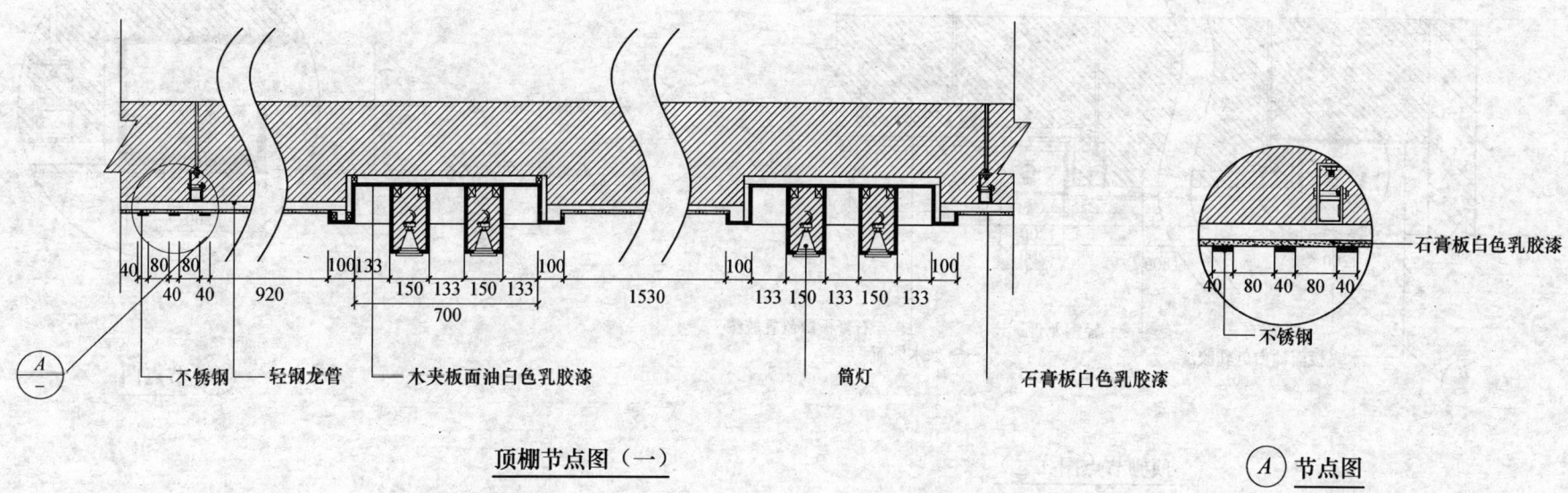

顶棚节点图（一）

A 节点图

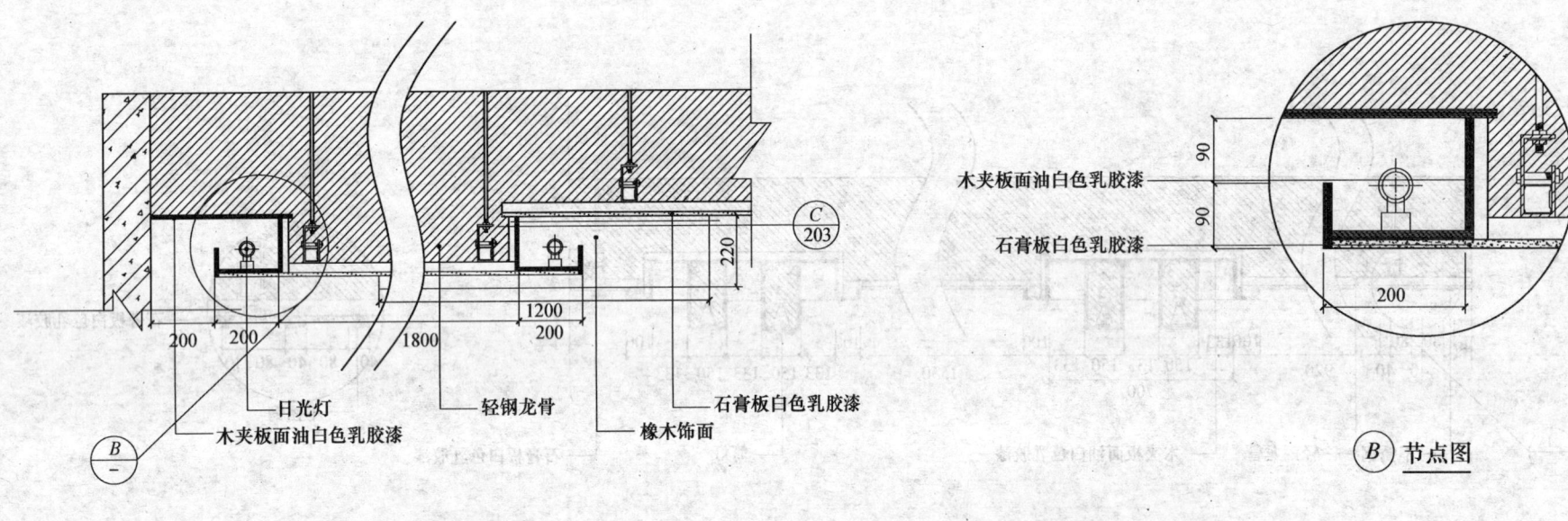

顶棚节点图（二）

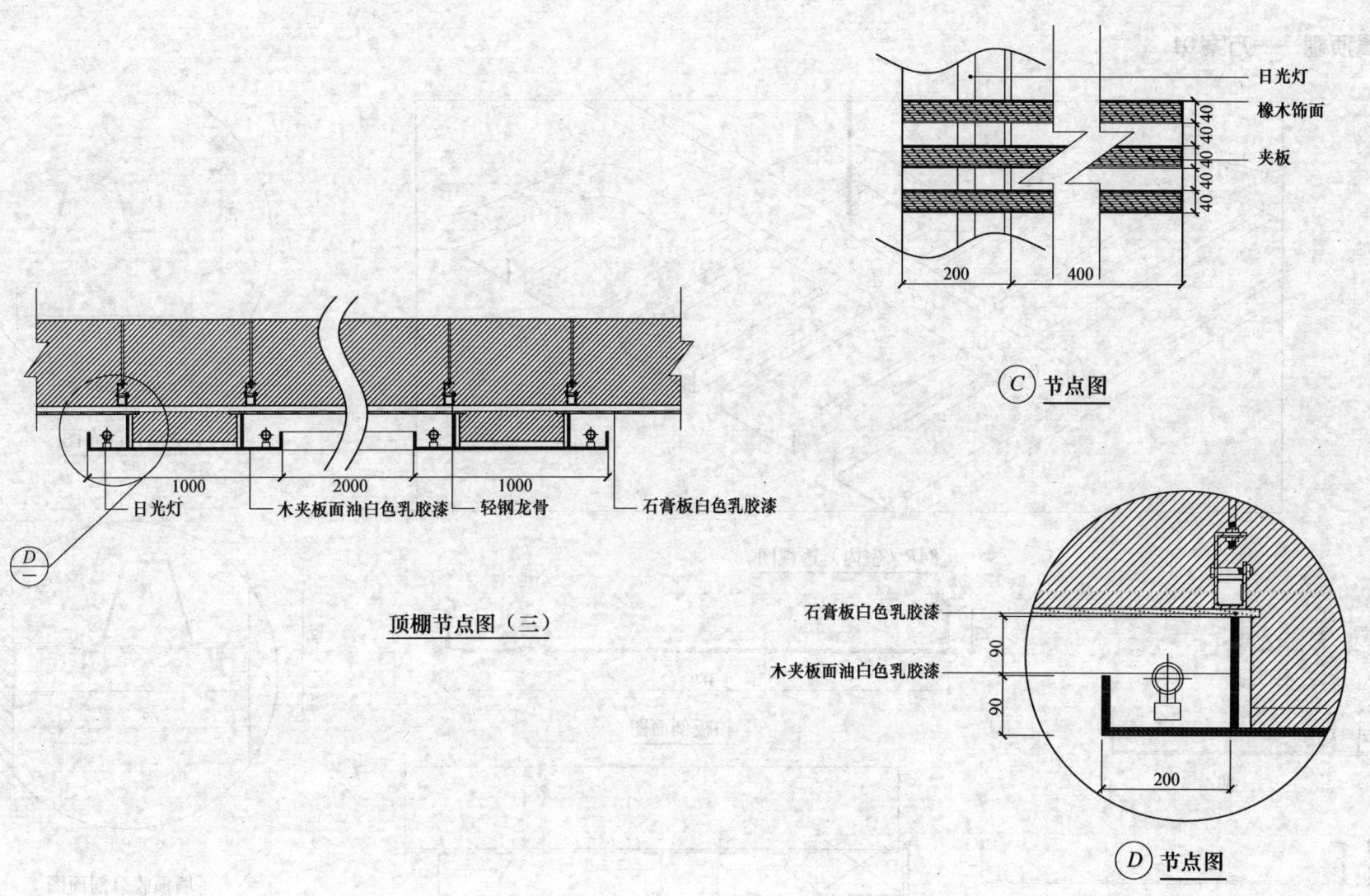

顶棚节点图（三）

第三节 金属顶棚

金属顶棚——方案01

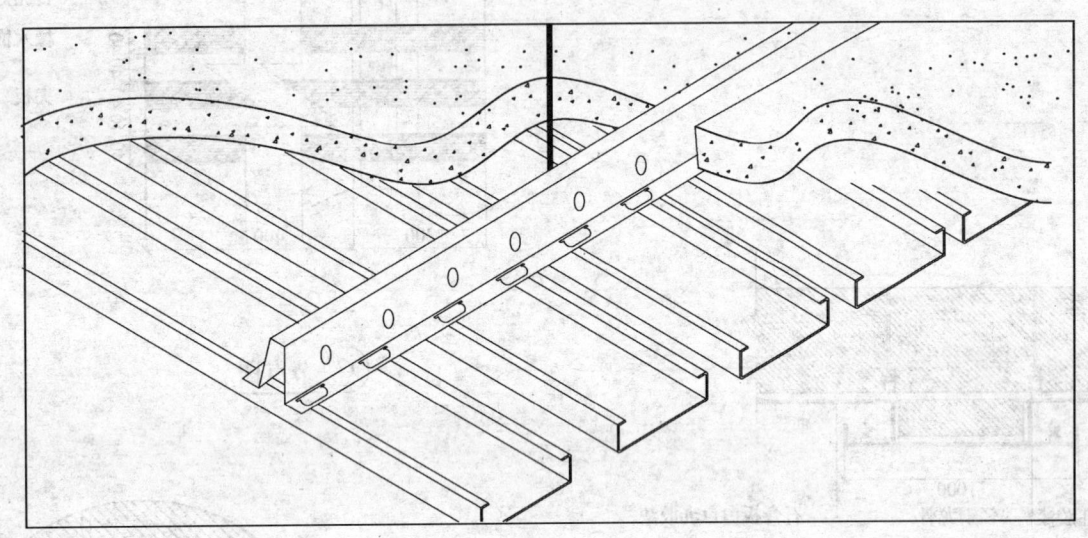

84R（室内）透视图

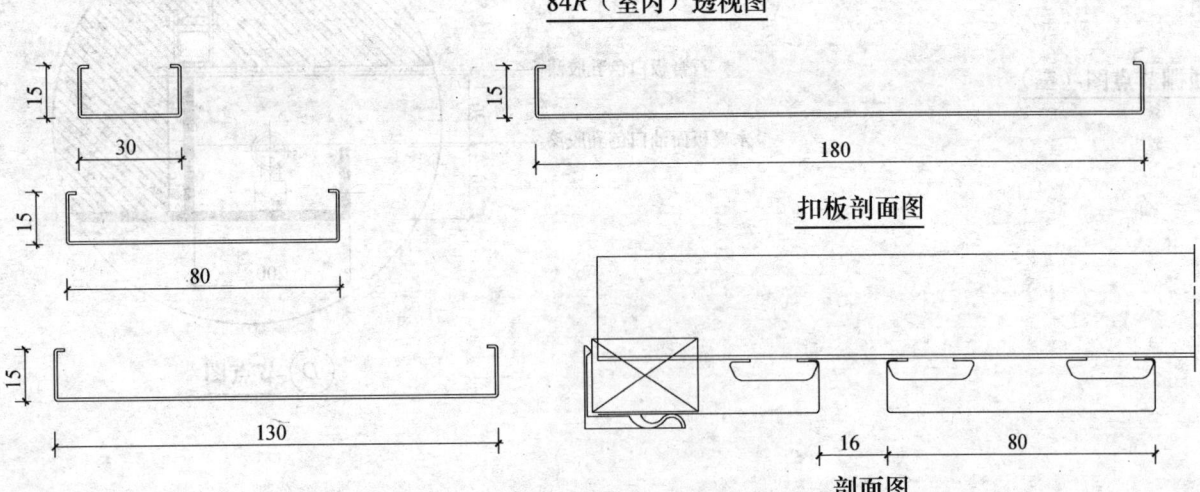

扣板剖面图

剖面图

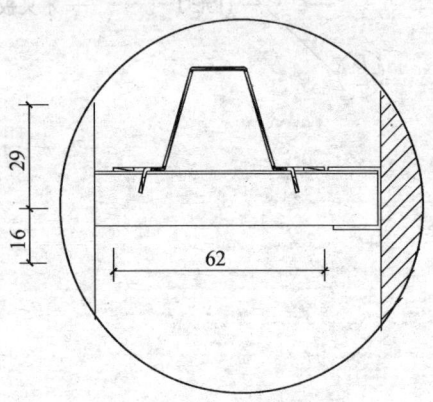

主龙骨剖面图

墙顶收口剖面图

金属顶棚——方案02

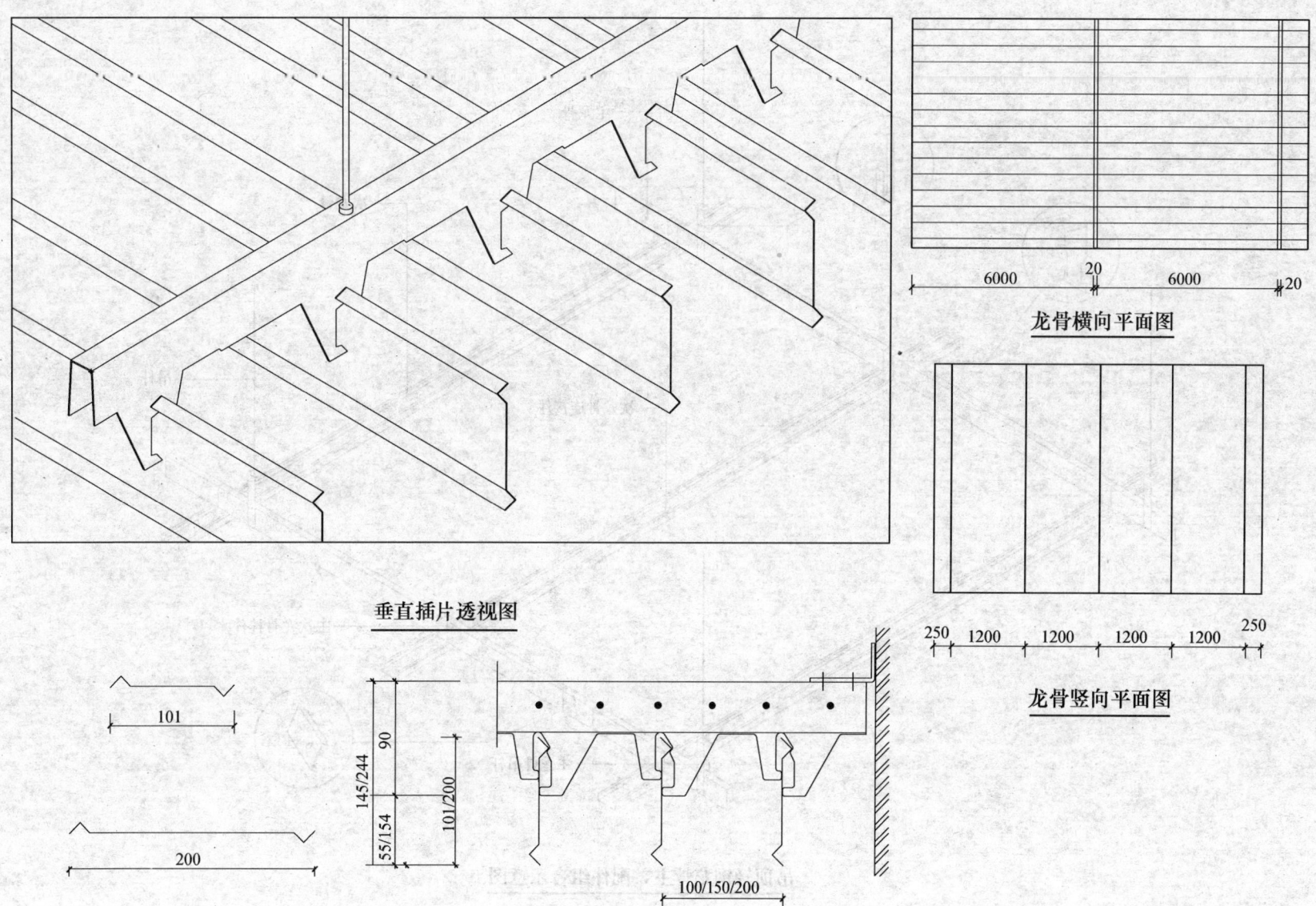

垂直插片透视图

龙骨横向平面图

龙骨竖向平面图

金属顶棚——方案03

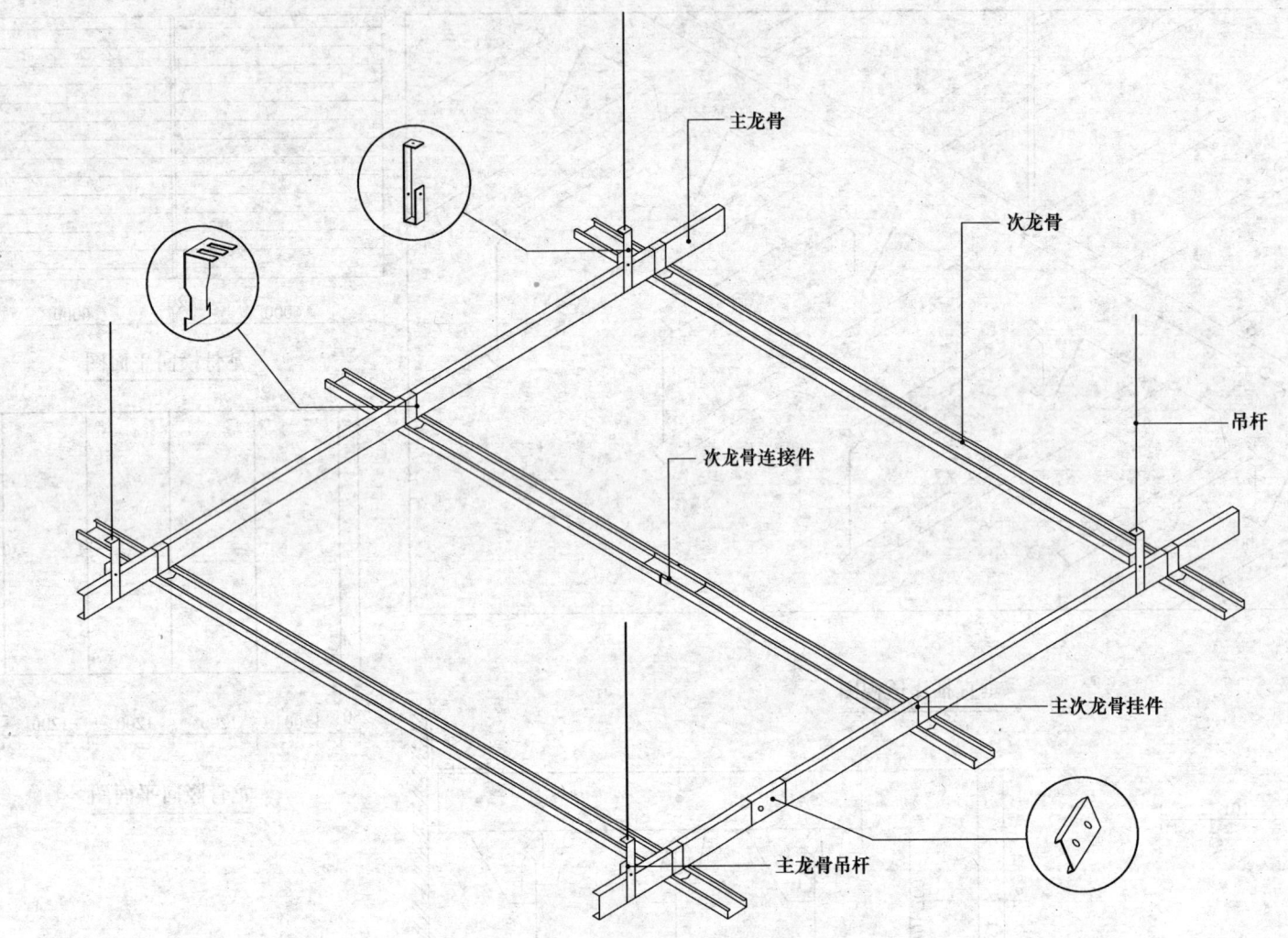

吊顶轻钢龙骨主、配件组合示意图

金属顶棚——方案 04

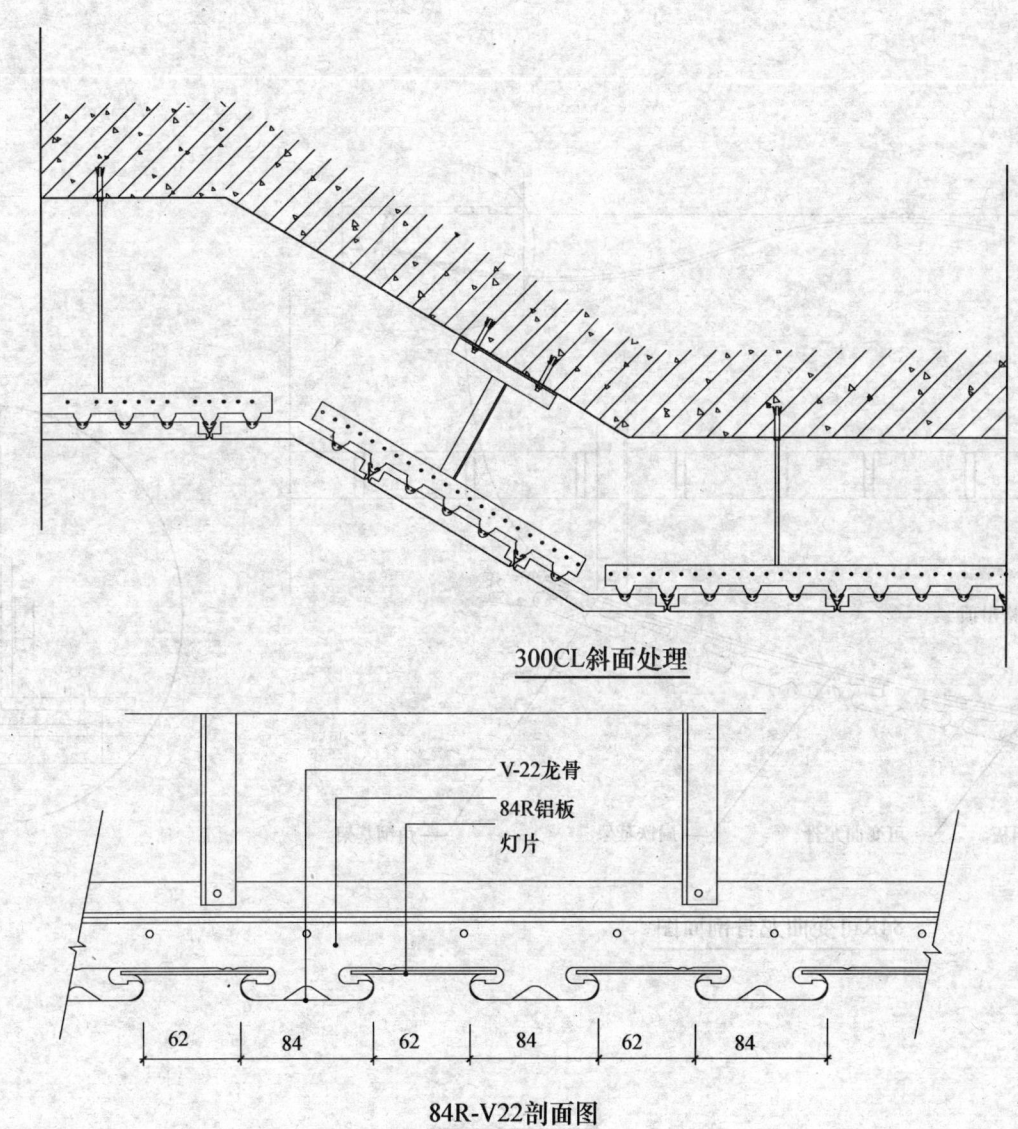

300CL斜面处理

84R-V22剖面图

金属顶棚——方案05

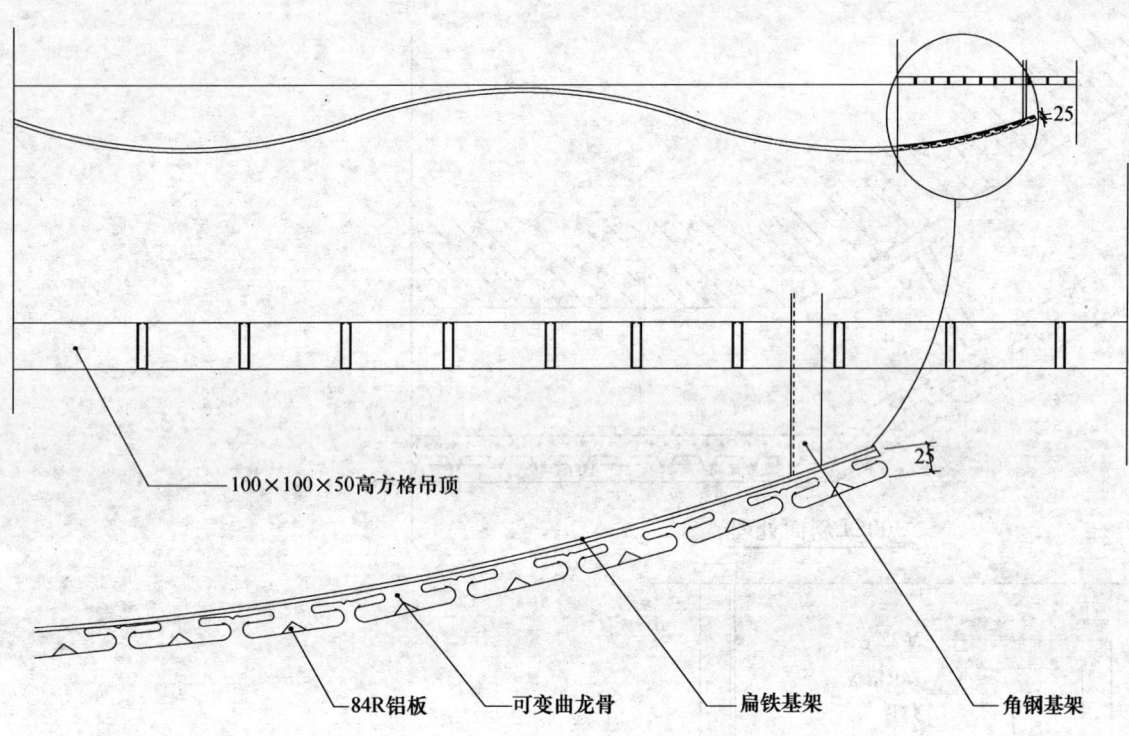
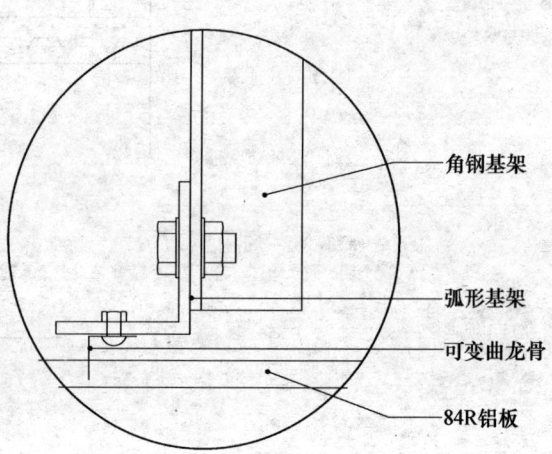

84R可变曲龙骨剖面图

金属顶棚——方案06

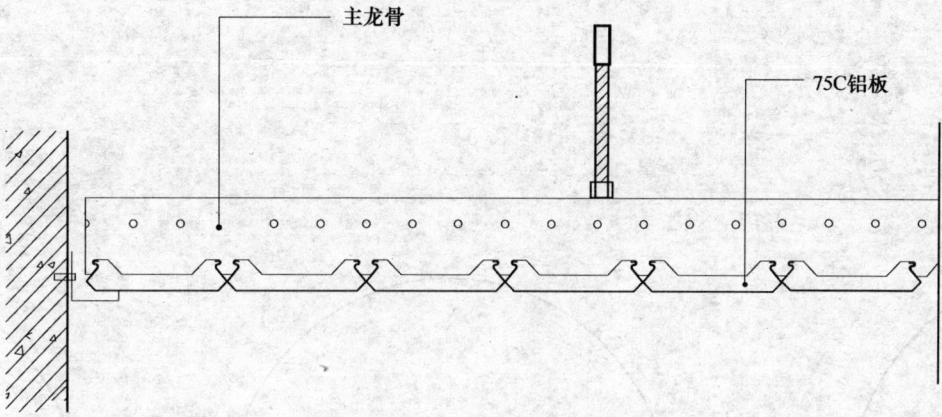

75C剖面图

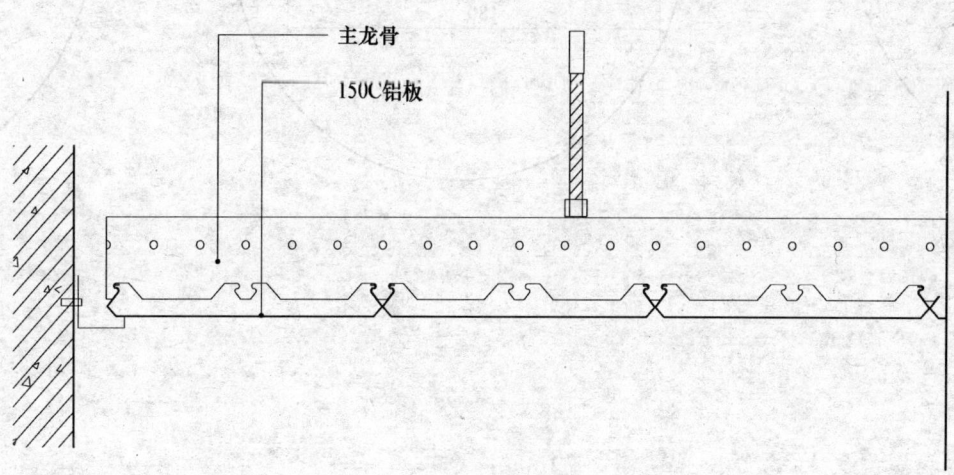

150C剖面图

金属顶棚——详图01

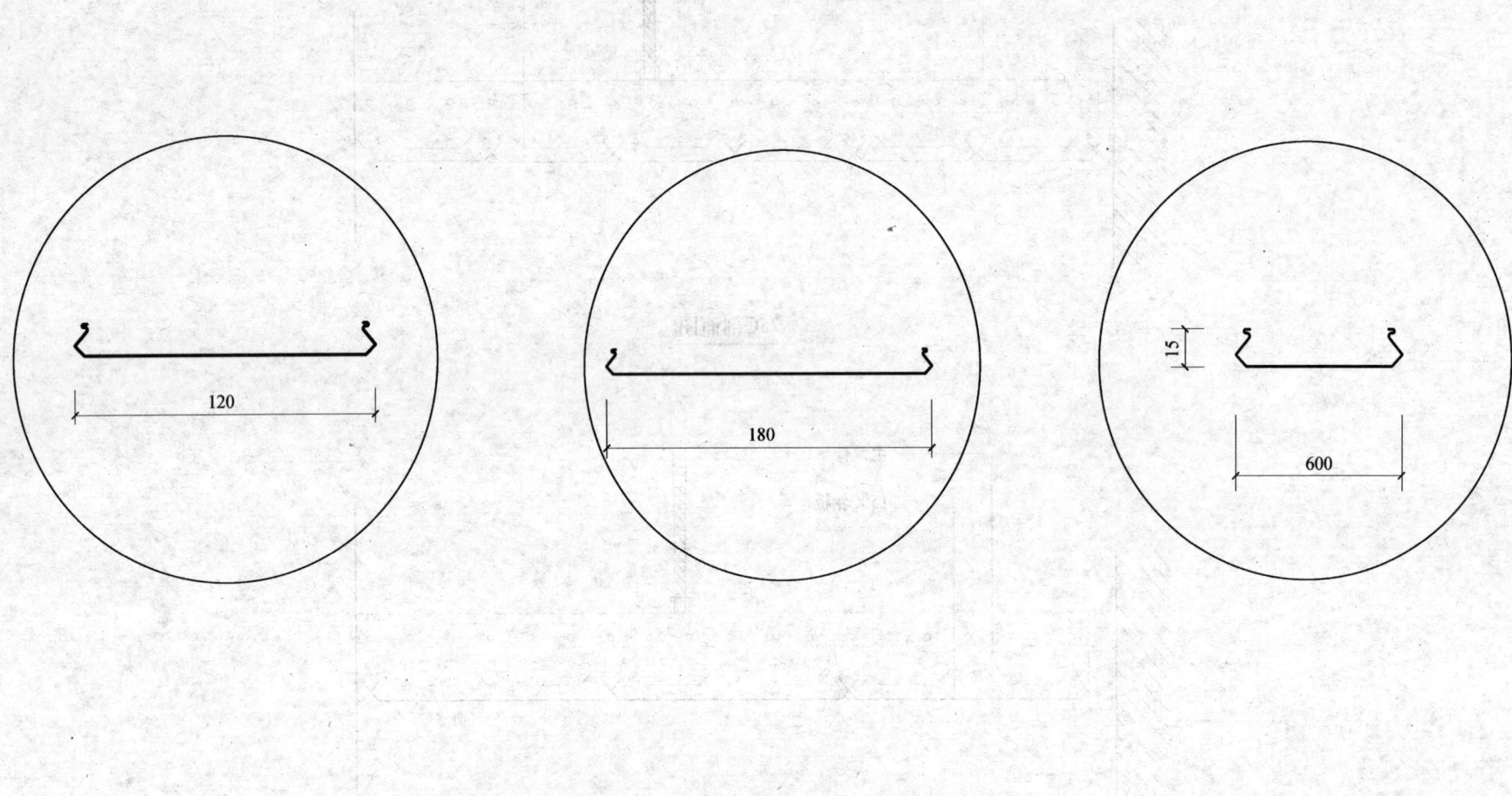

金属顶棚——详图02

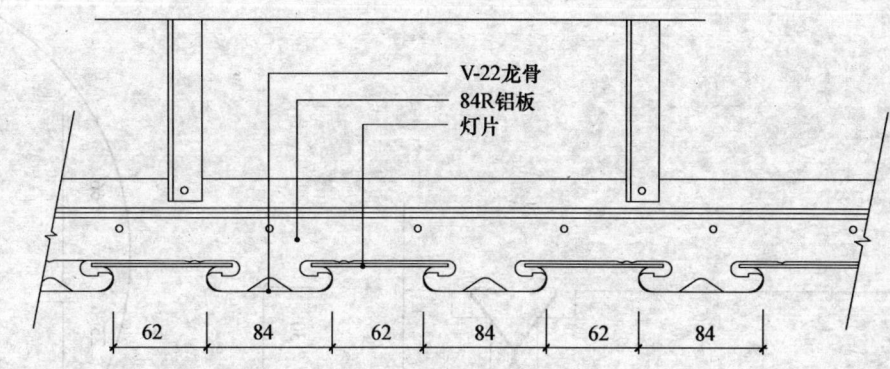

84R-V22剖面图

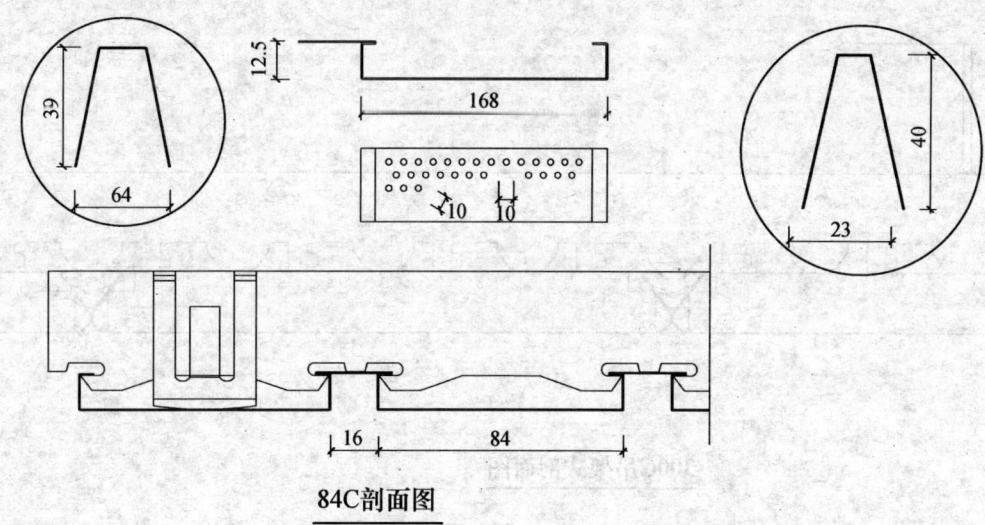

84C剖面图

金属顶棚——详图03

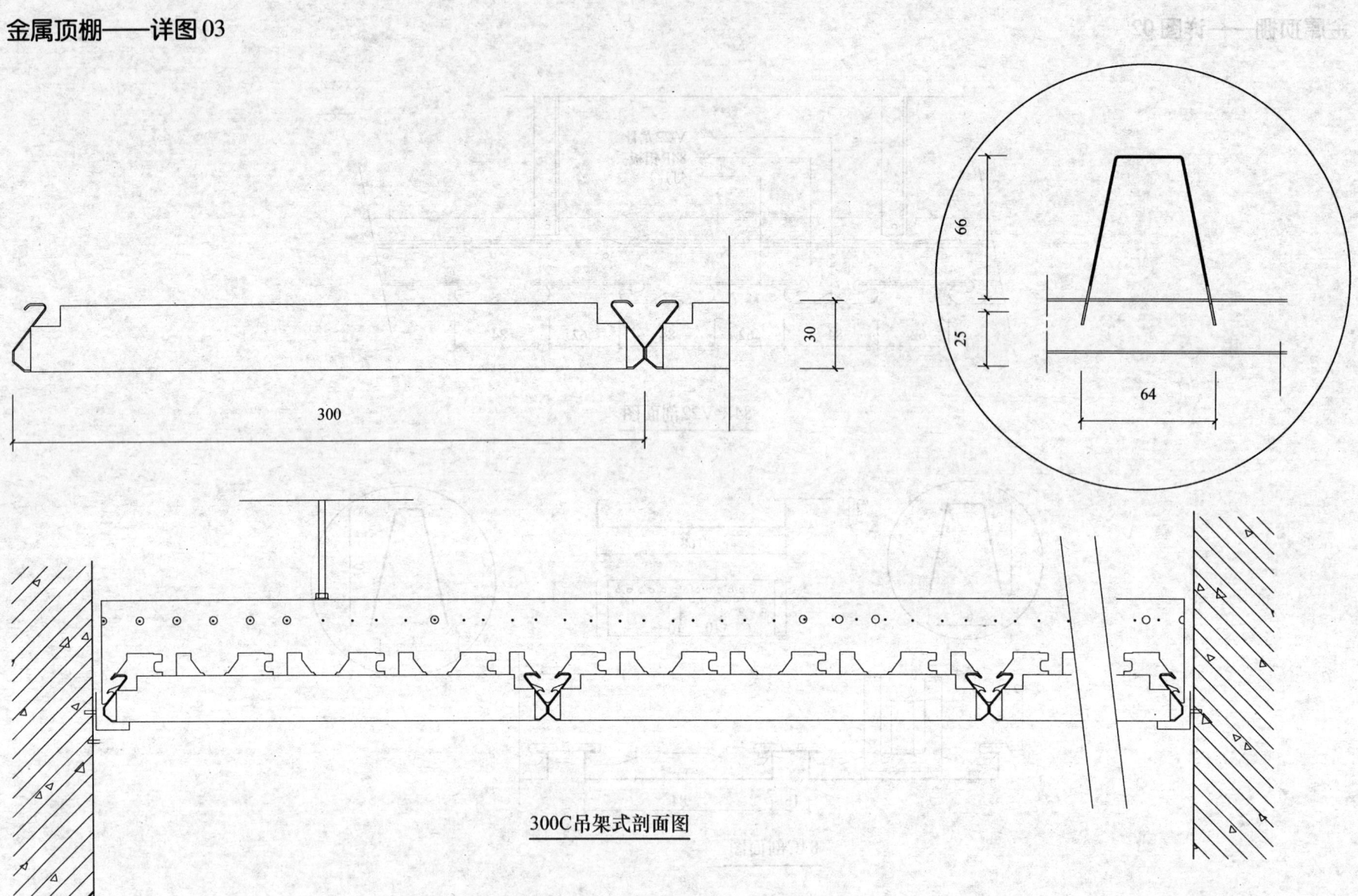

300C吊架式剖面图

金属顶棚——详图04

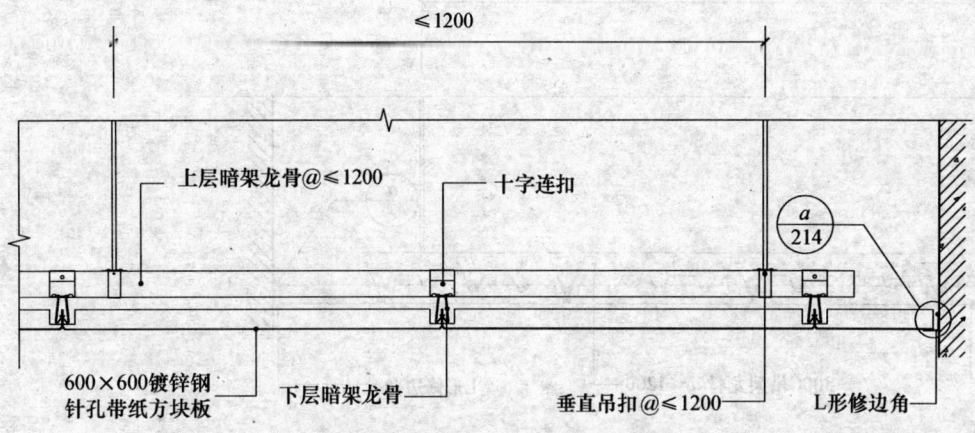

600×600金属方板天花详图（一）

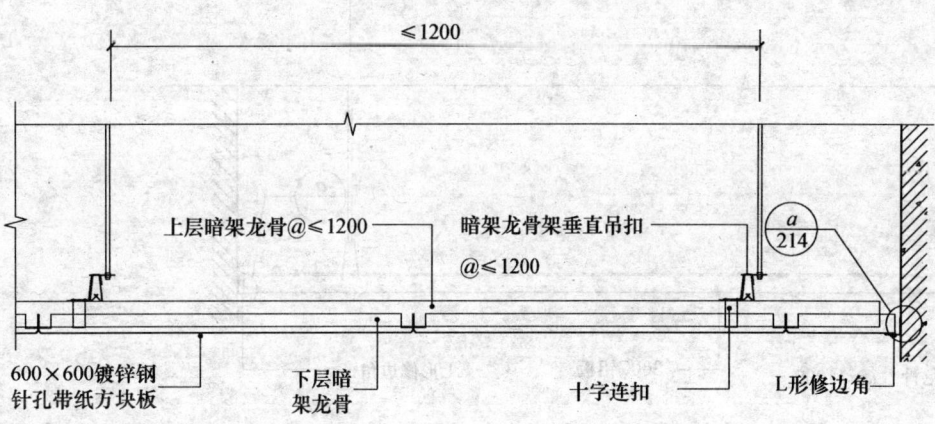

600×600金属方板天花详图（二）

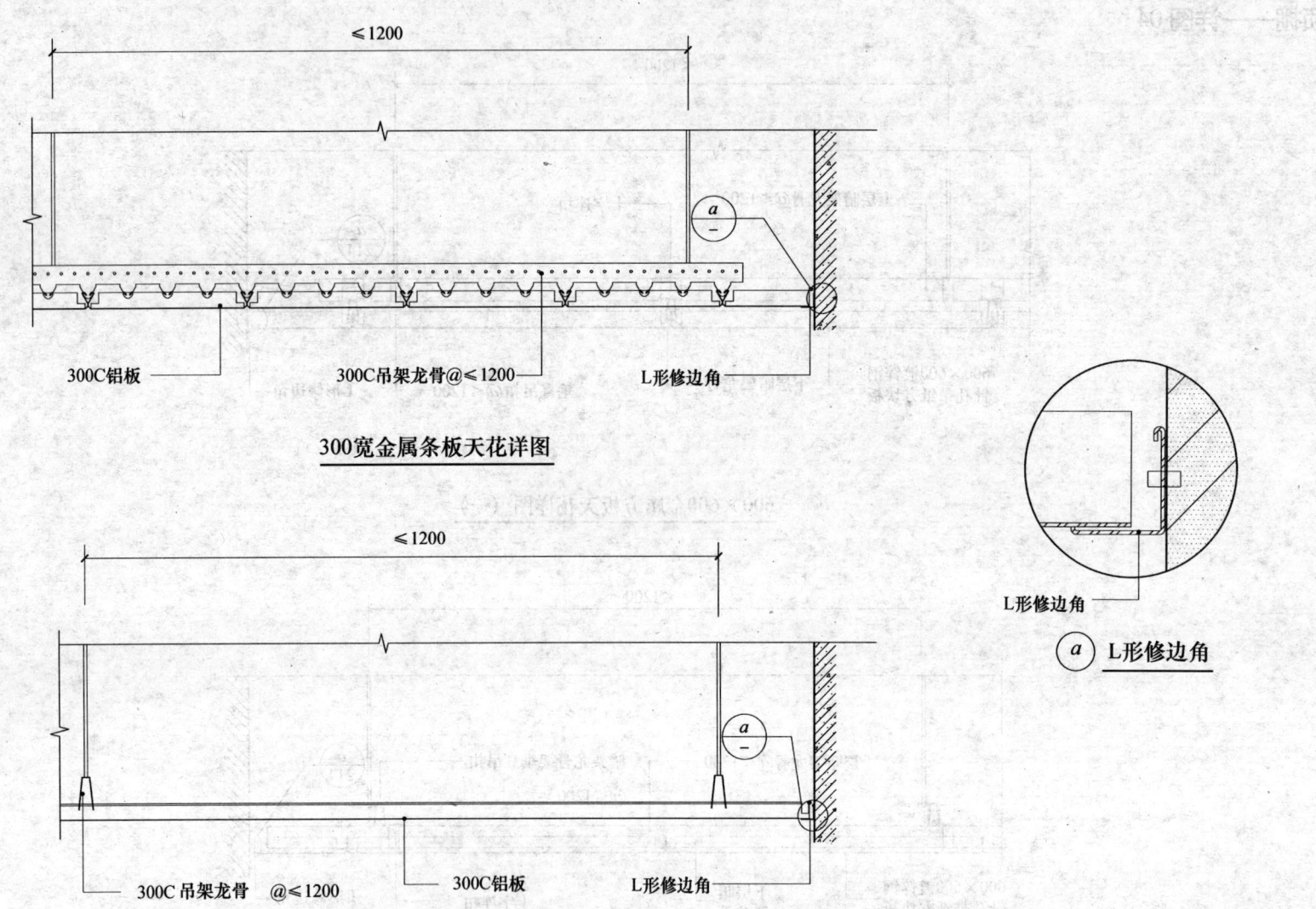

300宽金属条板天花详图

300宽金属条板天花详图

L形修边角

ⓐ L形修边角

金属顶棚——详图05

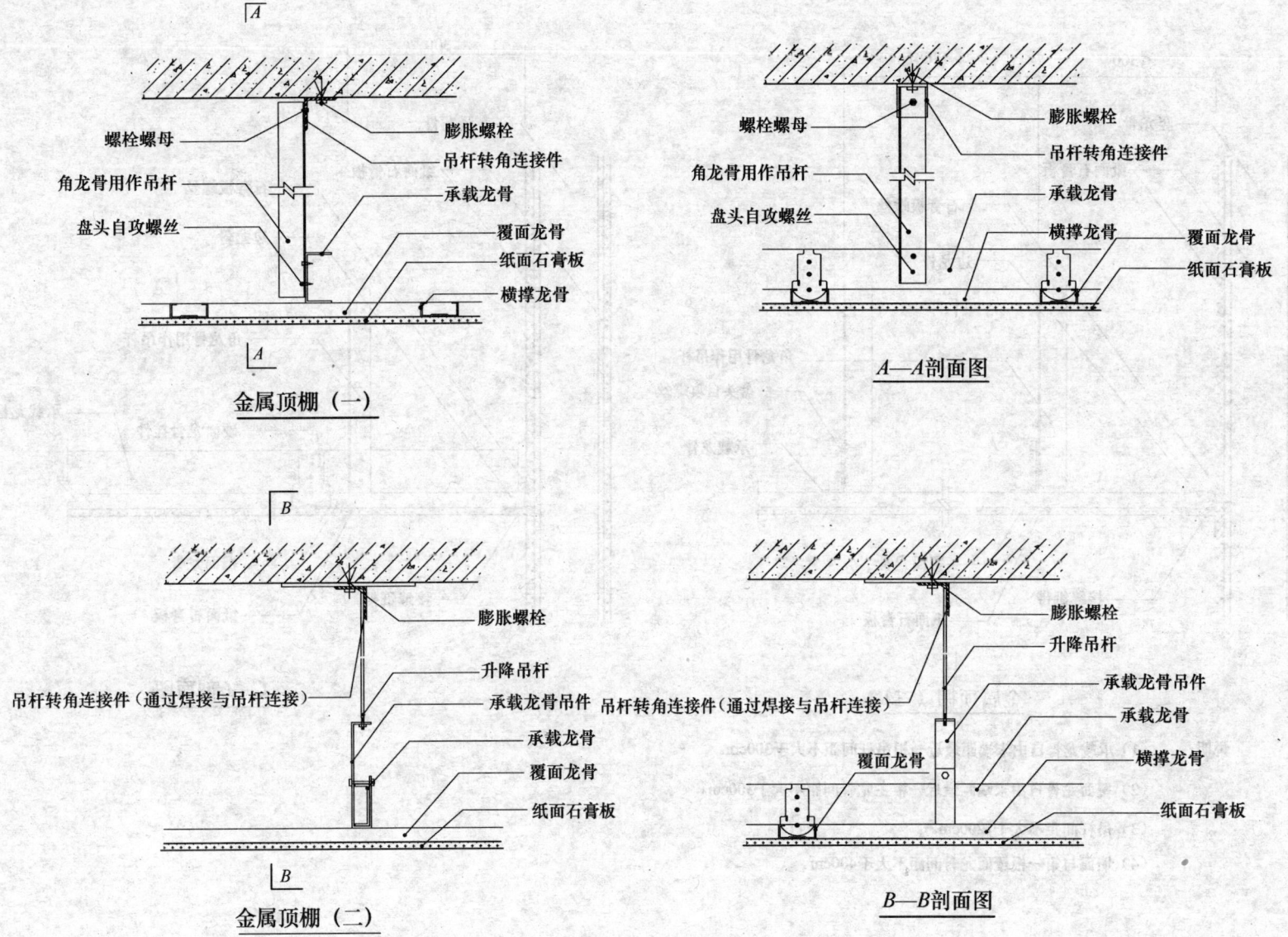

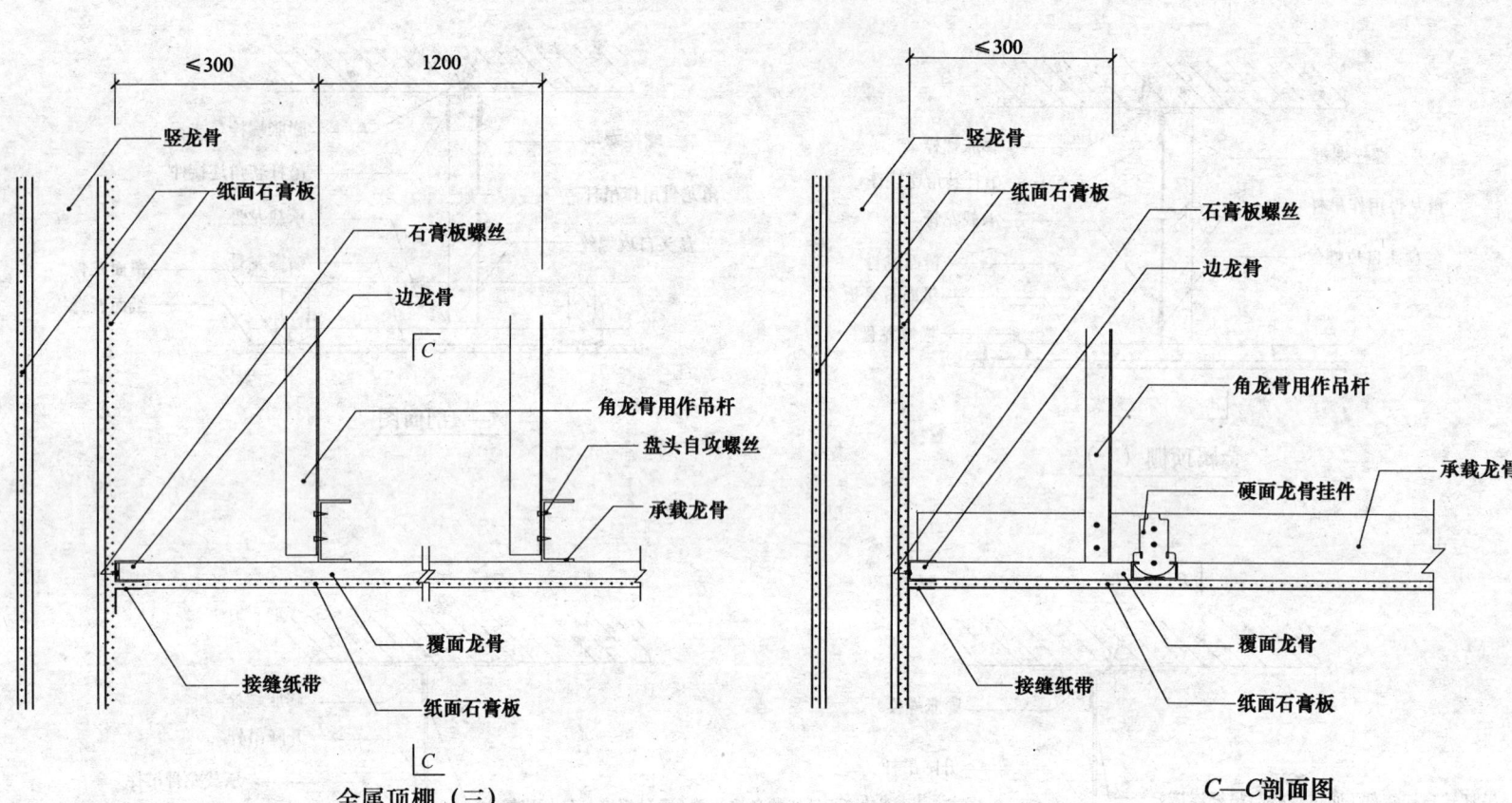

金属顶棚（三）　　　　　　　　　　C—C剖面图

说明：（1）承载龙骨自由末端距最近一根吊杆间距不大于300cm。
　　　（2）覆面龙骨自由末端距最近一根主龙骨间距不大于300cm。
　　　（3）吊杆间距不大于1200cm。
　　　（4）墙面与第一根覆面龙骨间距不大于400cm。

金属顶棚——详图06

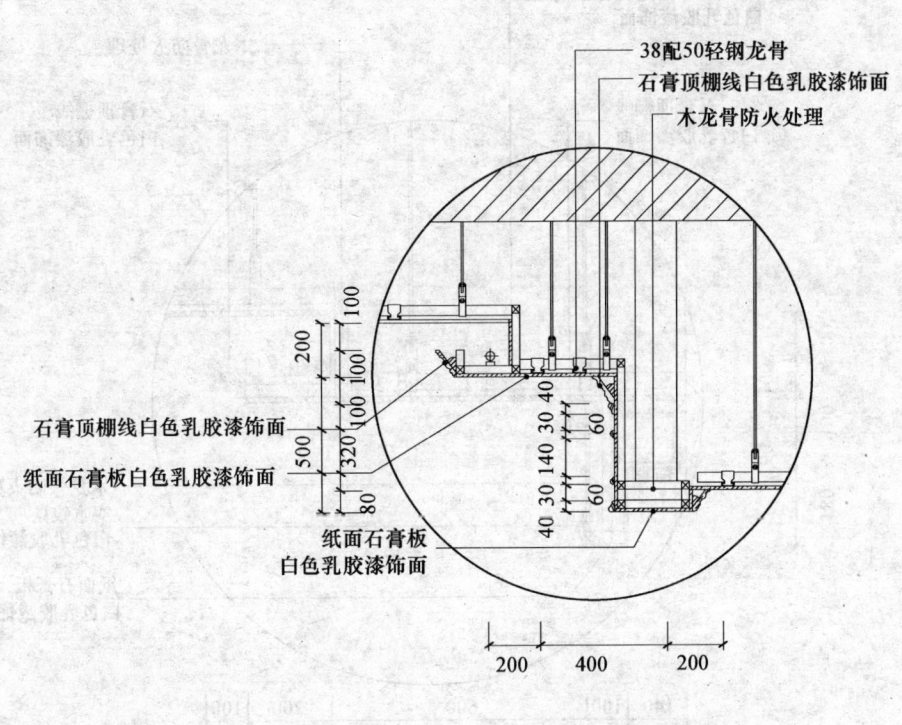

顶棚大样图（一）

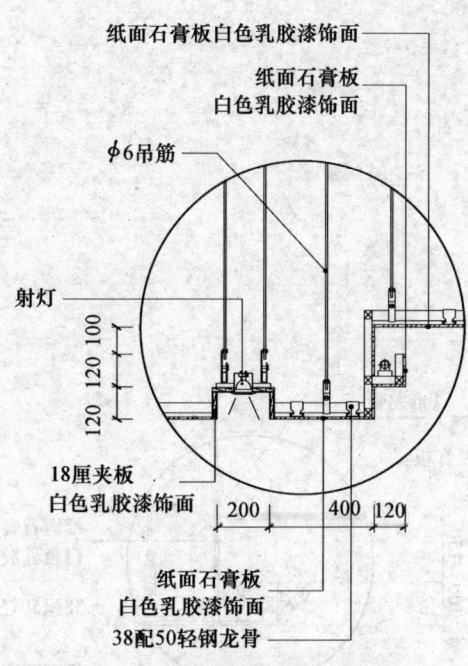

顶棚大样图（二）

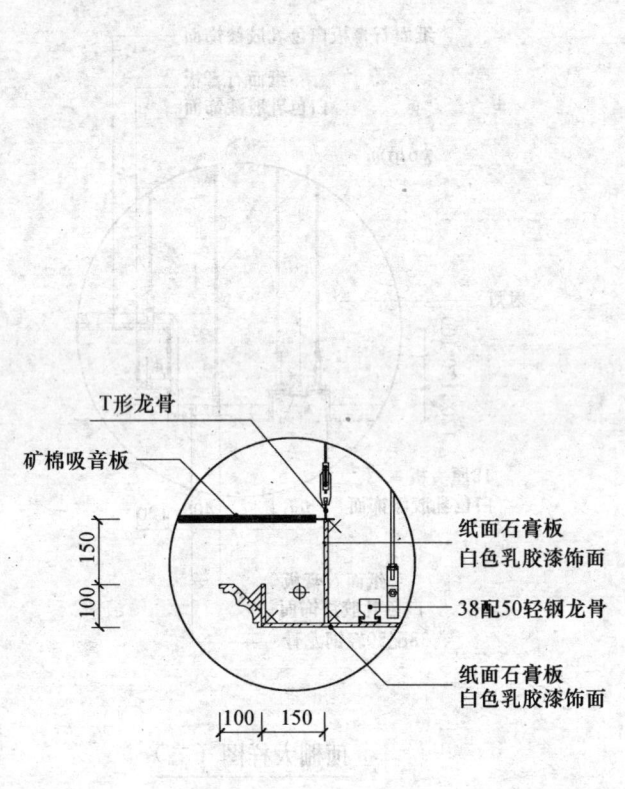

顶棚大样图（三）

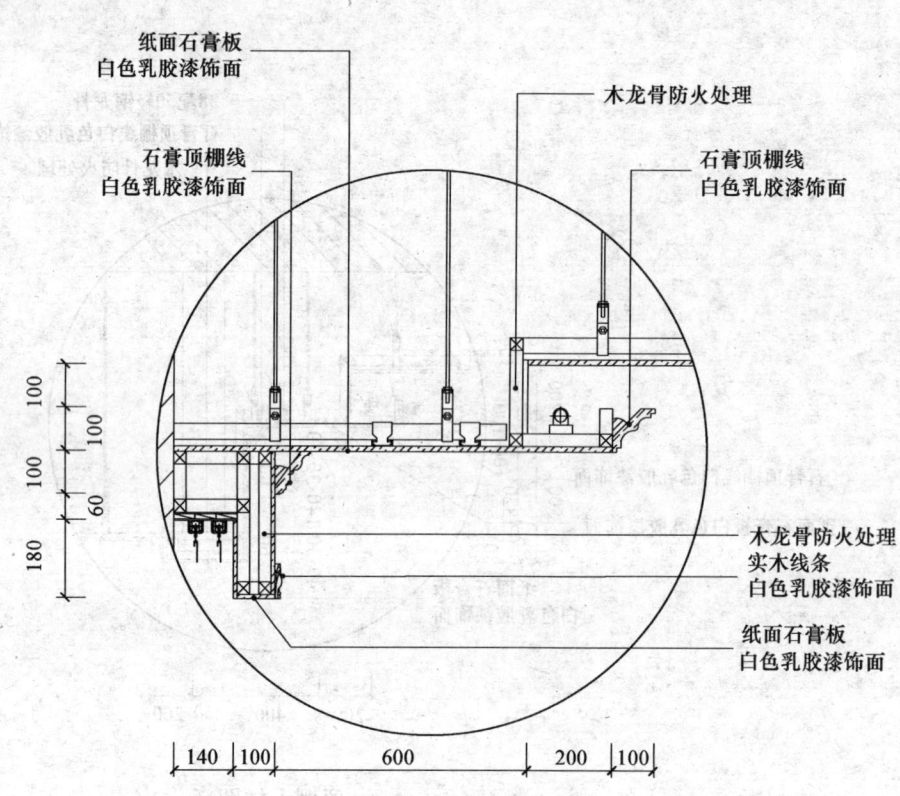

顶棚大样图（四）

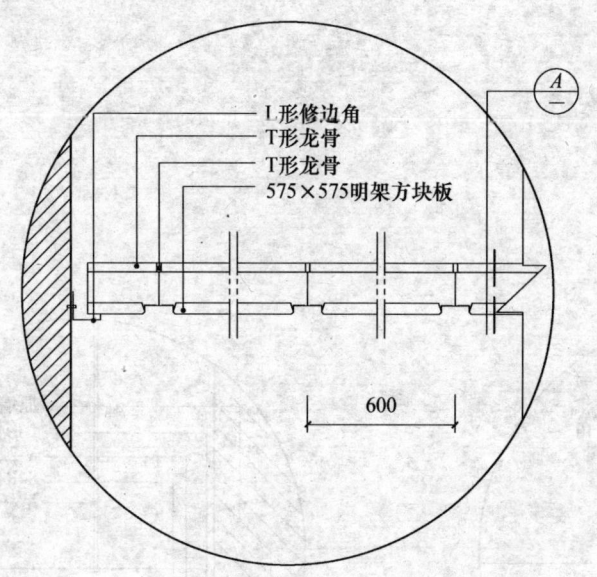

顶棚大样图（五）

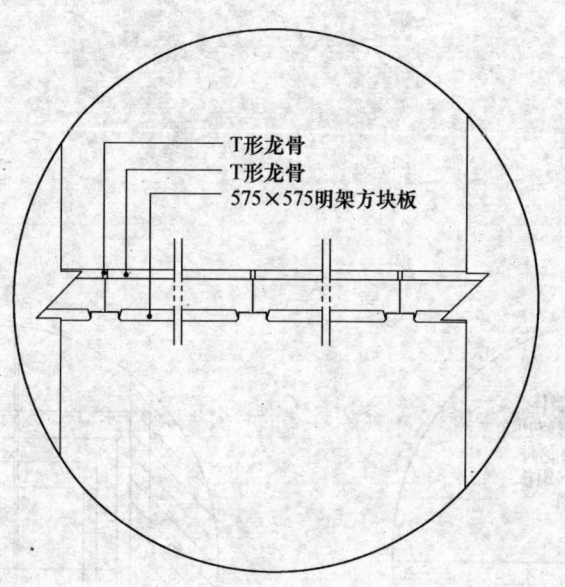

$\dfrac{A}{}$ 剖面图

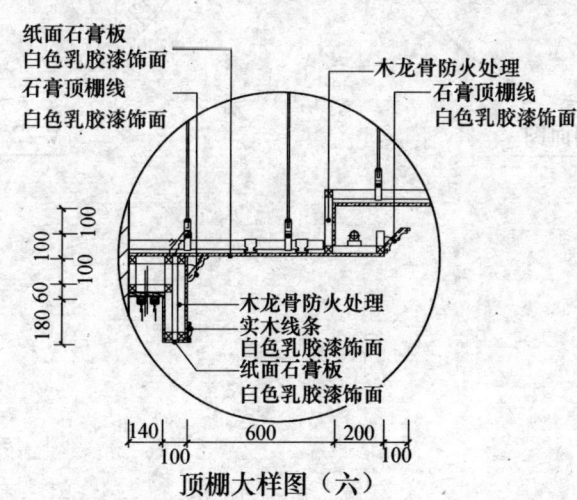

顶棚大样图（六）

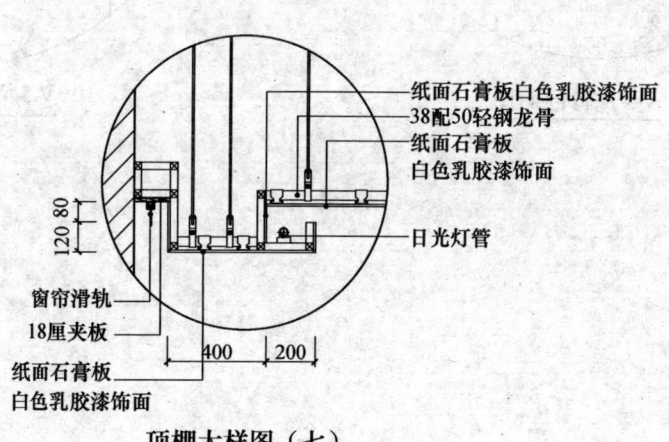

顶棚大样图（七）

金属顶棚——详图07

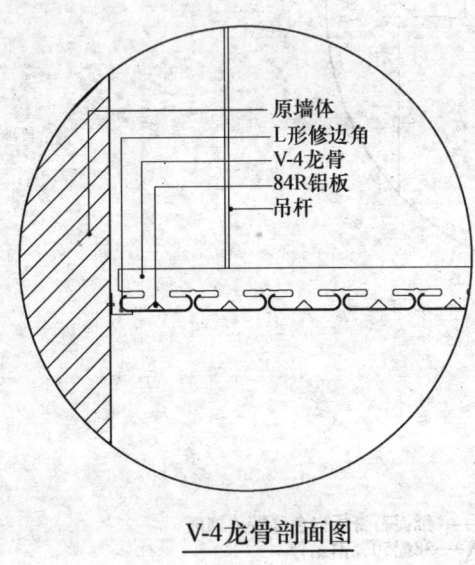

V-4龙骨剖面图

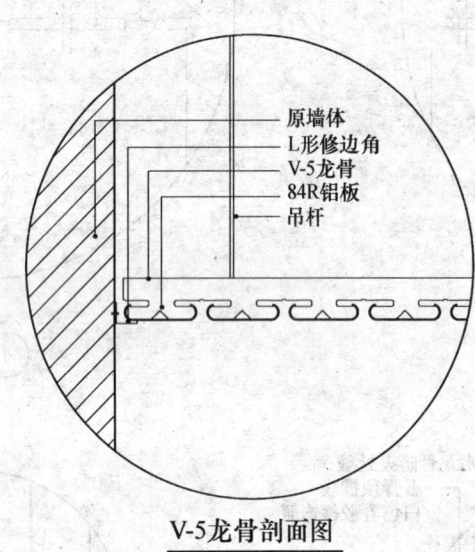

V-5龙骨剖面图

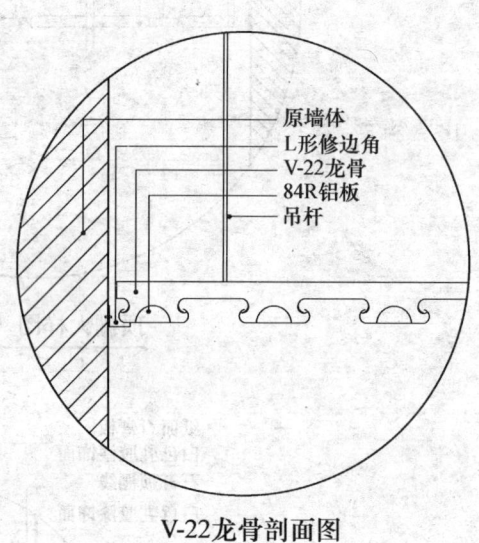

V-22龙骨剖面图

金属顶棚——详图08

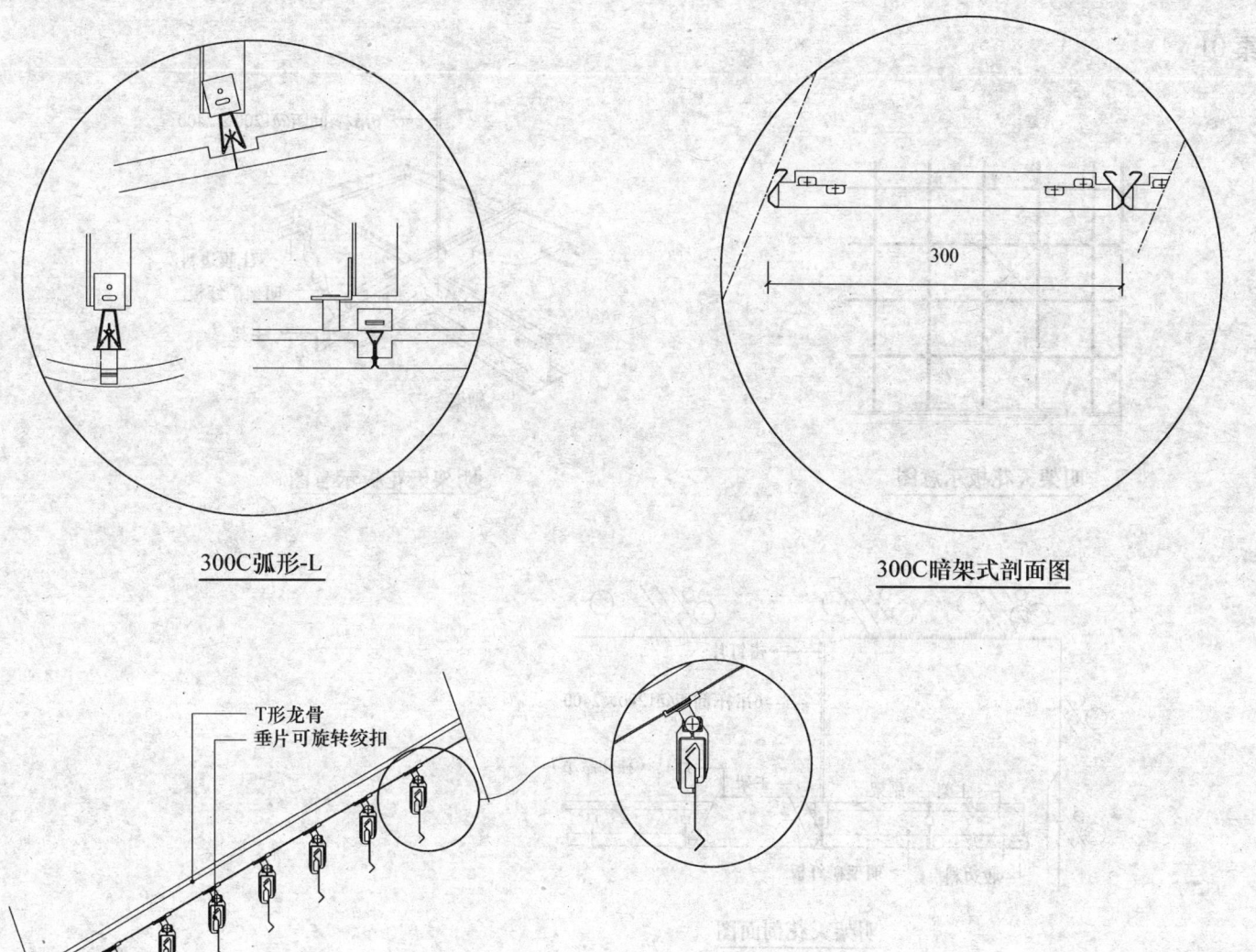

300C弧形-L

300C暗架式剖面图

垂直插件剖面图

第四节 其他顶棚

其他顶棚——方案01

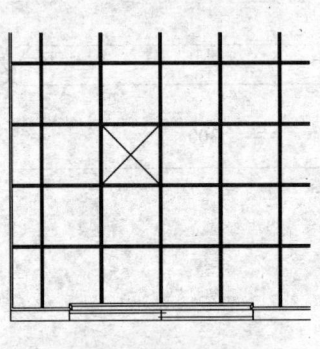

明架天花板示意图

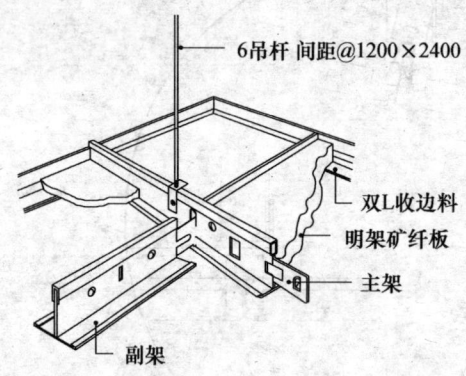

明架天花板示意图

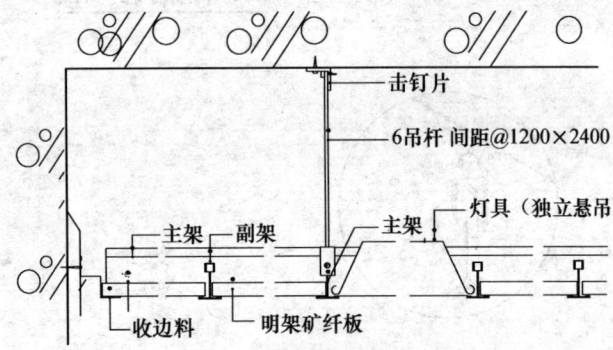

明架天花剖面图

600×600×15明架矿纤板天花详图

其他顶棚——方案02

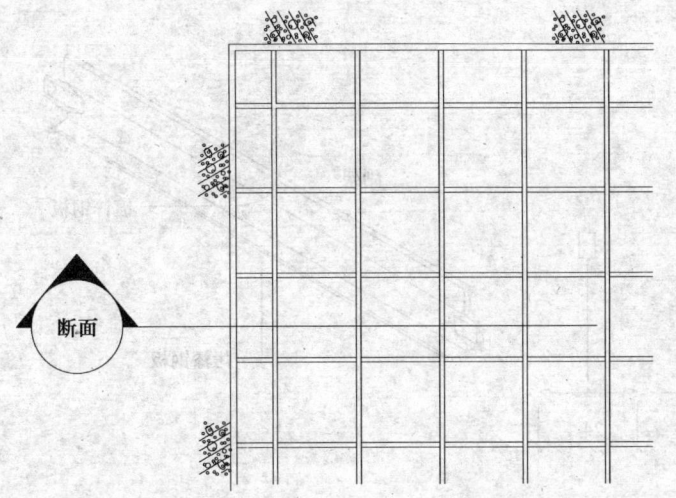

明架铝板平面示意图

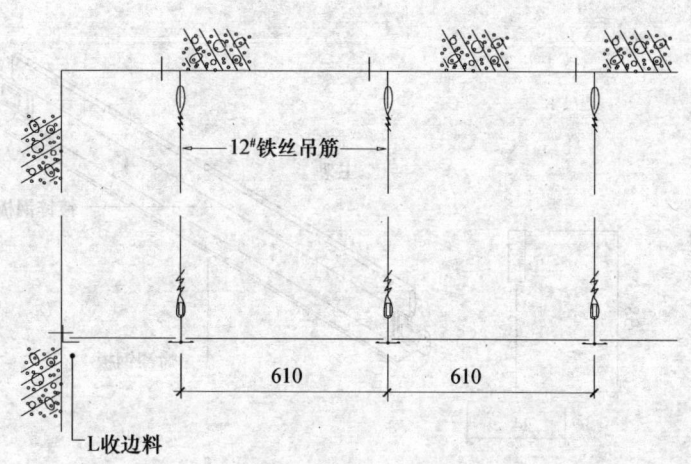

明架铝板安装剖面图

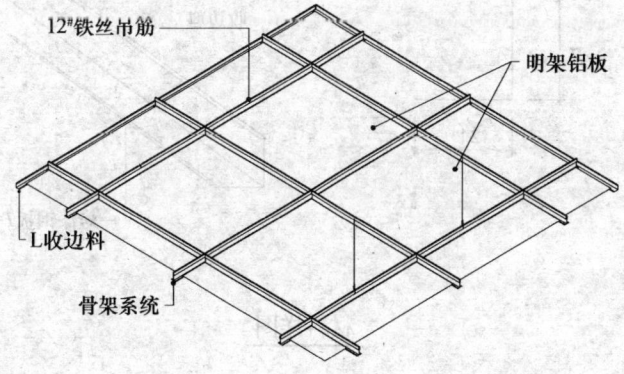

MT-001明架安装示意图

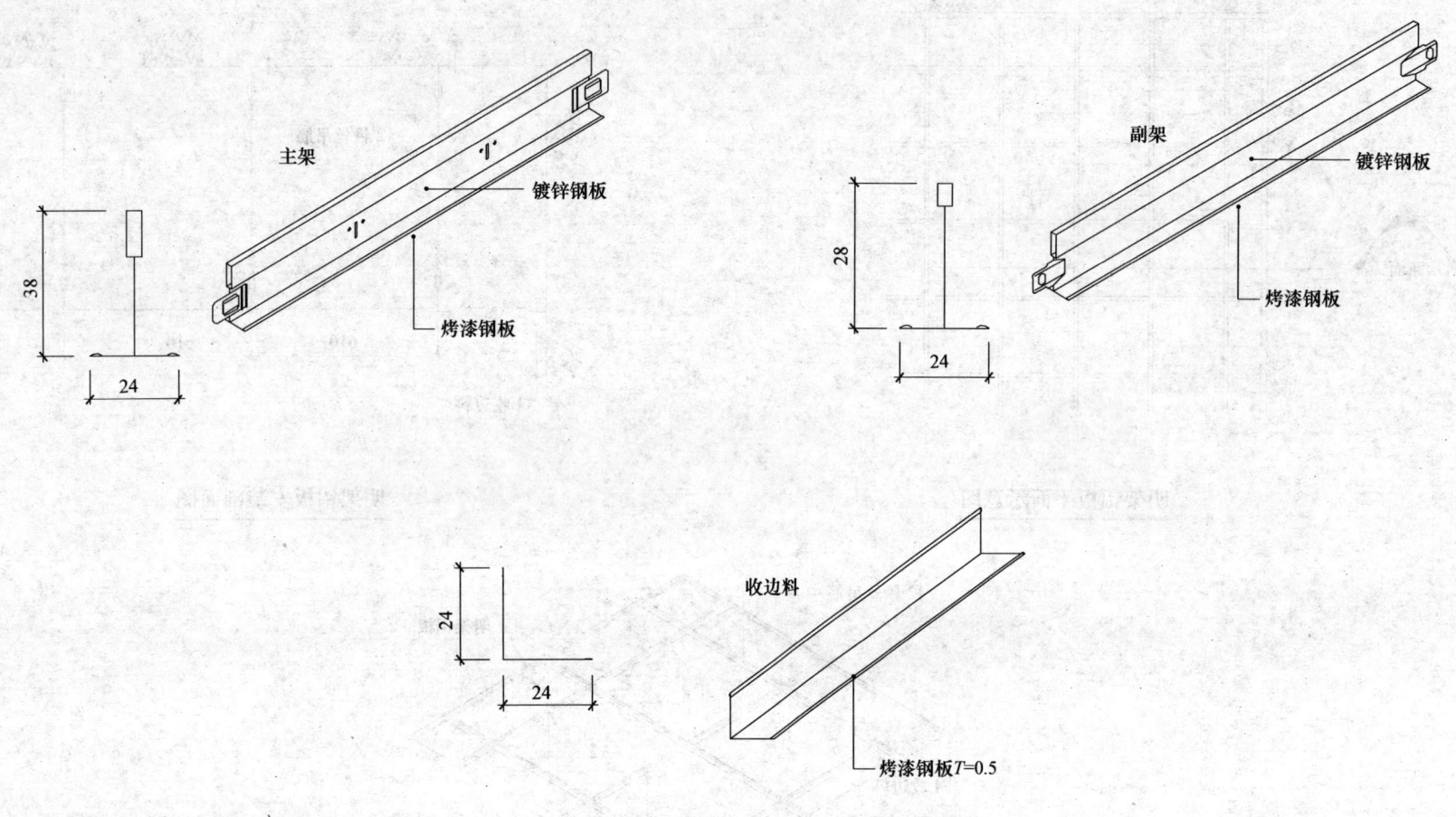

材料详图

其他顶棚——方案03

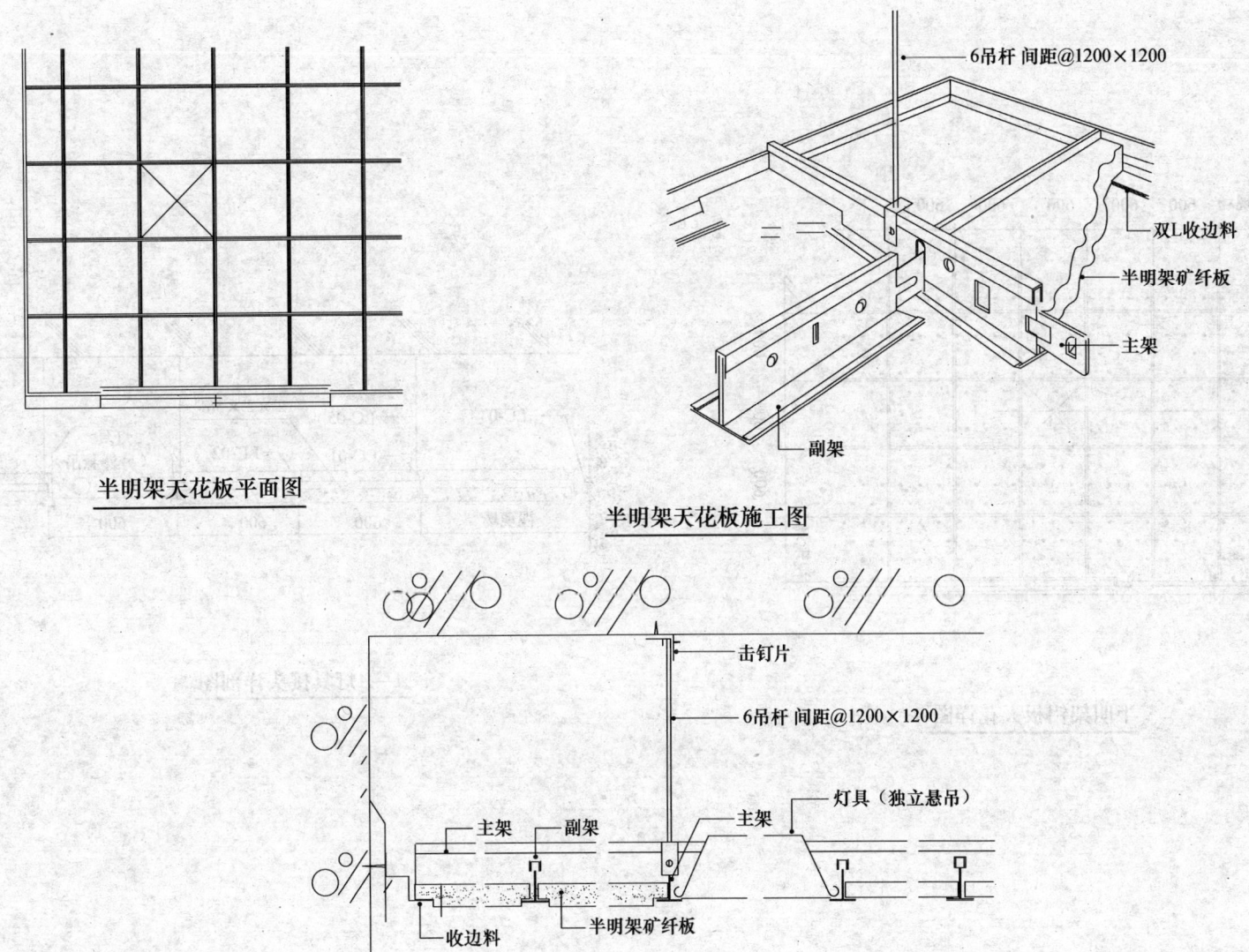

半明架天花板平面图

半明架天花板施工图

半明架天花剖面图

其他顶棚——方案04

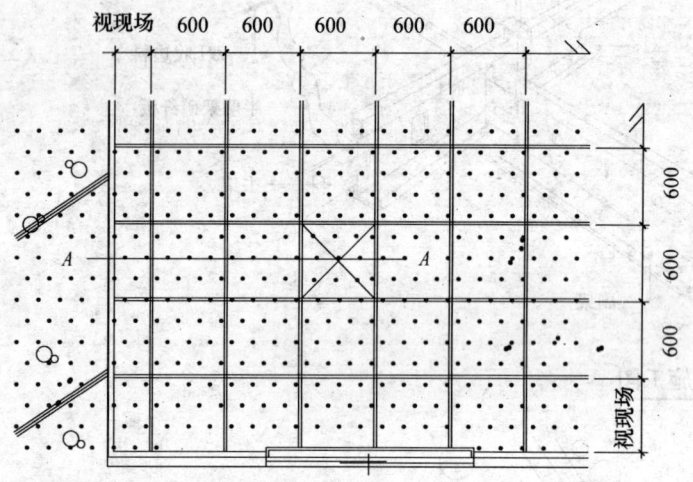

半明架铝板天花详图

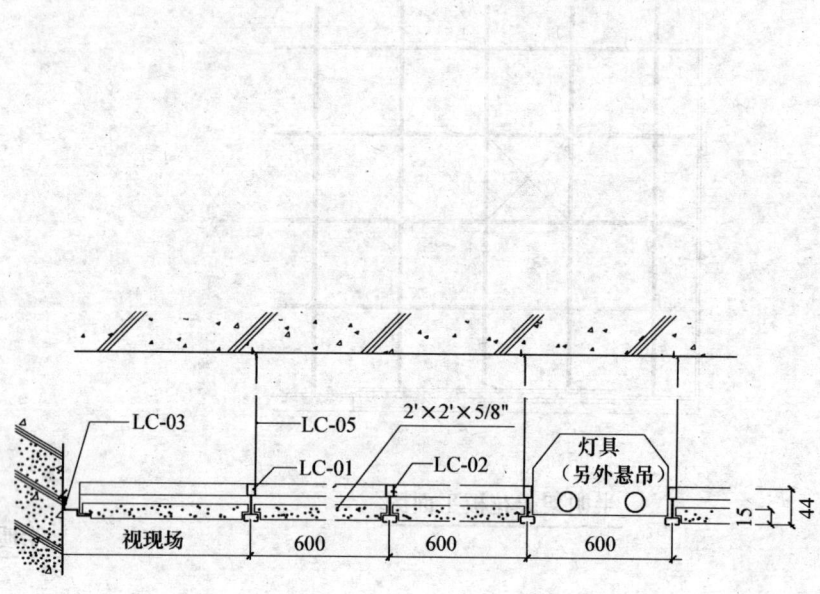

A—A灯具接头详剖图

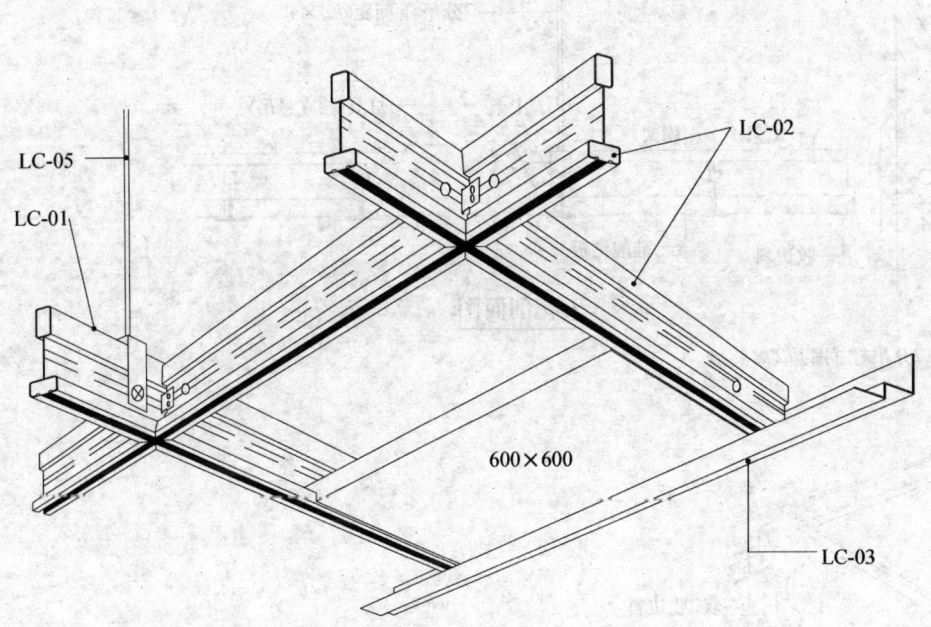

施工安装示意图

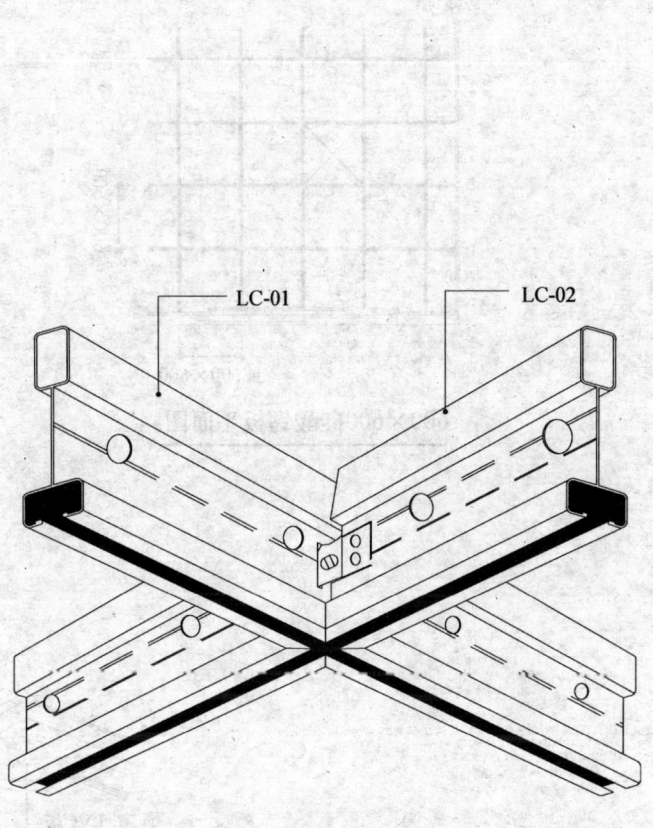

半明架铝板天花详图

其他顶棚——方案05

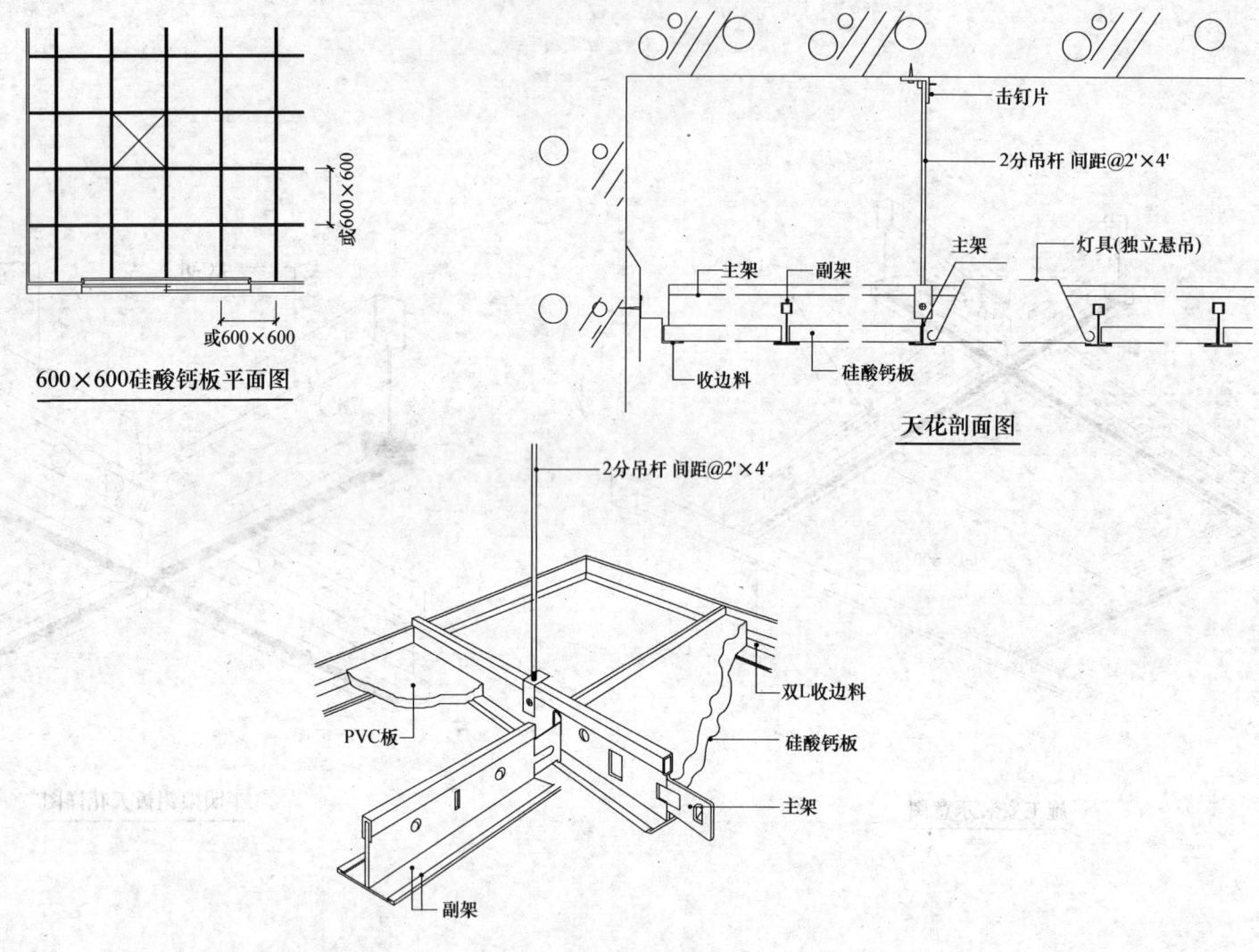

600×600硅酸钙板平面图

天花剖面图

600×600硅酸钙板天花图

其他顶棚——方案06

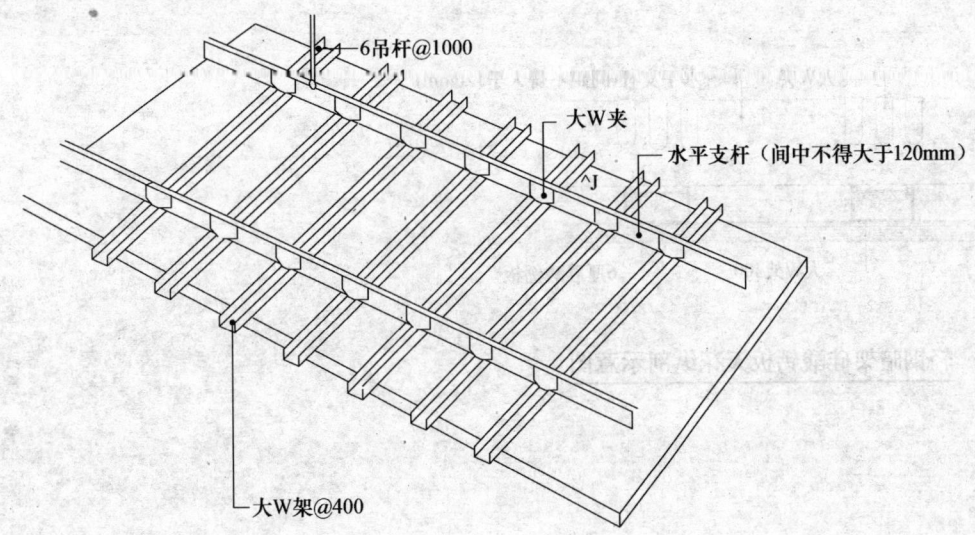

轻钢暗架硅酸钙板天花立体示意图

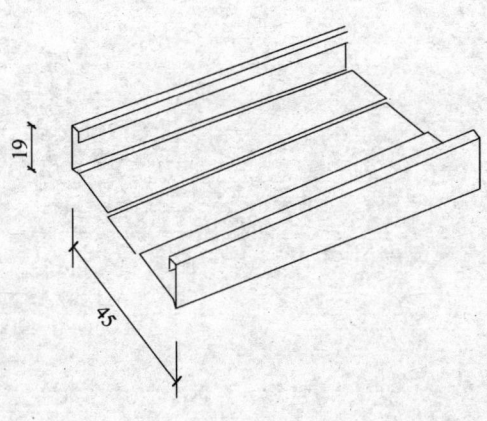

W形铁架立体详图

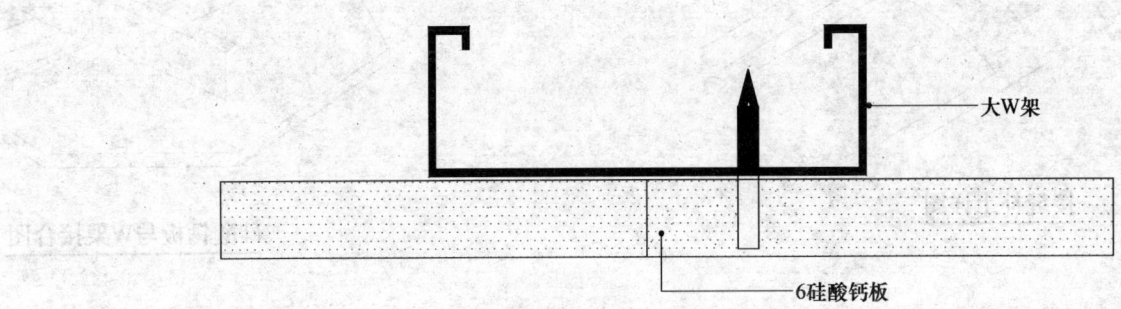

与W架固定方式

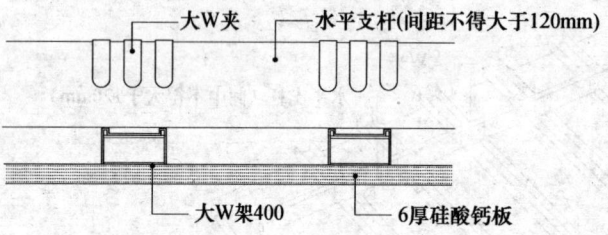

轻钢暗架硅酸钙板天花纵剖示意图

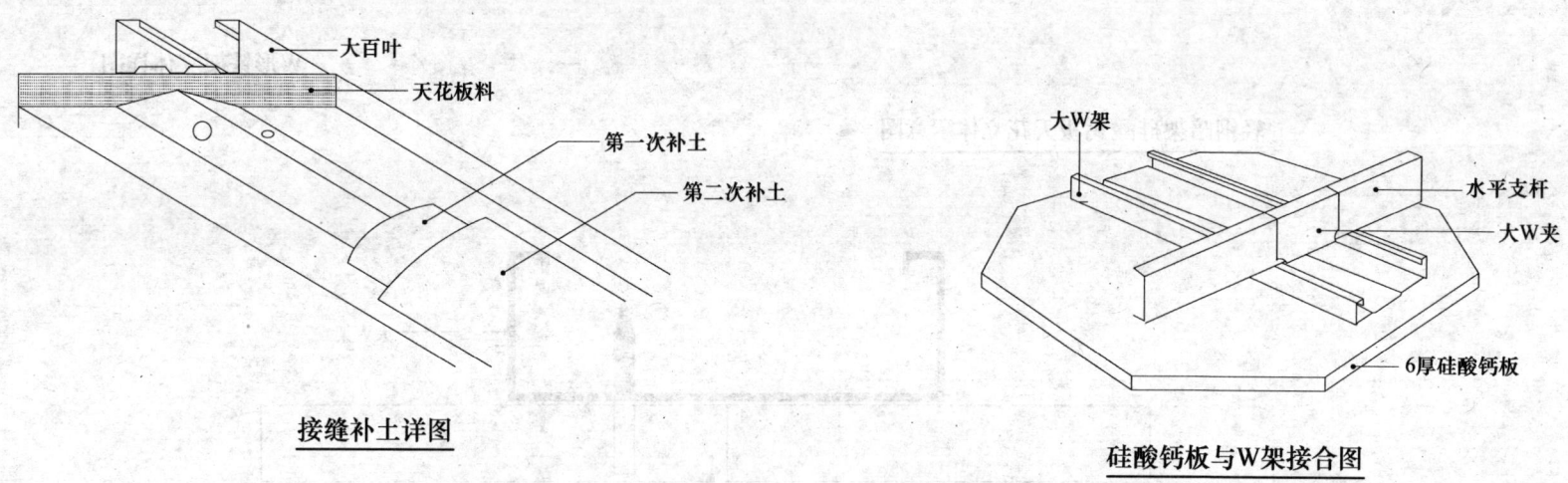

接缝补土详图

硅酸钙板与W架接合图

其他顶棚——方案07

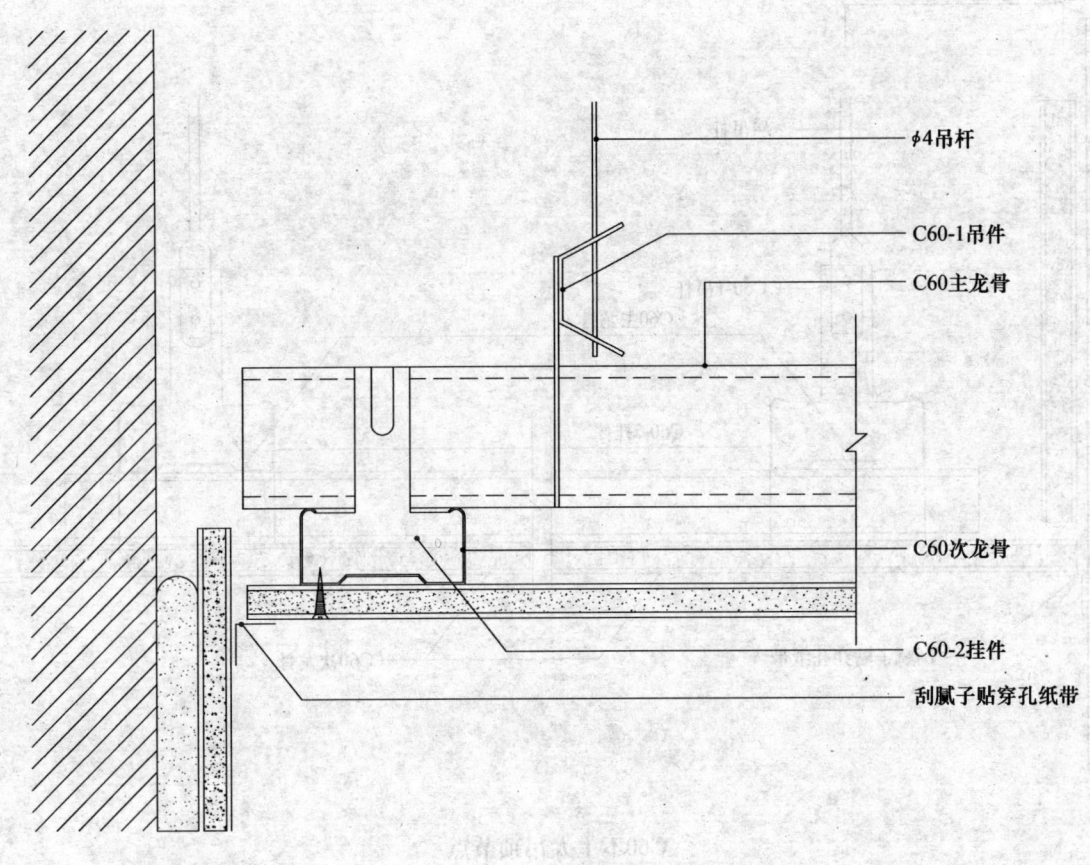

C60不上人吊顶节点

其他顶棚——方案08

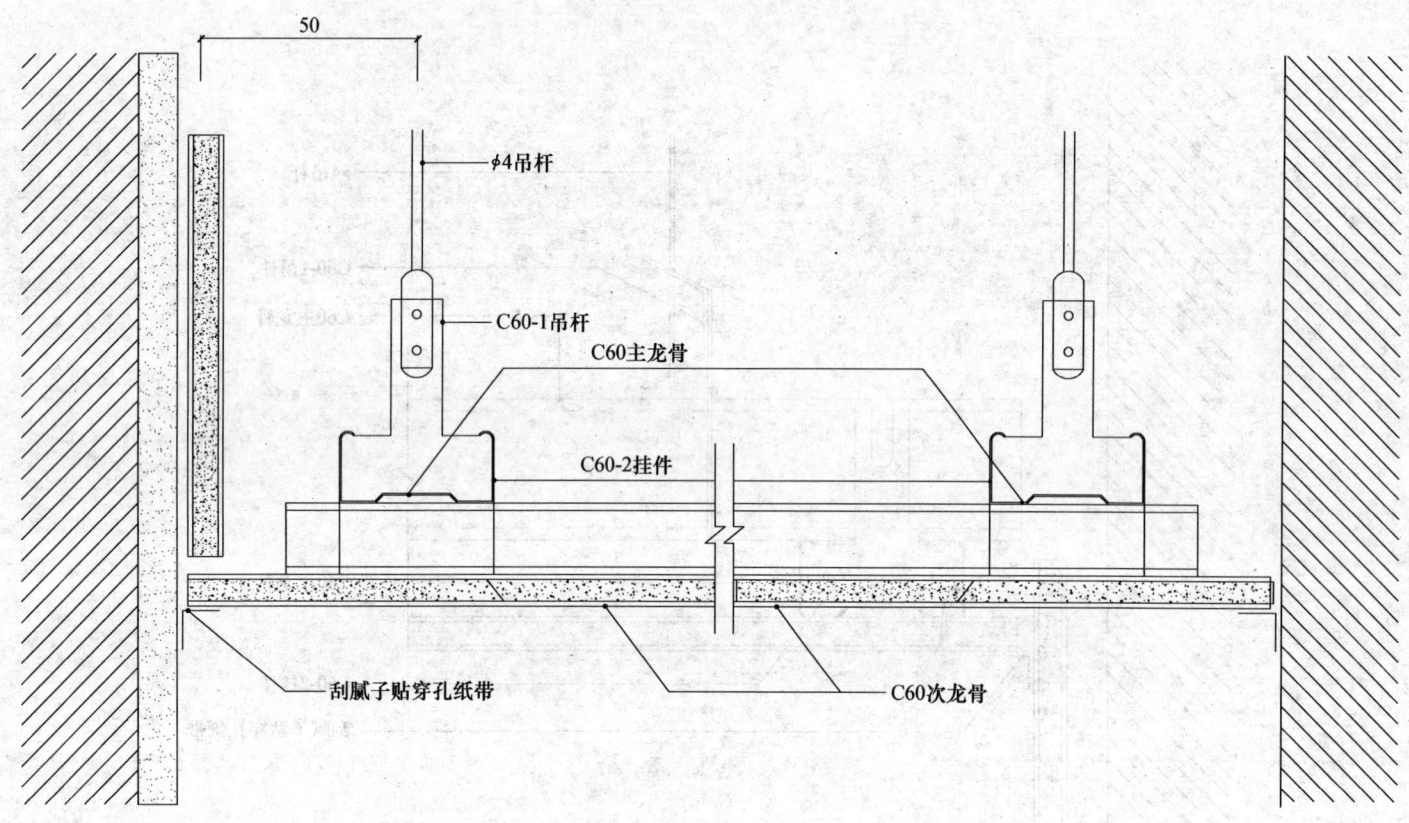

C60不上人吊顶节点

其他顶棚——方案09

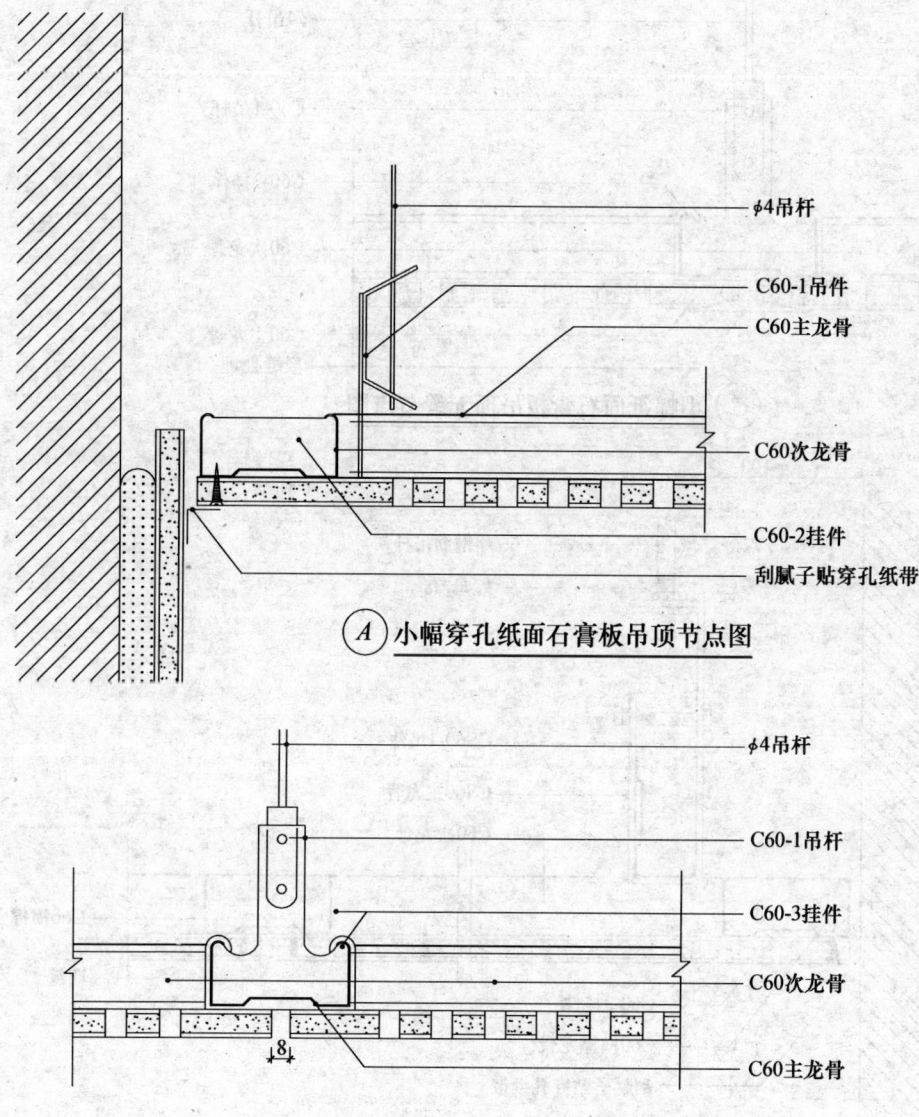

A 小幅穿孔纸面石膏板吊顶节点图

B 小幅纸面石膏板吊顶明缝节点图

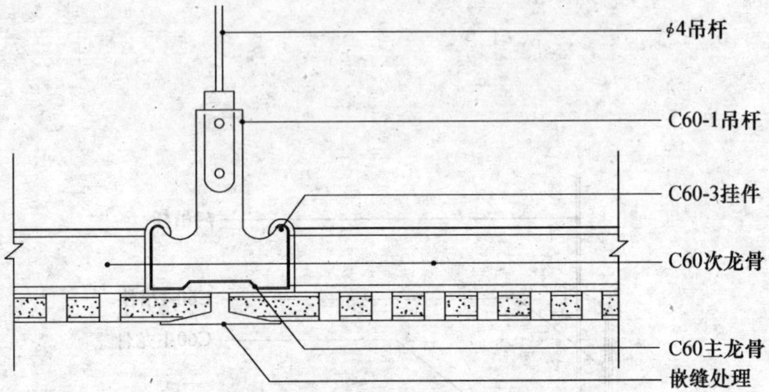

C 小幅纸面石膏板吊顶无缝节点图

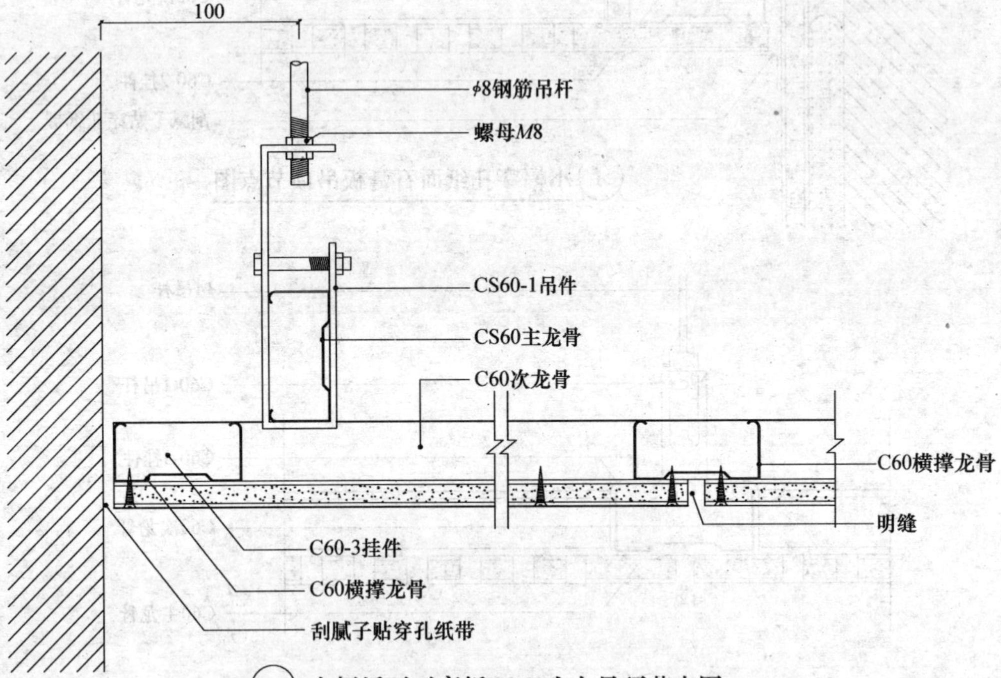

D 小幅纸面石膏板CS60上人吊顶节点图

第六章 特殊构件

第一节 卫生间节点

卫生间节点——方案01

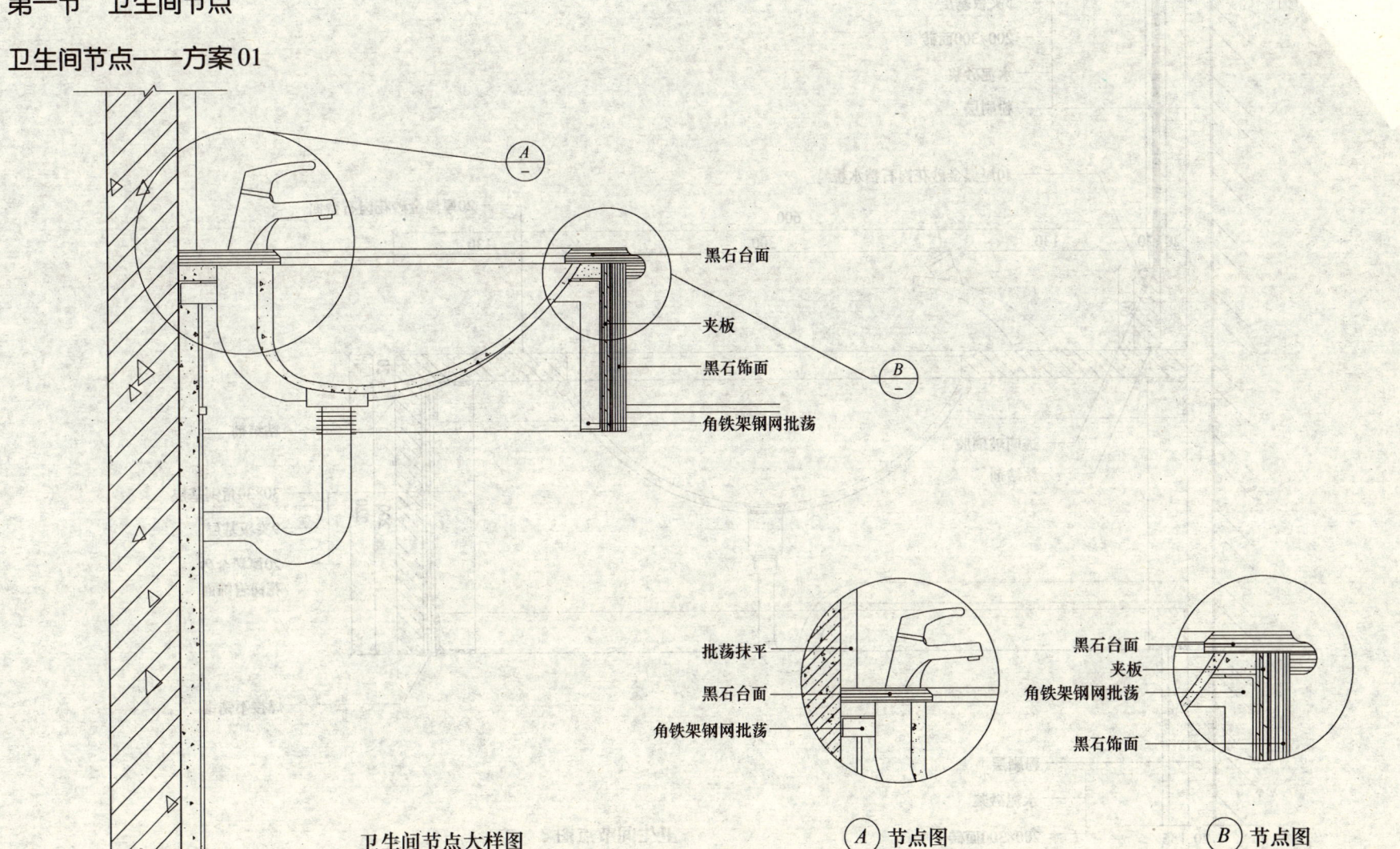

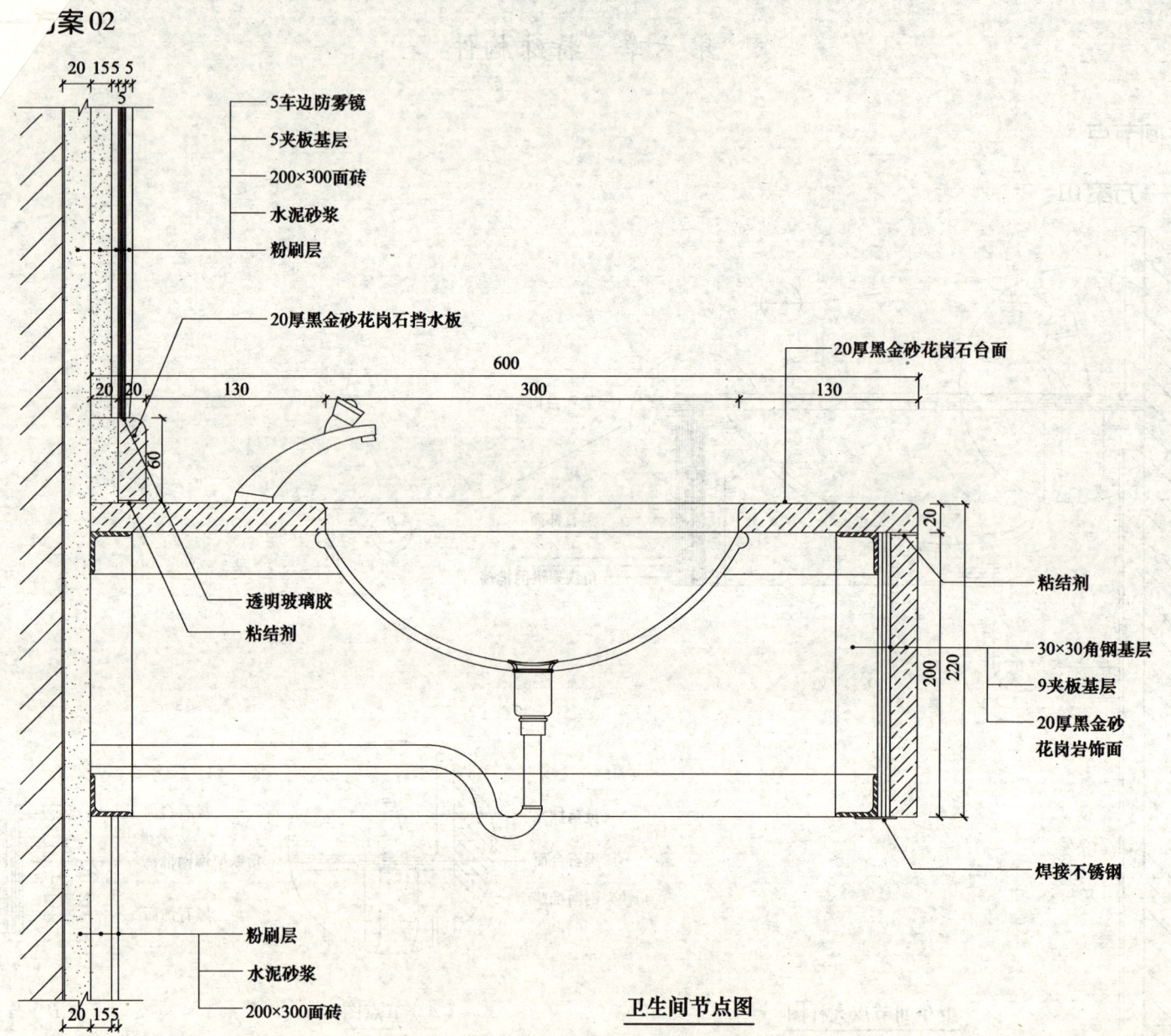

卫生间节点图

卫生间节点——方案03

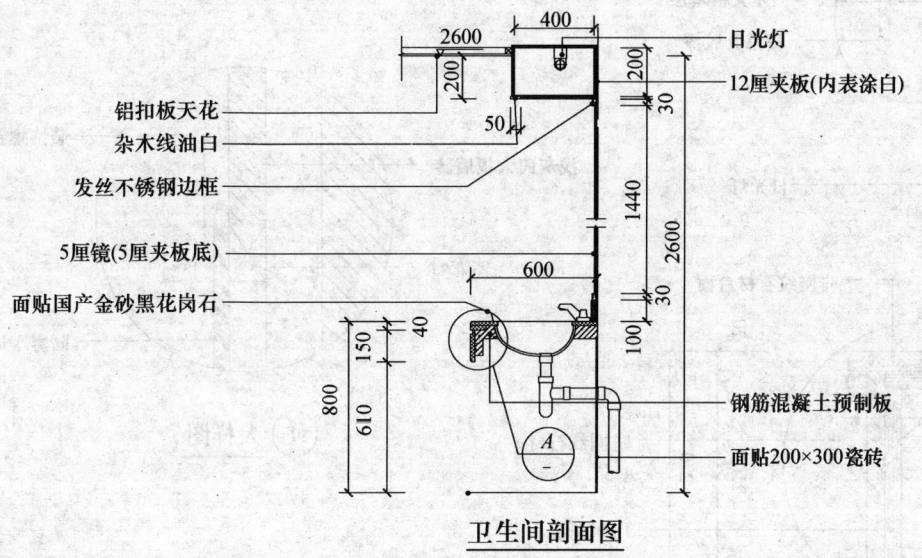

卫生间剖面图

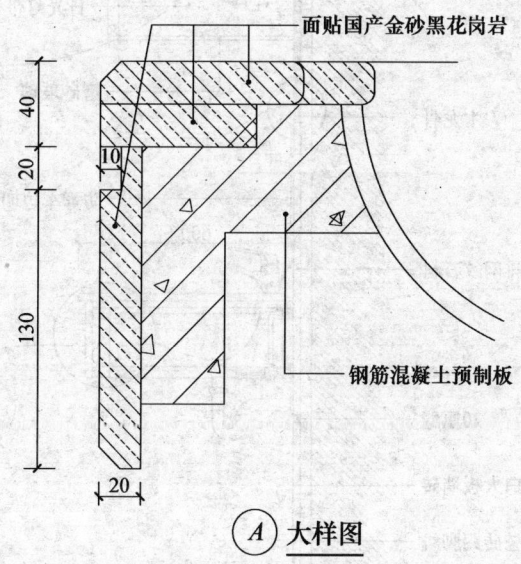

A 大样图

卫生间节点——方案04

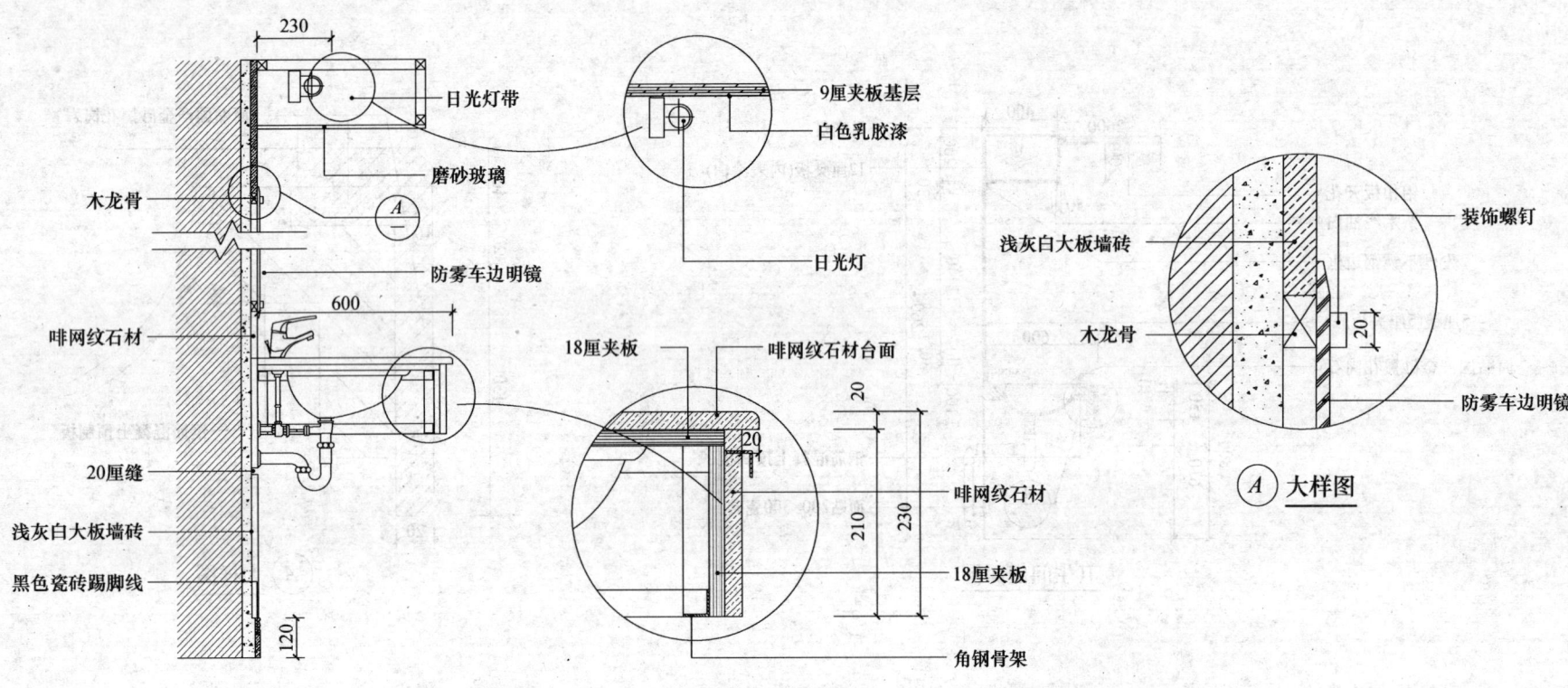

剖面图

卫生间节点——方案05

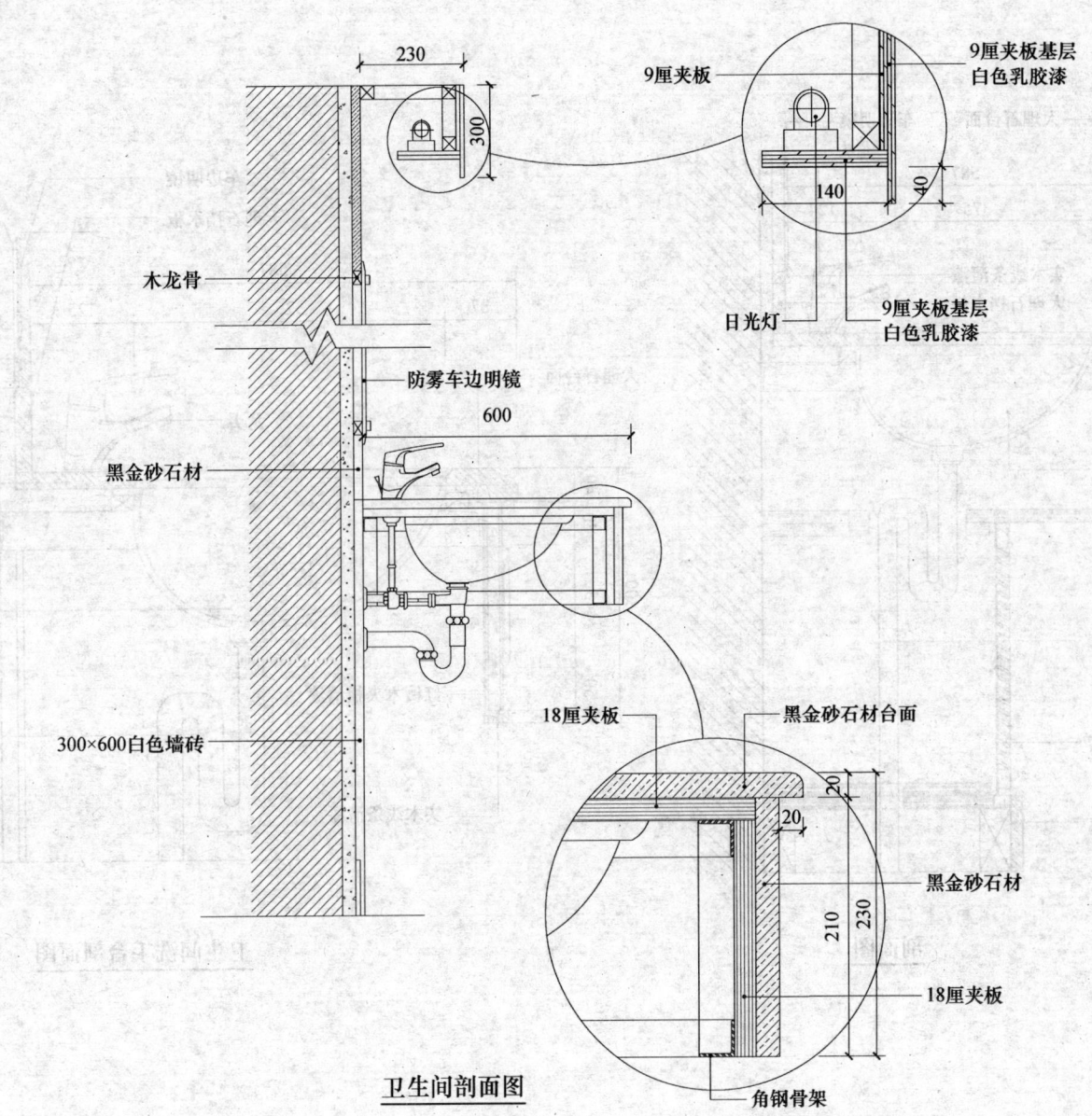

卫生间剖面图

卫生间节点——方案06

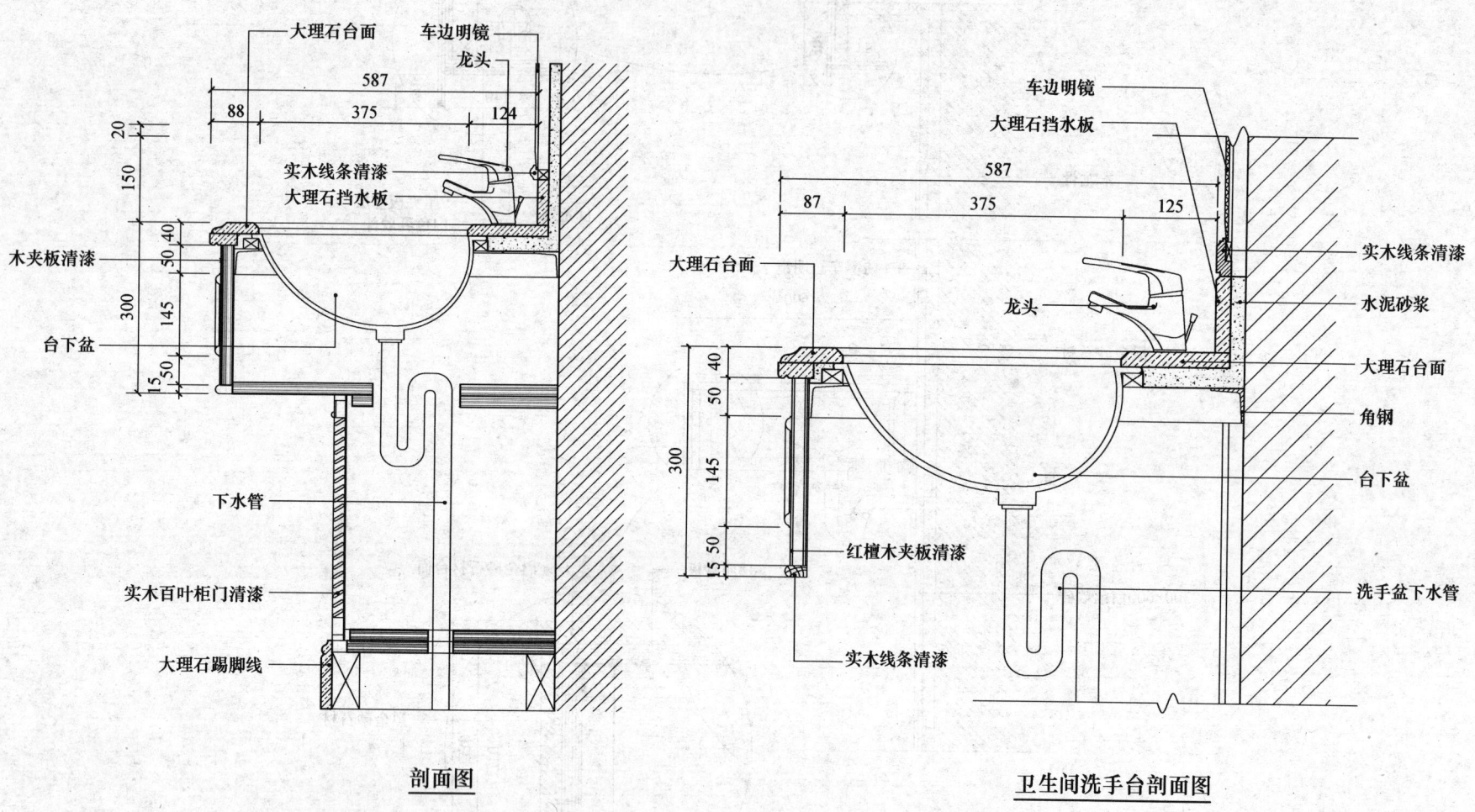

剖面图

卫生间洗手台剖面图

卫生间节点——方案07

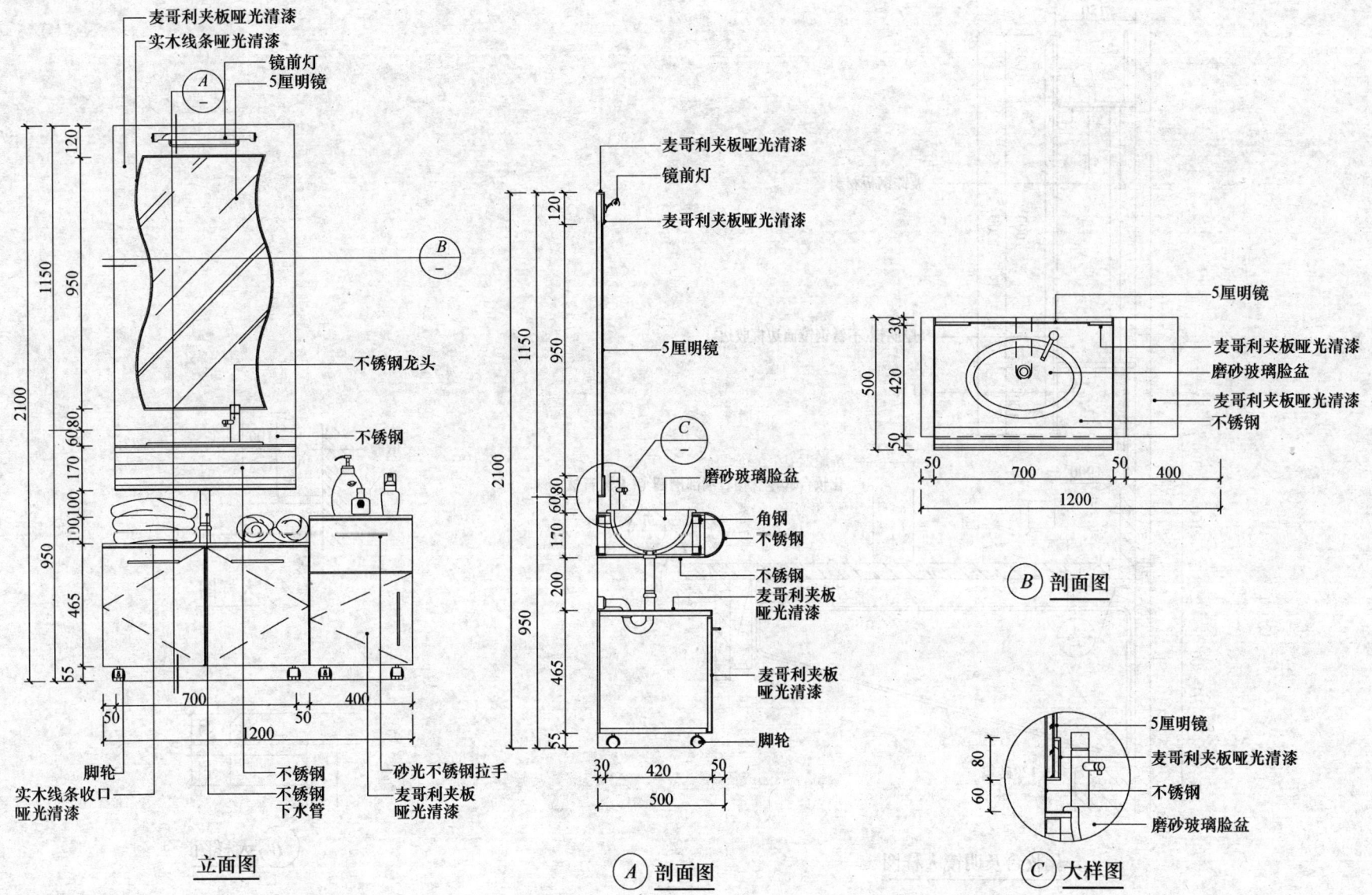

卫生间节点——方案08

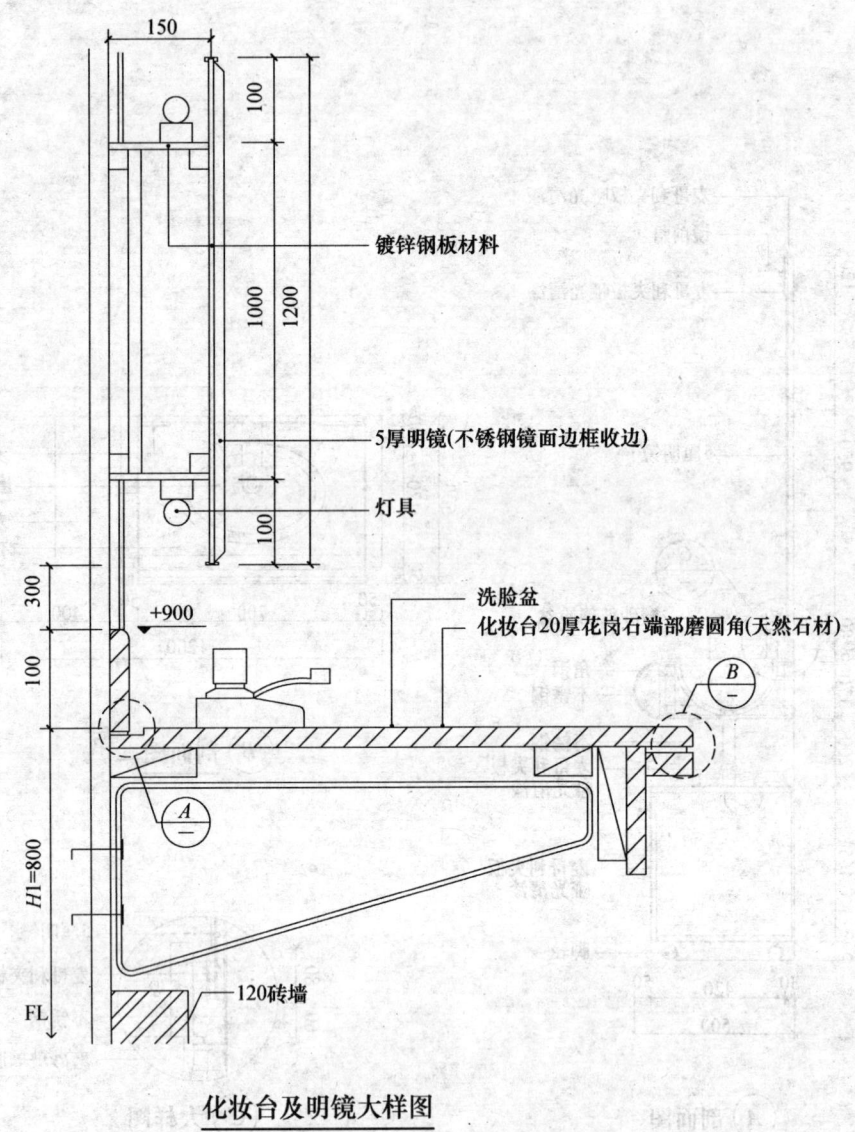

化妆台及明镜大样图

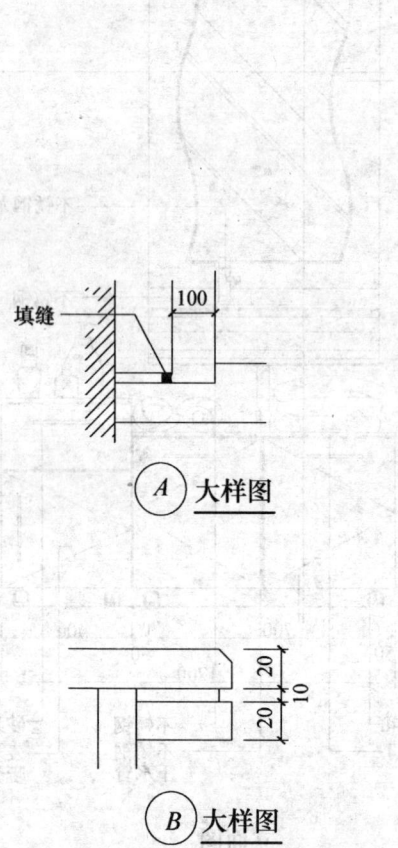

A 大样图

B 大样图

卫生间节点——方案09

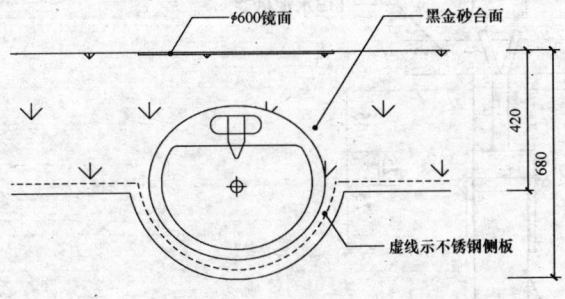

洗手台平面图

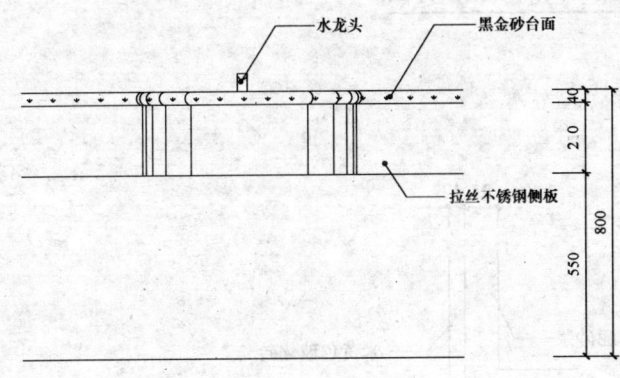

洗手台立面图

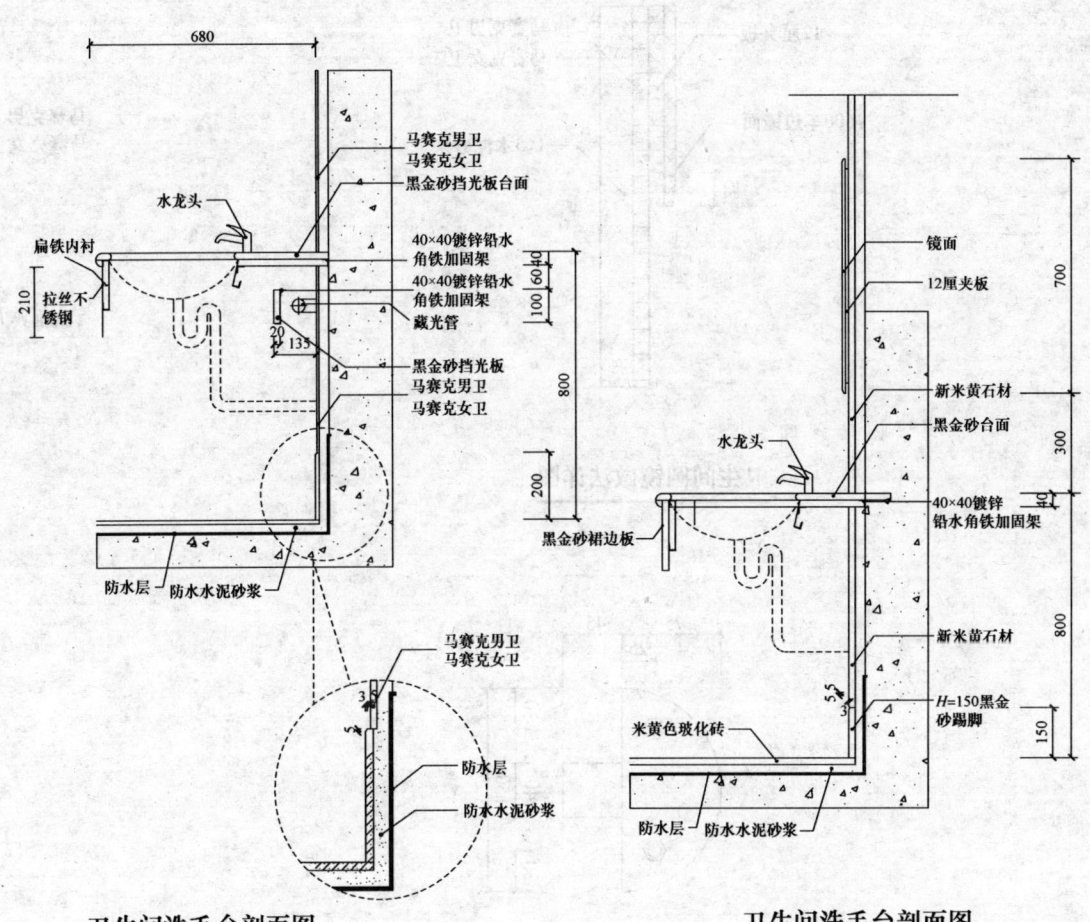

卫生间洗手台剖面图　　卫生间洗手台剖面图

卫生间节点——方案10

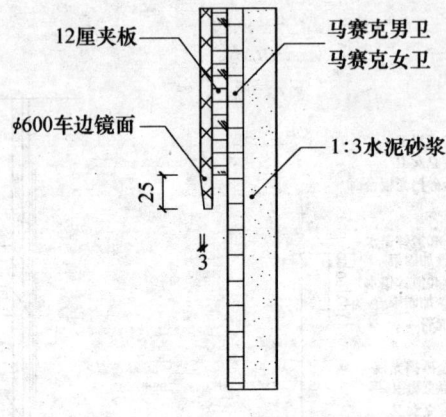

卫生间圆镜做法详图

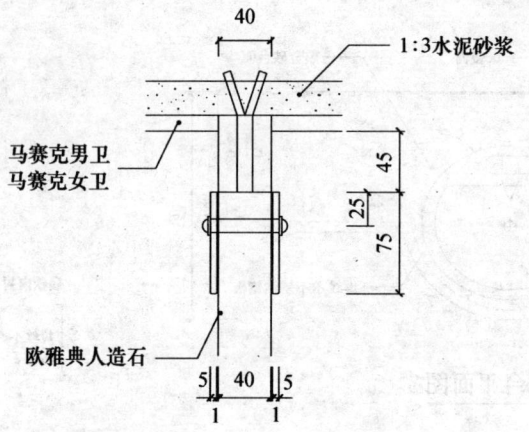

卫生间隔断做法详图

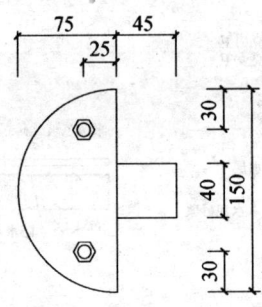

卫生间隔断固定件正立面

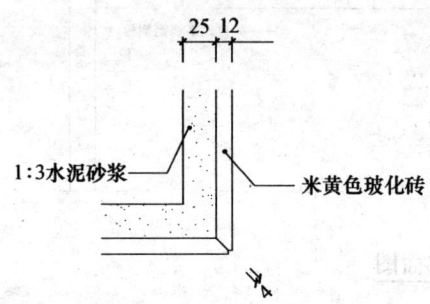

墙面瓷砖转角接缝详图

第二节 服务台

服务台——方案01

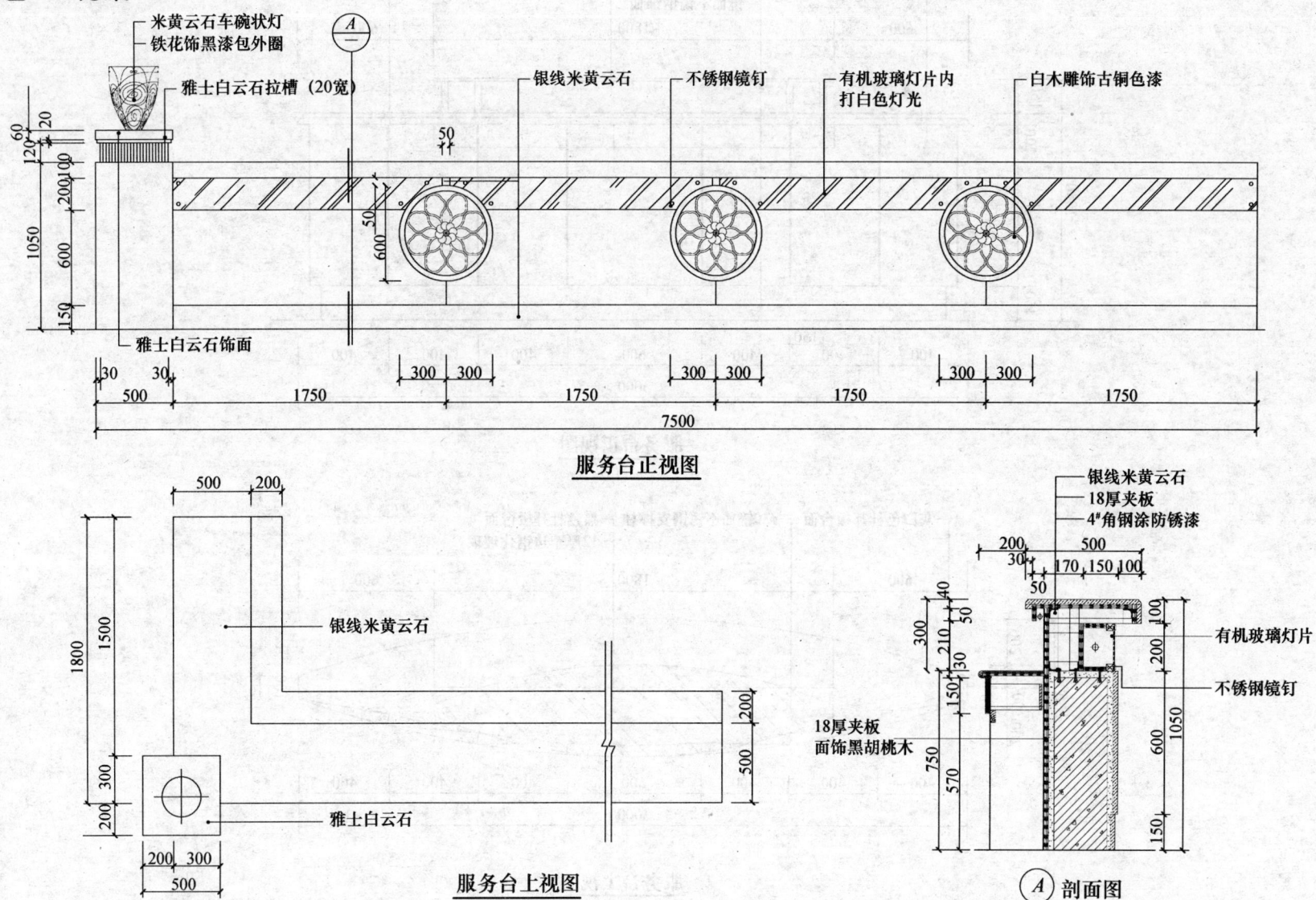

服务台正视图

服务台上视图

A 剖面图

服务台——方案02

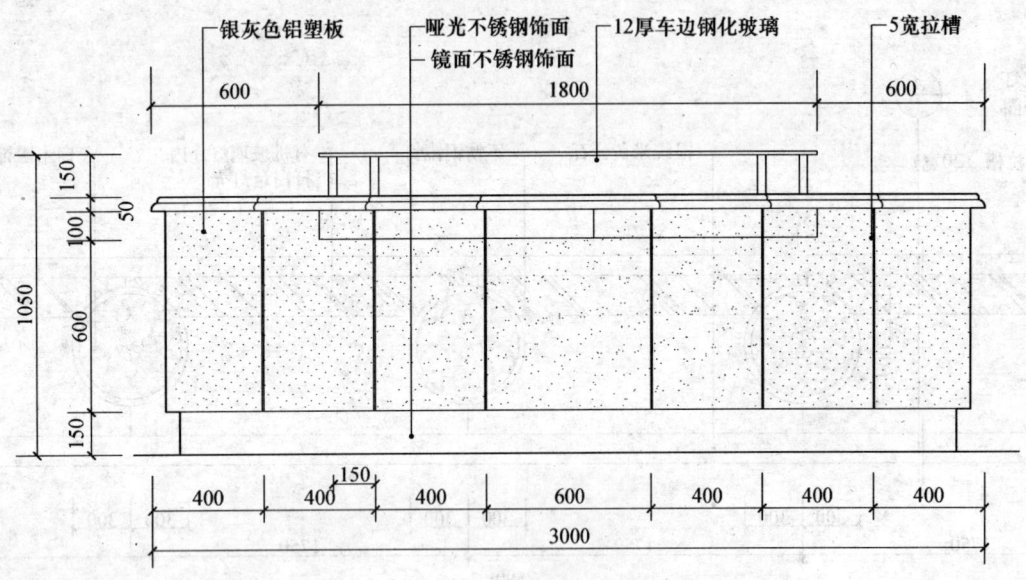

服务台正视图

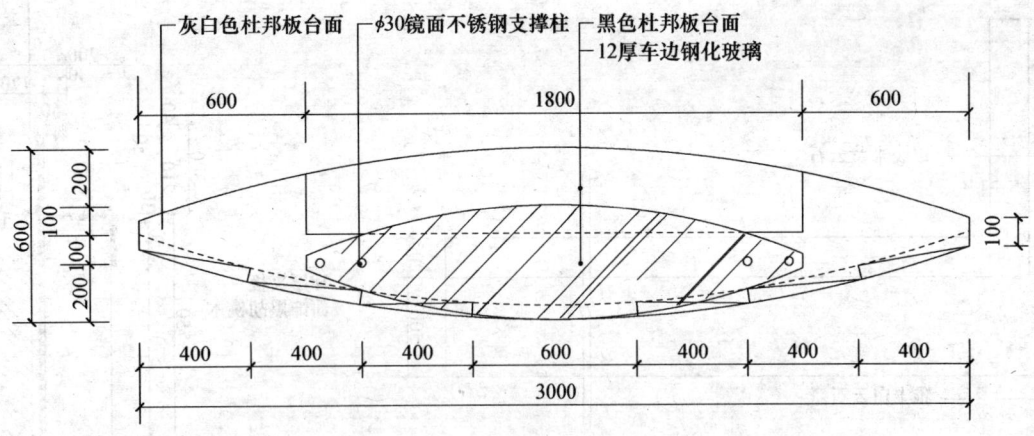

服务台上视图

服务台——方案03

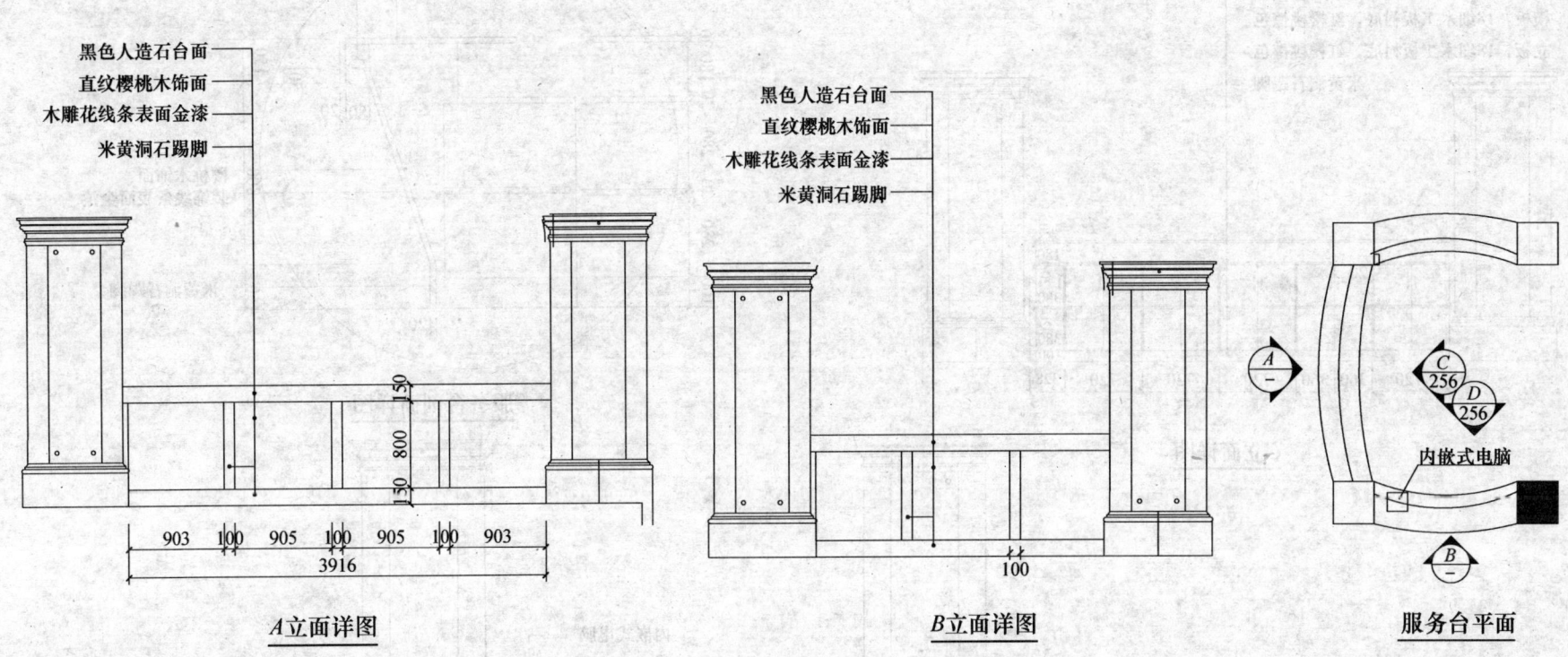

A立面详图   B立面详图   服务台平面

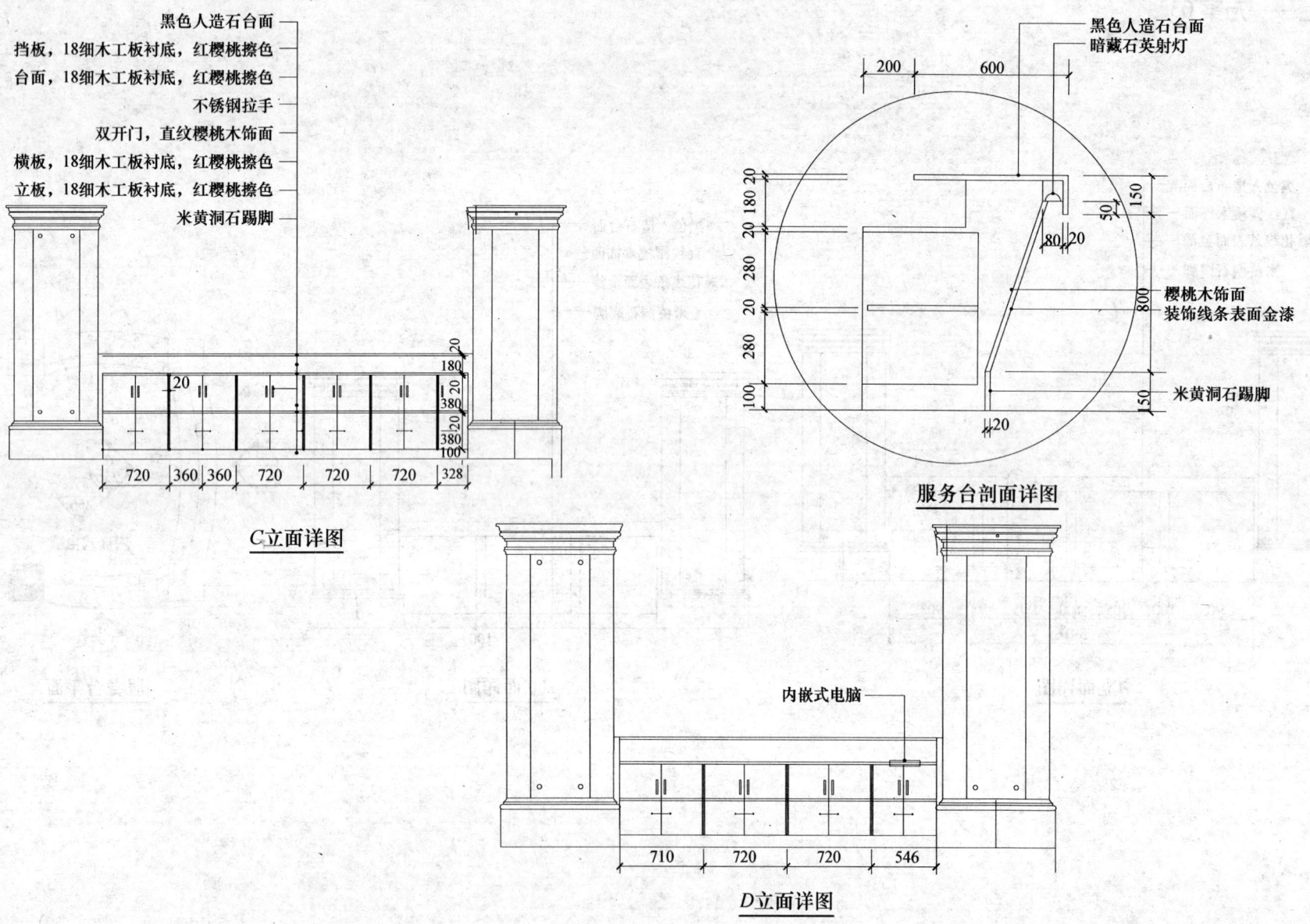

*C*立面详图

服务台剖面详图

*D*立面详图

服务台——方案04

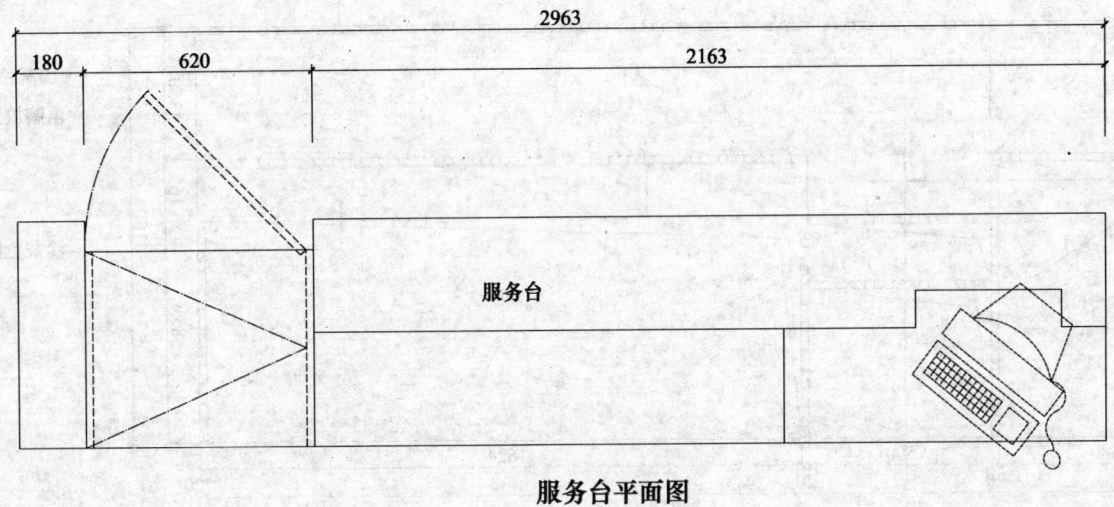

服务台平面图

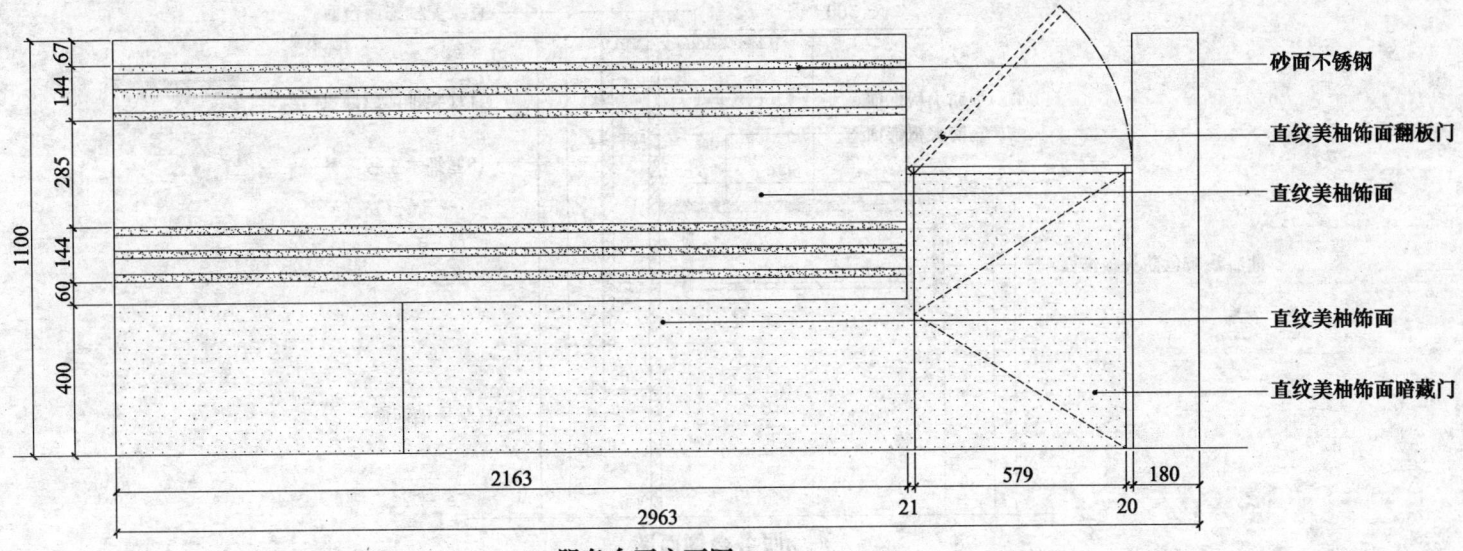

服务台正立面图

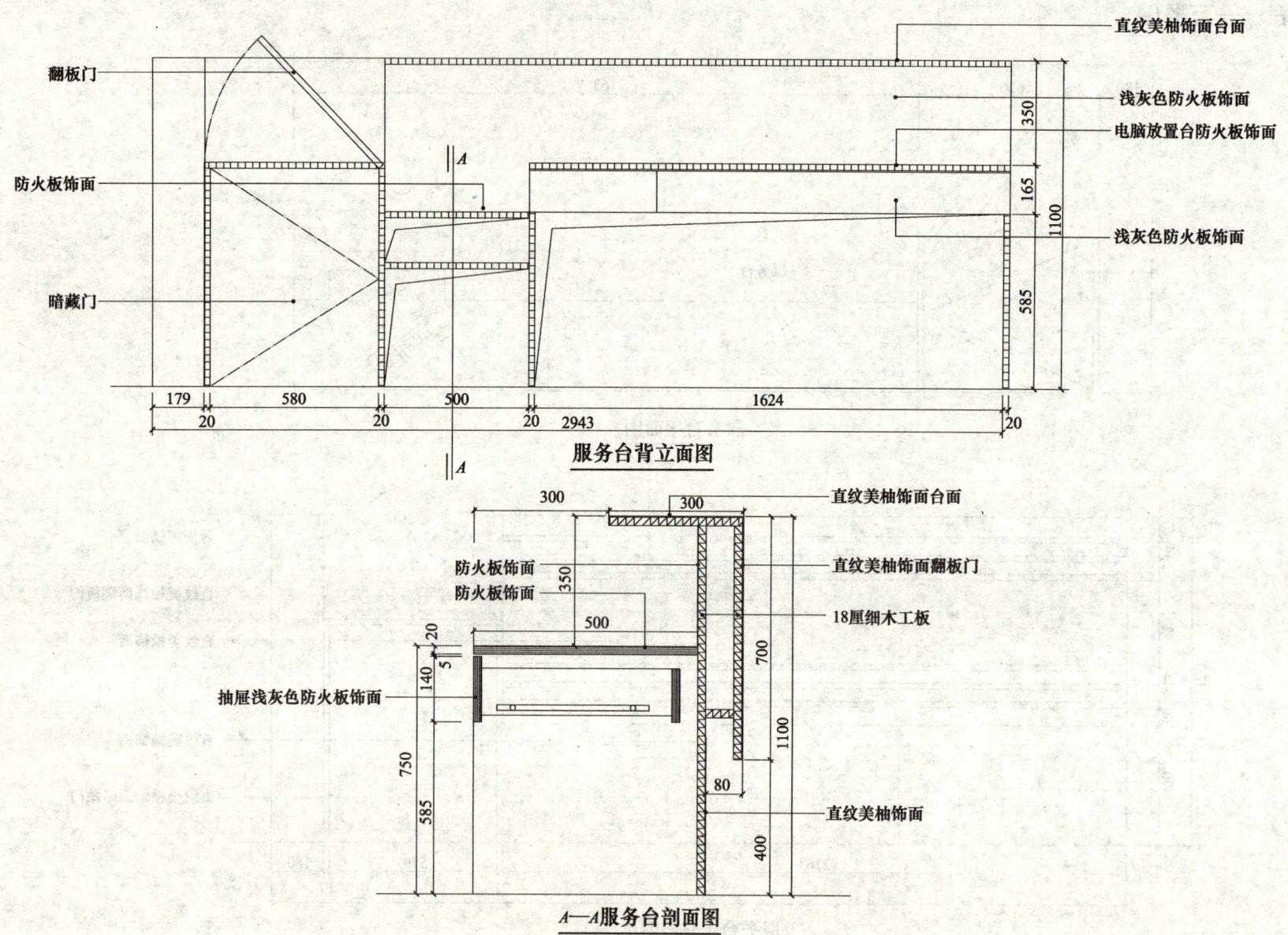

服务台——方案05

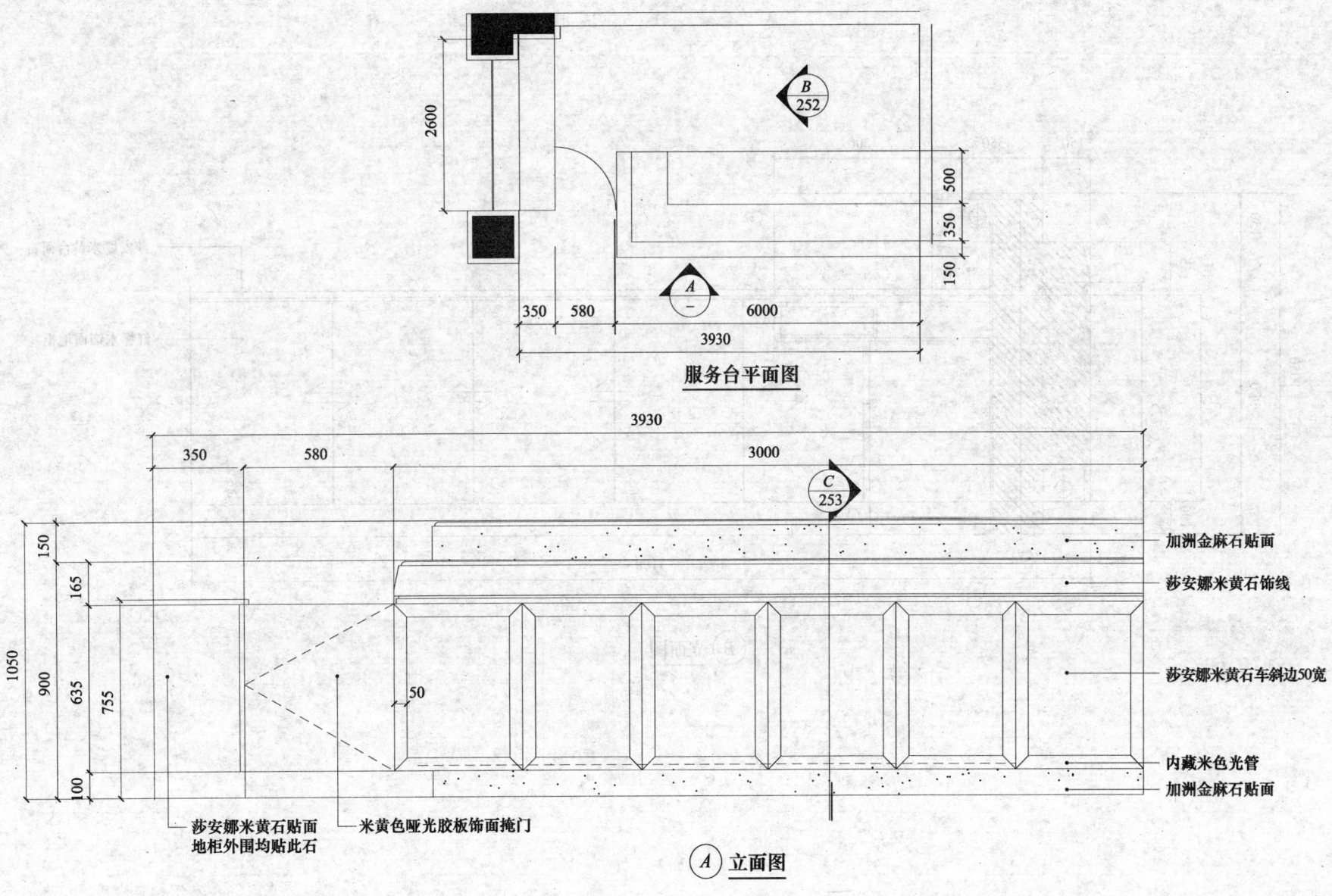

服务台平面图

加洲金麻石贴面
莎安娜米黄石饰线
莎安娜米黄石车斜边50宽
内藏米色光管
加洲金麻石贴面

莎安娜米黄石贴面地柜外围均贴此石
米黄色哑光胶板饰面掩门

A 立面图

251

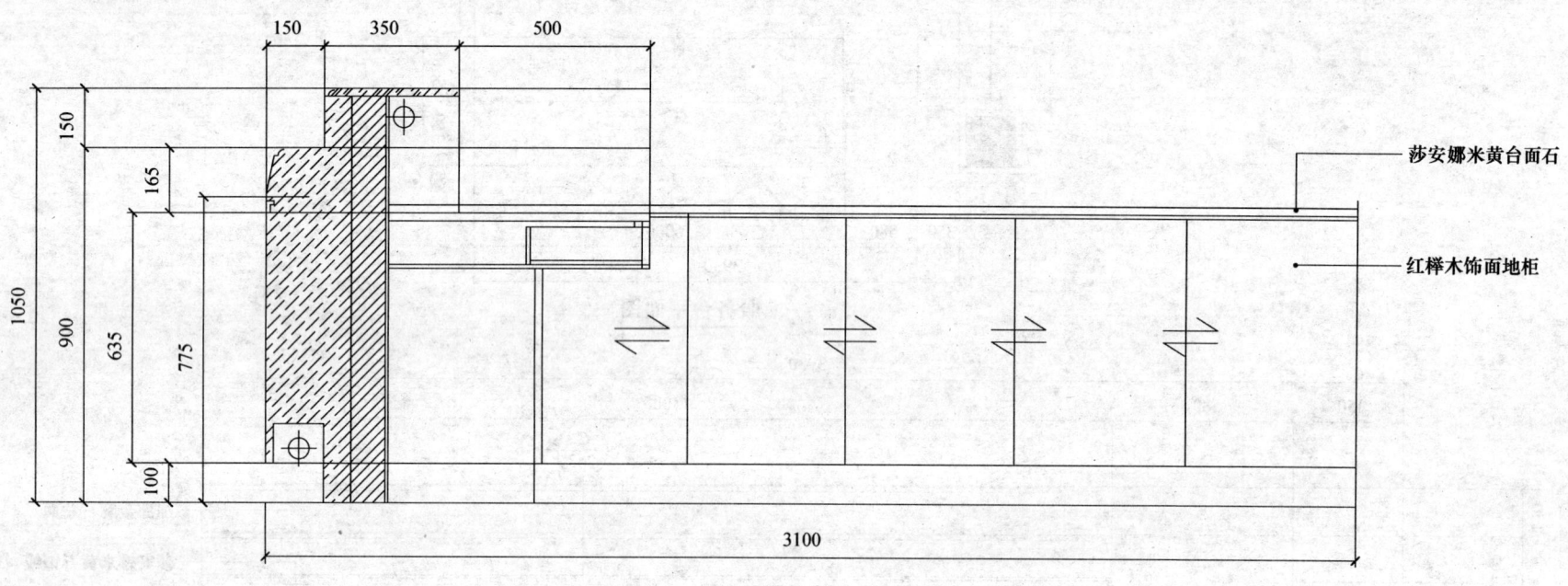

Ⓑ 立面图

第三篇 顶棚及特殊构件篇

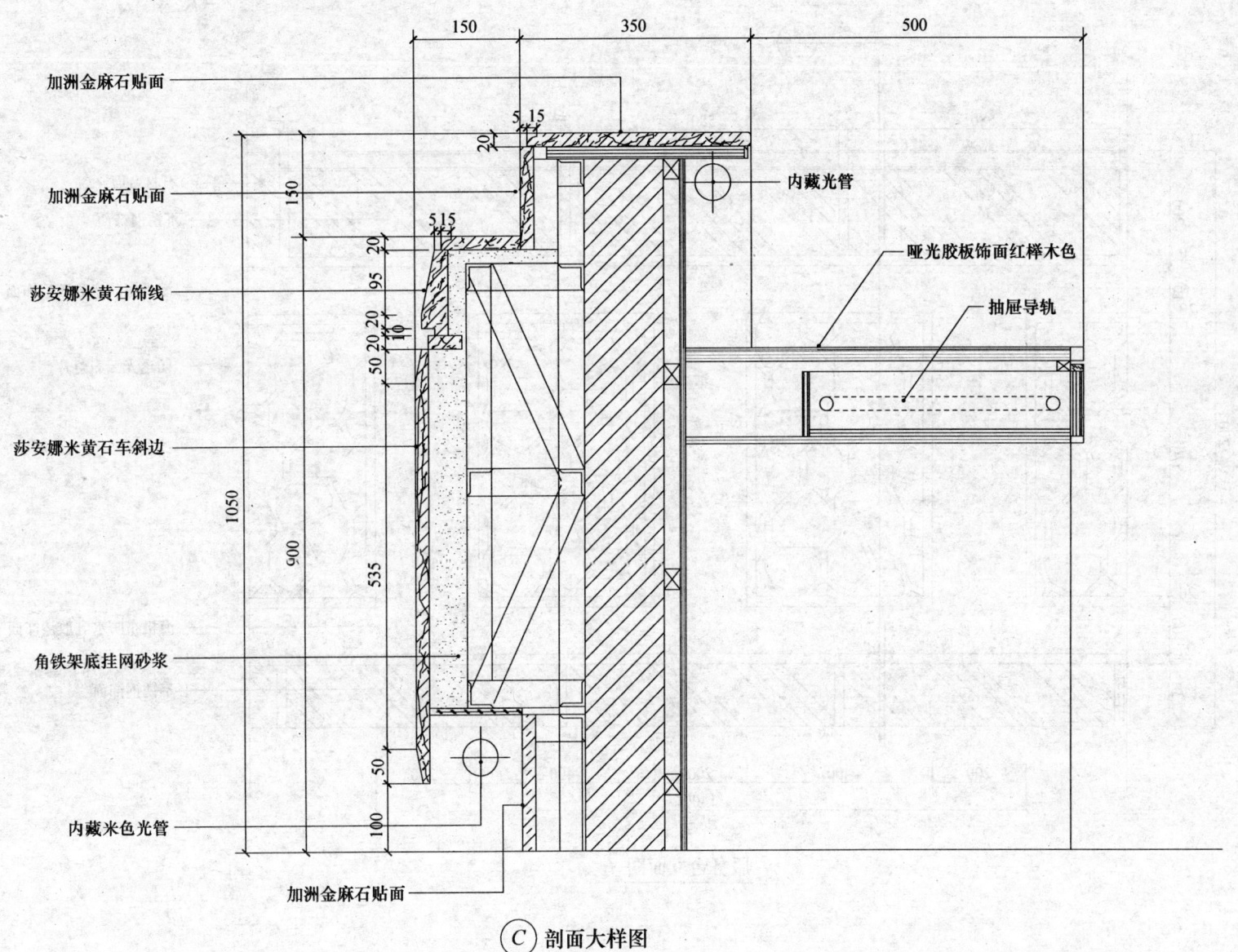

C 剖面大样图

服务台——方案06

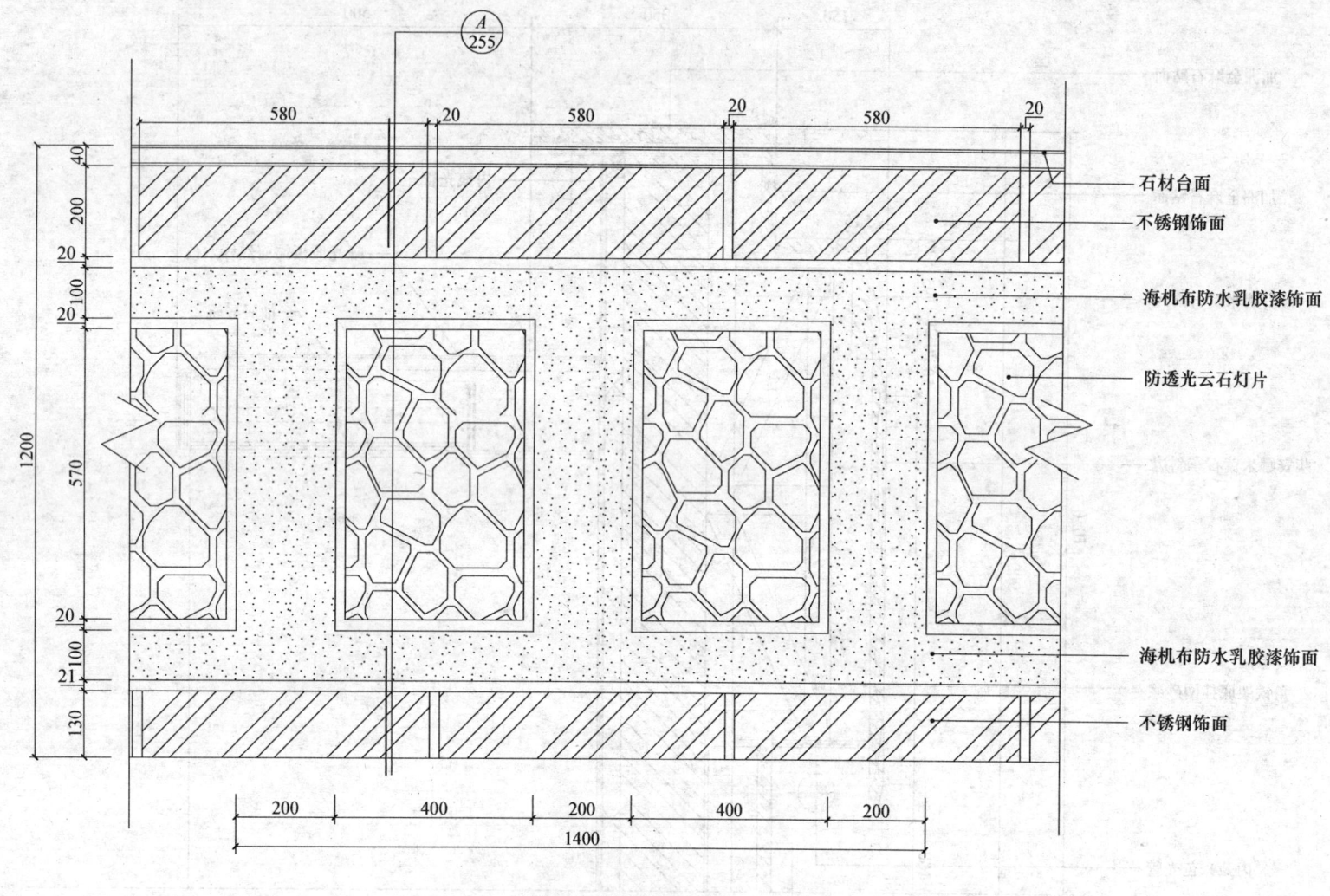

服务台立面图

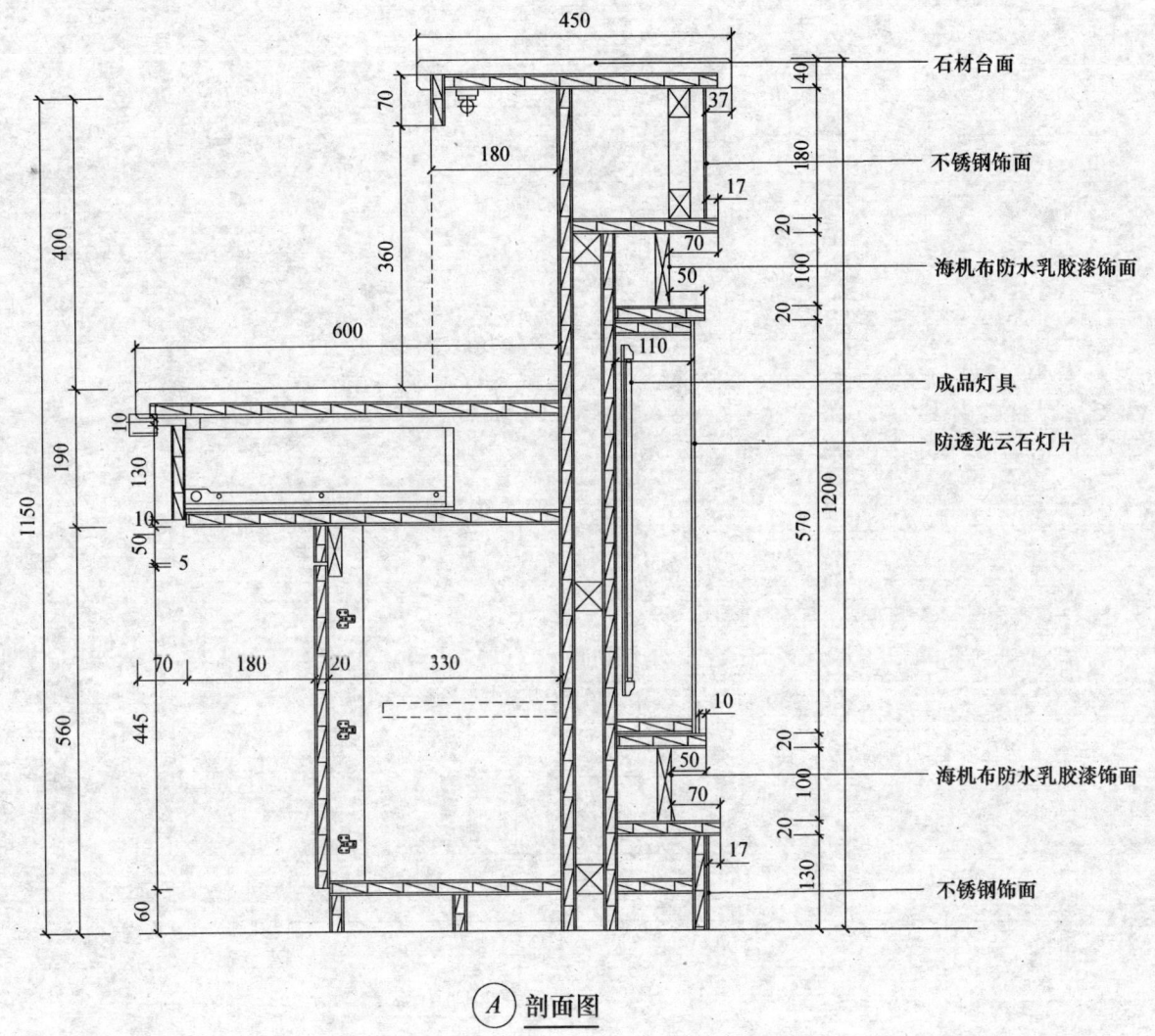

A 剖面图